中国现代风景园林设计语言的本土化研究(1949—2009 年)

邱 冰 张 帆 著

东南大学出版社·南京

前　言

缘由：为何写

在 1840 年以前的数千年里，中国发展形成了极为完整和成熟的园林体系，可以说完全是本土的，但以皇家园林、寺观园林和私家园林为主，缺少公共园林。1840 年不仅是中国社会发展的重要转折点，也是中国造园史由古代到近代的转折。自建的第一个公园（齐齐哈尔龙沙公园，1904年）标志着中国园林进入以公园与开放空间为主体的近现代风景园林发展时期。新中国成立后，中国的风景园林事业获得了长足的发展，实践的目的也早已不限于为公众提供娱乐、教化、观景等功能的户外场所，而是以城市绿地为主要载体发挥生态环境保护、历史文化传承、防灾避险等综合效益。无论当代的风景园林学科、行业如何发展，风景园林作为一门空间艺术的属性始终存在，形态是风景园林实践无法回避的话题。

另一方面，从私园公用到清末民初自建公园中的中西"杂糅"，从新中国成立初期"苏联榜样"到"民族的形式"，再到 20 世纪 90 年代之后的百花齐放，中国近现代园林在形态和风格上的发展始终处于一种矛盾的状态。尽管风景园林工作者从未放弃延续中国园林传统的想法，但在现实中却未能找到合适的传承路径。其中既有内因的问题，如中国传统园林体系所形成的文化框架和空间形态不适应现代的公共生活形态，同时也有外因的影响，如意识形态的主导、外来园林文化的冲击以及规划设计理念的转变等。随着当代风景园林作品的视觉形态越来越区别于人们对传统园林的固有印象，中国需要什么样的园林成了一种类似于文化身份定位的发问，也是本书写作的缘起。

内容：写什么

就专业的角度而言，这一发问可以表述为中国当代风景园林设计的本土化，即如何"古为今用""洋为中用"，创造出属于这个时代，具有本土

1

文化和设计特征的中国当代风景园林作品。核心问题是用何种方式将当代风景园林与传统园林连接起来？如若将风景园林视作一种"语言"，将设计过程比作一种书写过程，那么一切变得迎刃而解。如果传统园林的空间结构(句法)难以直接用于当代风景园林设计，但其词汇、语句、词法、修辞方法、书写方式或态度仍具有在当代实践中被操作的可能性。基于以上分析，笔者尝试研究中国现代园林设计语言本土化过程及当代风景园林设计语言的本土化策略，以期为中国当代风景园林实践提供"回归母语"的路径参考。

　　本书是在第一作者博士学位论文《中国现代园林设计语言的本土化研究》(南京林业大学，2010)的基础上修改、增补而成，并吸收了 2010 年以来作者的后继研究成果。全书分 12 章，共计 30 余万字。在建立风景园林设计语言理论框架的基础上，作者提出了风景园林作品的语言学分析模型(第 3、4 章)，并以设计语言的规律、规则作为贯穿全书的研究基准。在梳理 1949—2009 年中国现代风景园林发展脉络、主导线索"语境"的前提下(第 5、6、7 章)，本书以图解的方式展示了各阶段代表性作品的设计语言特征，分析各阶段本土化实践的机制(第 8 章)。结合当代风景园林本土实践的具体情境，作者尝试从设计语言的角度提出具有可操作性、落地性的风景园林本土化策略(第 9、10 章)。前 10 章以城市绿地特别是公园绿地为对象，阐述了一种经典意义上由风景园林设计人员操作的风景园林设计语言。在第 11 章中，作者结合风景园林学科、行业的最新动向，从生态、地理(人文)、城市三个尺度上讨论了风景园林设计语言的拓展方向，使本书的研究具有进一步发展的可能性，而不是凝固在某一个时间范畴之内或一个专业而又封闭的领域里。

　　建议：如何读或用

　　本书是一本学术专著，展现的是笔者的学术观点，主要目的是建立风景园林设计语言的理论框架和分析模型作为本土化实践规律性内容的理论依托与研究工具。关于中国近现代风景园林发展历程的部分旨在解析中国近现代风景园林设计语言变迁的"语境"、内在动力机制及本土化实践的发生机制，而非传统的园林史研究，因此不宜简单地将本书作为了解中国近现代风景园林发展史(1840—2009)的读物。建议从以下两个方面进行读或用：

一是精读本书的学术观点。本书利用设计语言的分析模型系统梳理了中国现代风景园林(1949—2009年)设计语言的发展脉络、各阶段的特点、本土实践的内在规律及当代风景园林本土实践策略。其中,风景园林设计语言理论中的结构语言系统、意境语言系统是对设计语言研究的一种丰富与完善;传统园林设计语言的三种转译模式及地域性园林设计语言构建模式是对传统园林、地域性园林(景观)研究的一种理论创新;保护本土化作品的观点与方法是对风景园林遗产保护研究的一种观念突破;从生态、地理(人文)、城市三个尺度上讨论风景园林设计语言研究与实践未来的发展是对当前风景园林学科、行业的最新动向的积极响应。

二是发挥本书的工具特性。本书提供了一种风景园林作品形态的分析方法与工具,既可用于解读已有作品,也可用于在设计实践,特别是建立设计作品与传统园林之间的联系。具体方法与过程可参见书中4.4、10.4节。

最后,期望更多的风景园林工作者关注中国风景园林回归"母语"、回归艺术的问题,共同努力传承千百年积淀而成的传统园林及地域景观等宝贵遗产。

张帆

2018.06.21 于南京

目　录

图片目录

---

* 未注来源的图表为作者自制。

表格目录

1 绪论

1.1 研究缘起与背景

1.1.1 中国当代风景园林的"失语"

"失语症"原指借助词语进行理解和表达语言符号意义的功能丧失或言语困难。1990 年代以来,汉语学界对汉语文化与诗学有这样一个总体判断,即自 19 世纪下半叶中国社会与文化走上"现代化"过程以来,汉语文化与诗学患上了严重的"失语症",从整体上完全处于一种"失语"状态。[1]中国当代风景园林事业自 1990 年代起进入稳固发展期,跨入新世纪之后更呈现出百花齐放的面貌。然而在"多元、开放和包容"的理念下,并未经历所谓的现代主义、后现代主义的中国现代风景园林似乎也出现了"失语症":缺少自己的设计语言,或者说没有属于自己的一套表达、沟通、解读的理论与方法,具体表现为以下三个方面。

一是建筑化:以建筑为主或大量运用建筑设计的理念与手法,强调硬质空间、建筑物或构筑物等实体的营造。1977—1989 年中国园林建设迎来了蓬勃发展期,此期间"亭台楼阁过多,树木花草寥寥"。1986 年召开的全国城市公园工作会议及时纠正了这种园林的建筑化倾向[2]。随着西方现代主义、后现代主义、解构主义等各种流派及思潮的涌入,建筑化的设计语言备受推崇,国内的风景园林设计师开始执迷于"构架""构筑物",园林绿地中充斥着纯粹视觉意义上的观景塔、高架天桥、隔断墙体。北京林业大学的朱建宁教授曾指出:"拉·维莱特公园(Parc de La Villette)已经成为当代法国风景园林师批评园林建筑化设计语言的实例。而其在法国的影响力也远没有它在中国那么大。法国权威机构编写的《法国园林指南》(Guide des Jardin de France),从无星级到四星级给该国 550 多座公园打分,拉·维莱特公园只得到了两星级。"[3]然而,这种建筑化的设计语言却受到当前国内很多设计师的推崇,并在不少项目中片面模仿其解构主义设计手法。

二是平面化:是指设计师不注重综合运用植物、地形、水体、建筑等造景要素构筑层次丰富的园林空间,转而强调对墙体、柱体及铺装的镌刻、雕琢以及平面布局的图形化,是一种以园林为载体,将城市文化转换成符号、图形和文字,通过直接、模拟、抽象、隐喻和象征等手法进行"文化展示"的现象。有学者因此指出,"文字思维构筑了中国当代园林的主要实践活动"[4]。事实上,泛文化的主题与场地之间也并非有着强烈的对应关系。对所在城市或区域异地文化的移植和借用,使当代的城市公园成为一个个集锦式的主题公园。抛开各种主题式的命景,这些绿地实质上并无特色,反而加剧了城市、地区之间差异性的消失。"平面化"的园林在整体层面上(城市之间、地区之间、绿地之间)衍生出文化主题泛滥、视觉形象雷同、工程造价增加和综合功能缺失等诸多问题。

三是时装化:园林的"时装化"是指不注重挖掘园林本质的美,而是过多地运用刺激眼球、形式新奇的设计语言,风格上过于表面化和摇摆不定,形式上以拷贝西方不同国家著名设计师品牌作品为主。大尺度曲线的流行,造就了上海一批量产的"曲线绿地",对自然的模仿退化成单纯的构图技法。杜伊斯堡景观公园(Landschaftspark Duisburg-Nord)打开了中国"后工业时代园林"设计语言的流行局面,即便场地不是工业遗址,工业化、机械化的小品也同样得到推崇。同济大学的周向频教授在评价上海的城市绿地时指出:"……这些梦幻与其说是从这个城市的土地上生长出的绿色空间,还不如说是给这个经济繁荣的乐园又添上了一层好莱坞式的布景,恍如一幕幕城市话剧的舞台挂幕。如果人们没有足够的警惕,丧失或摒弃了深层次文化根基的上海城市绿地只能在海派文明强大商业势力的挤压下剩下一层皮,沦为拉斯维加斯式的城市布景。"[5]

1.1.2 国际化、现代化与本土化

自1992年土地大开发以来,中国城市在快速城市化发展过程中特色渐失,千城一面,抹杀了城市原有的历史文化所形成的视觉特性。城市绿地作为城市形象重要组成部分,也呈现千景一面的趋势。中国现代风景园林的国际化、现代化和本土化成为中国当代风景园林师难以回避的课题。

首先,国际化是一个普遍的趋势。数千年中,中国的风景园林可以说完全是本土的。如果近代工业革命首先发生在中国,风景园林由内自生地走上近代化、现代化的发展道路,风景园林的"国际化"可能将是他国的

课题。然而,这毕竟是假设,在近现代中国经济文化落后于西方的情况下,原有的传统园林实践在服务对象、功能、空间结构方面难以适应新的社会需求,再加上 1980 年代以来经济全球化、一体化的冲击,国外不同时期的先进风景园林理论必然会传入中国。

第二,现代化是一条必经的途径。发展适合现代人生活、文化需求,反映时代特征的新园林是各国风景园林发展的必经途径。"中国园林所要面对的问题,却是一个现代化的城市,要打破古老院墙所围就的空间,从封闭的文化圈中走出来,脱离孤立的居住环境,走向公众参与的开放空间"[6]。

第三,本土化是一个相对的过程。风景园林的国际化削弱和减少了中国的地域特征性和民族特征,但没有也不可能使之完全消失,因为一直存在着有相反要求的社会观念和社会力量,这是中国人挥之不去的本土化情结,它要求中国的现代风景园林有别于他国,具有本土识别性。国际化与本土化都是现实的社会需求。就两者的关系看,国际化具普遍性;而本土化具有相对性,是一个过程。本土化没有一定的模式,是一个无数人参与的经验性的累积的实践过程,因而是一个很长的,要经过数代人努力的,几乎没完没了的历史过程[7],直至本国建立起独立于西方以外的风景园林体系。

1.1.3　中国当代风景园林形式的追问

作为一个风景园林设计师,常常会陷入这样的沉思:从文化与艺术的角度来说,今天的人们需要什么样的风景园林?在全球化的大环境下,民族性与地域性成为各行各业保持和追求个性或特色的口号,风景园林领域亦是如此。由于历史原因,在未来相当长的一段时间内,国内的风景园林实践仍难以从根本上脱离西方近现代风景园林体系的影响,尽管西方似乎未将中国实践纳入其体系加以考察。基于这一认知,从外部观察国内当代风景园林设计作品,两个问题较为突出:一是传统园林的精髓和地域性景观特色没有被充分地吸纳;二是对西方近现代风景园林设计理论的运用缺乏本土化的过程。

如何继承和延续传统园林的精髓,使之融于当代风景园林设计,形成符合时代发展的本土风景园林?如何使西方近现代风景园林设计理论与中国各地的地域性特征相结合,形成具有本土特色的现代风景园林?这是本书思考的两个焦点问题。无论是解决哪一个问题,最终都将使风景园林实践成果具有中国本土特色的、反映时代的设计特征。而特征若能像语言一样被准确阅读和言传,交流和学习的目的会更容易实现与取得效果,尤其是在当今快速城市化的语境下。语言学的研究方法为设计语言的研究提供了启示:可以尝试以词汇和语法规则对设计特征进行可视化描述,并进一步探寻中国现代风景园林发展史(1949—2009 年)上某些已经完成风景园林设计语言本土化过程的发展阶段中存在哪些影响因素,如设计传统、外来影响、设计师的价值取向,或是国家政策等等。

1.2 研究范畴与概念

1.2.1 研究的时间范围

1840 年是中国从封建社会到半封建半殖民地社会的转折点,也是中国造园史由古代到近代的转折,公园的出现便是明显的标志。与西方有所不同,国内以 1840 年为界划分近现代史与古代史,西方则以 1640 年英国资产阶级革命为界。1840 年以后西方的科技、文化、艺术大量涌入,深刻影响了中国社会的发展模式和发展方向。一些现代园林的造园思想和模式逐渐出现并取代古代园林成为主流。园林的服务对象也从特权阶层转向更加广阔的社会阶层。在东西方文化的激烈碰撞中,中国园林的造园要素及造园手法从这个时期开始发生了日趋显著的变化。

对于中国园林而言,近代园林与现代园林二者之间并没有一个明显的界限。尽管在这一百多年间中国园林事业取得了很大的发展,从形式到内容、从理论到实践各个方面都取得了前所未有的进步,但这种进步与发展是一个持续的过程,一个不断变化的过程。其间也有一些跨越式的发展,然而这些发展与进步并没有使园林取得从功能到形式上的"革命性"的质变,不足以将二者分成两个独立的体系。因此,一些学者把 1840 年以前的园林称为古代园林,而 1840 年以后的则称为现代园林[8]。国内学术领域中所说的现代园林是相对古典(Classical)园林而言的,它在时间上跨越了近现代的整个时期。

本书将中国现代风景园林的研究范围定为 1949—2009 年,依据如下:

1) 1840—1949 年的公共园林实践数量不足 1840—1949 年的造园成果由皇家园林、私家园林及少数公共园林构成。皇家园林和私家园林仍然沿袭了中国传统文人园林的风格,尽管其建造已开始出现一些现代的造园技法、工艺和材料。公共园林以租界园林为主,兼有少量中国政府辟建的公园及一些地方团体集资兴建的公园。租界园林大都带有设计建造者本国的造园风格。政府辟建的近代公园则多是中外园林文化杂糅所产生的畸形果实:以放大的古典园林为本体,以西方园林文化中撷得的片叶只枝为表象。这期间的园林实践对研究当代园林本土化问题的参考价值有限。

2)1949 年之后的园林服务对象发生根本转变 新中国成立之后,风景园林实践成果真正为广大人民群众所享用。服务对象的转变加之城镇建设的发展使得传统园林设计方法与现代生活形态之间的各种矛盾完全暴露出来。因近现代生活需求而产生的西方近现代风景园林理论与实践成果必然成为国内风景园林实践的参考摹本,本土化问题不可避免。

3)1949 年之后园林本土化实践需求日益明显 新中国成立之后,国家园林事业取得了长足的发展,其中有苏联的影响,也有自身对民族形式的探讨。改革开放以后,西方现代风景园林设计思潮涌入国内,西方现代风景园林设计语言极大地影响着中国当代风景园林的面貌,其负面影响客观上刺激了国内风景园林的本土化探索实践。

1.2.2 实证研究的对象

1949—2009 年,风景园林学科传统意义上的实践对象为城市绿地,包含公园绿地、生产绿地、防护绿地、附属绿地与其他绿地 5 类。本书选择城市公园作为实证研究对象,理由如下:

首先,现代风景园林起源于美国城市公园运动;

第二,城市公园使风景园林真正进入人们的日常生活,提升了人们生活环境的品质;

第三,尽管国内风景园林学科研究与实践范畴不断扩展,但城市公园始终是一种与人们日常生活关系最为密切、使用率最高、功能最丰富的城市绿地;

第四,城市公园集中体现了风景园林的现代意义、功能、美学、规划设计技术。

1.2.3 主要概念的界定

1)设计语言 设计语言是一个宽泛的概念,指设计学科内,如建筑设计、园林设计、工业设计等领域中的语言系统,它与建筑语言和风景园林语言中的"语言"是等同的范畴。有的主张"把设计学看作一门形式语言学,设计就具有了可解读性、可传递性、可归纳性和可演绎性"[9]。在探讨建筑是否是语言的命题中,有的研究认为建筑语言是一种类语言,因为它作为一种视觉形象语言,缺乏语言结构中的声音外壳——语音要素[10]。而美国景观学者安妮·W. 斯本(Anne whiston Spirn)却认为景观是语言,有语言的所有特征。设计语言研究实质包含"语言"和"言语"两方面的内容:一是代表共性集合的语言系统,是对所有的风景园林设计言语应用的总结;另一个是代表个体子集的言语系统,是对个体的设计言语的研究。本书中的设计语言研究主要集中在"语言",解析有代表共性集合的语言系统,从而结合中国现代风景园林发展历程中各阶段的特征进行论述。

2) 风景园林设计语言的本土化 风景园林的本土化有两种含义:第一种含义指功能、材料和技术等方面的本土化;第二种含义指园林形象和样式方面的本土化,即本书研究的园林设计语言的本土化。风景园林设计语言的本土化包含两个层面:一是延续本国的园林设计语言的传统,即以某些方式延续传统园林设计语言,使之适应新的时代需求;二是使西方现代园林设计语言与中国的地域性特征相结合,实现其在中国的本土化,从而使西方现代园林设计语言在中国的运用形式趋于理性化。

1.3 研究目标与意义

1.3.1 研究目标:回归母语的策略

借助于设计语言理论成果,分析中国现代风景园林发展过程(1949—2009年)中设计语言的演变历程,总结某些已经完成风景园林设计语言本土化过程的发展阶段中设计语言的特征及形成机制,并探求当代中国风景园林本土化的策略。分项目的如下:

1) 整体认知中国现代风景园林形态发展的主导性线索 从政策、经济、文化和外来影响等方面综合认识各历史时期中国现代风景园林形态发展的影响因素、叙事线索及主要特征。

2) 图式分析中国现代风景园林设计语言的阶段性特征 将各历史时期中国现代风景园林形态特征图解为设计语言的语法规则、典型词汇,研究各阶段以城市公园为代表的风景园林实践的本土化程度及其发生机制。

3) 尝试提出中国当代风景园林设计语言的本土化策略 一方面,研究传统园林设计语言的现代化转型,即传统园林设计语言与现实需求相结合。另一方面,研究西方现代风景园林设计语言在中国的本土化,即地域性景观特征与外来强势的设计语言相结合。

1.3.2 研究意义:走出风格的困惑

中国目前处于国际化和快速城市化的语境下,如何保持、延续和凸显地域特色,如何延续传统园林的精华,推陈出新,创造当代的新园林形式,已经不能仅仅作为一种意识或口号存在。当前,随着风景园林学科研究范畴的快速拓展,风景园林的作用在不断地被扩大,其首先作为一门艺术而存在的认知已经逐渐地被生态、低碳、避震减灾、文化、教育等内容所湮没。研究把视角重新置于风景园林作为一门空间艺术的层面上,融合各种现代风景园林理论,一方面回顾中国现代园林的发展历程,总结规律;另一方面探讨中国当代风景园林应有的形式。

1) 理论意义　包括如下三点:

(1) 通过建立风景园林设计语言的理论框架及其分析模型,设计出一种以设计语言为媒介建立一种风景园林作品的图式化阅读方式,突破了传统的以文本解说为主的风景园林作品形态、风格认知方式,有助于"走出风格的困惑",特别是对中国当代风景园林实践中各种纷乱的形式能予以准确地解读。

(2) 以设计语言为工具对中国现代风景园林(1949—2009 年)发展规律与特征进行系统认知,以图式化的方式研究政策、经济、文化和外来影响等因素对中国现代风景园林形态发展的作用机理与结果,从具有本土化特征的作品中图解设计者的操作原理与路径。

(3) 以设计语言为工具从操作层面上论证了传统园林的延续及地域性园林构建的可行性,为中国当代风景园林的本土化理念提供获得"落地"的途径。

2) 应用价值　包括如下两个方面:

(1) 为当代风景园林本土实践提供方法论层面的理论与技术参考;

(2) 为风景园林作品的解读、分析提供语言学的方法与技术支撑。

1.4　研究框架与思路

1.4.1　研究框架:从机理到策略

按照"理论(中国风景园林本土化研究)—实践(当代风景园林规划设

计实践)—新理论和新实践(结合研究趋势、方向提炼出新的理论,创新或完善中国风景园林本土化理论研究,以此指导传统园林、地域性景观传承机制的设计并引导实践)"的总体框架。主要研究内容包括四个部分:

本书所阐述的内容可归纳为两个层次四个方面。两个层次是指研究分前后两个步骤进行:一是中国现代风景园林(1949—2009 年)设计语言的发展脉络和本土化风景园林作品的生成机制;二是中国当代风景园林设计语言的本土化策略。具体内容按以下四个方面展开:

首先,从新中国风景园林发展的历史分期、政策演变、功能演变等方面分析主导风景园林形态发展的线索,介绍各时期具有代表性的实践成果,解析其形态特征,总结各时期风景园林设计语言生成的根源。

第二,借鉴语言学的研究方法及建筑学领域内的相关研究成果,建立风景园林设计语言的理论框架,建构风景园林设计语言的分析模型,并进行实证分析。

第三,应用设计语言的分析模型研究中国现代风景园林各时期典型作品(城市公园)的设计语言,透过其语法框架和语法规则对各时期风景园林形态特征及演化历程进行整体认知,并在"操作路径"层面解析政策、经济、文化和外来影响等因素对中国现代风景园林形态发展的作用机理与结果,特别是本土化实践的发生机制。

最后,基于前面三方面的研究成果,从传统园林设计语言的延续、地域景观语言的建构及西方现代风景园林设计语言在中国的本土化等方面研究中国当代风景园林设计语言的本土化策略,即如何使风景园林设计回归"母语"。

1.4.2 研究思路:从理论到实证

本书从分析当代中国风景园林"失语"现象入手,以风景园林设计语言为贯穿研究过程的线索,首先应用语言学原理,参考建筑学相关研究成果,建立风景园林设计语言的理论框架及分析模型作为揭示本土化实践规律性内容的理论依托与研究工具;其次,以社会学、历史学视角与方法以"意识形态变迁"为考察中心,分析中国近现代风景园林发展主导线索(1840—2009 年),即中国近现代风景园林设计语言变迁的"语境"、内在动力机制及本土化实践的发生机制;最后,结合当代"语境",归纳出传统园林设计语言延续的操作规律、地域性景观设计语言的建构规律、西方现代园林设计语言在中国的本土化规律,并提出应用方法。

1.5 研究原理与方法

本书虽然涉及部分中国园林史,但并非纯粹的史学研究,主要还是侧重于设计方法的探索,研究方法以语言学、类型学、图式分析为主。

1.5.1 研究原理:语言化与结构化

1) 语言学的原理 语言学研究包括语音、语义、词汇、语法、语用和文字及其发展研究,论文借鉴了其中最基本的核心部分(基本词汇和语法规则)的研究,构建设计语言的模型,主要有词汇、词法规则和句法规则。这种模型的研究实则是以语言学中用作工具的"元语言"为参考的,是对设计特征最基本的原型要素的探讨,而不是用它去构建具体作品的"对象语言"的探讨。

2) 结构性思维的原理 简单地说,结构性思维即是思考时遵循"发现问题—分析问题—解决问题"的过程。本书采用的三种结构性思维的原理如下:

一是平行的类比思维,将风景园林设计过程比作语言的表述过程或文本的书写过程,从而创造性地为风景园林作品形态分析提供一种反映其本质的手段;

二是自上而下的演绎思维,即设计风景园林作品分析的通用模型,建立风景园林作品纵向、横向比较的基准;

三是自下而上的归纳思维,即从典型作品的设计语言中归纳出本土化实践的规律与策略。

1.5.2 研究方法:类型化与图式化

1) 类型学的方法 对历史的研究,用风格和流派的分类方法会抹杀历史中个体的独立性和多样性。类型学的方法则可以用来研究个体之间的可变性和过渡性问题。本书借鉴语言类型学中,以格林伯格(Greenberg)为代表的功能—语言类型理论中,主张对多种语言做"博采式"研究,通过对多种语言的比较用归纳法找出语言的共性。

2) 图式分析的方法 消除思考和感觉行为之间的人为隔阂的一种方法——借助于图形思考。在用图式思维研究设计方面,取得较大成就的国内外学者有保罗·拉索(Paul Laseau)和彭一刚教授。保罗·拉索在其撰写的《图解思考——建筑表现技法》(*Graphic Thinking for Architects*

& *Designers*)一书中系统阐述了图式思维在设计过程中运用的方法。彭一刚教授用图解的方法研究中国古典园林的理论成果——《中国古典园林分析》被视作中国古典园林理论研究的重大突破。

1.6 本章小结

本章阐述了本书的研究缘起和意义,界定了研究范畴、概念与实证对象,确立了贯穿全书的语言学研究视角与结构性思维。依据风景园林的学科特征及本书研究的目的,制定了"理论—实证—策略"的研究思路,选择了以类型学、图式分析为主的研究方法。

参考文献

[1] 肖薇,支宇. 从"知识学"高度再论中国文论的"失语"与"重建"——兼及所谓"后殖民主义"批评论者[J]. 社会科学研究,2001(6):134-138.

[2] 邱冰,张帆. 略评中国当代园林设计中的"失语"现象[J]. 建筑学报,2001(6):18-22.

[3] 朱建宁. 反思拉·维莱特公园设计[OL]. 朱建宁的博客——园林专家博客,2008,11. http://bbs. chla. com. cn/space/viewspacepost. aspx? postid = 1141&spaceid=4.

[4] 林广思. "主题"——言语构筑的中国当代园林[J]. 新建筑,2005(4):64-66.

[5] 周向频,杨璇. 布景化的城市园林——略评上海近年城市公共绿地建设[J]. 城市规划汇刊,2004(3):43-48.

[6] 李健伟. 中国园林的传统与未来——关于园林形式问题的思考[J]. 中国园林,1989(4):41-45.

[7] 吴焕加. 现代化、国际化、本土化[J]. 建筑学报,2005(1):41-45.

[8] 胡继光. 中国现代园林发展初探[D]. 北京:北京林业大学,2007.

[9] 易军. 建筑设计语言探源——关于主题、文体、基本元素、构件、样式、风格的思考[J]. 湖南大学学报(社会科学版),2001(6):197-199.

[10] 王琦. 建筑语言结构框架及其表达方法之研究. [D]. 西安:西安建筑科技大学,2004.

2 国内外研究概述

国内外以"本土化"为主题研究风景园林理论与实践的文献极少,因此将本书研究的主题拆解为若干方面进行以往研究的述评,包括传统(古典)园林继承问题研究、地域性园林(景观)研究、风景园林设计语言研究及视知觉研究等。

2.1 国内风景园林本土化的研究述评

2.1.1 传统(古典)园林继承问题

在中国知网全文数据库(CNKI)以"传统园林"为题名进行精确检索,所得核心期刊论文 70 篇,学位论文 86 篇。研究主要集中在五个方面:价值研究[1]、理念与文化研究[2]、艺术特征分析[3]、设计手法解析[4]、设计元素或手法的应用[5]、地方传统园林调查[6]。以 156 篇文献为基础,再增加附加条件进行检索,结果如表 2.1、表 2.2 所示。检索结果表明,虽然研究传统园林或古典园林的文献数量较大,但将"继承""传承"或"延续"作为研究目的的文献极少。有些学者对中国传统园林(以下简称传统园林)采取彻底否定甚至"痛恨"的态度,认为那是"士大夫园林",是帝王士大夫享用的虚假的景观。尽管绝大多数学者认为传统园林是一种宝贵的遗产,却未提出完整的、明确的继承方案。

表 2.1 以"传统园林"为题名的文献检索信息

	检索条件:题名(精确)	附加检索条件:全文包含(精确)			附加检索条件:关键词(精确)		
	传统园林	继承传统园林	传承传统园林	延续传统园林	继承	传承	延续
核心期刊数量(篇)	70	词频=1:19	词频=1:10	词频=1:9	0	1	0
		词频>1:0	词频>1:0	词频>1:0			
学位论文数量(篇)	86	词频=1:68	词频=1:61	词频=1:49	2	1	0
		词频>1:0	词频>1:0	词频>1:0			

表2.2　以"古典园林"为题名的文献检索信息

	检索条件:题名(精确)	附加检索条件:全文包含(精确)			附加检索条件:关键词(精确)		
	传统园林	继承古典园林	传承古典园林	延续古典园林	继承	传承	延续
核心期刊数量(篇)	273	词频=1∶49 词频>1∶0	词频=1∶36 词频>1∶0	词频=1∶37 词频>1∶0	2	3	0
学位论文数量(篇)	267	词频=1∶169 词频>1∶2	词频=1∶152 词频>1∶0	词频=1∶116 词频>1∶1	0	3	0

　　一直以来,建筑师们对传统园林始终保持着浓厚的兴趣,从中看到了"赖特的有机建筑、阿尔托的人情味、文丘里的矛盾空间以及詹克斯的艺术的不定性"[7],还有"拓扑学关系"。研究者致力于在操作层面上探寻传统园林的空间形式如何运用现代设计语言进行转译,从而在现代建筑和园林设计中保持与传统的关联性和延续性。王澍、董豫赣和王欣等建筑师通过"文本式转换"及"图解式转换"等方法成功地将传统园林的策略灵活运用于建筑及其外部环境的设计中。然而,传统园林的结构是一种松动的"线性结构"[8],这种依靠建筑、墙体、地形构筑的复杂而松动的"线性结构"与现代园林的开放性产生了矛盾,这一问题却一直未能解决。但建筑师们的研究成果与停留在文学性赞美和描述层面的文献相比是质的飞跃。

　　1980 年代,不少风景园林界的人士对中国风景园林未来的形态作出预测,李建伟认为:"中国园林所要面对的问题,却是一个现代化的城市,要打破古老院墙所围就的空间,从封闭的文化圈中走出来,脱离孤立的居住环境,走向公众参与的开放空间"[7],这一论述至今仍有很大的启发意义。当前,园林界对传统园林的研究主要集中在对其本体及相关古书典籍的解读方面,关于继承问题的文献较为零散。朱建宁在《中国古典园林的现代意义》一文中论述了传统园林"优秀的部分对于现代园林设计仍有重要的指导意义"及与当代人需求的矛盾,并提出应"认真汲取西方现代风景园林发展的成功经验",又要"深入研究中国古典园林文化和本土资源环境特征"[9]。王绍增教授将西方园林与中国园林的设计方法进行对比,认为"前者有利于对个体的仔细推敲,却忽略了境域的真实和总体的空间关系,容易形成人对自然的大规模入侵;后者创造了人与环境交融的真实境域和着意安排了空间关系,更适合未来的和谐社会,但不利于树立作者的个人纪念碑,也不适应当下经济效益和速度效率的需求"[10]。杨滨章教授针对彻底否定传统园林的观点,为传统园林"正本清源"[11]。陈鹭对以往研究中有关"自然式与规则式""天人合一"及"意境"若干观念及理解进行了辨析[12]。风景园林界的研究总体上仍处于缺乏对方法论的系统研究的状态,研究结果缺乏可操作性,有的文献甚至重新回到论述"曲径通幽""步移景异"的层面上。

其他领域如历史、文学和旅游界的人士也通过相关典籍对传统园林展开研究,但多数是对历史的考证、文化背景的解读以及美学方面的评述,是一种基础资料的汇编工作,至于如何继承,也未提出方法论的研究成果。

2.1.2　地域性园林(景观)研究

在 CNKI 以"地域性"为题名,以"园林""景观"分别为附加题名进行精确检索,所得核心期刊论文 316(45＋271)篇,学位论文 167(21＋146)篇。其中,核心期刊论文 28 篇(4＋24),博士论文 1 篇(0＋1)。在研究地域性问题时,绝大多数作者选择了"景观"一词。一方面,"地域性园林"尽管在字面上采用了"园林"一词,对于熟悉学科的研究者来说,其范畴、用地性质明确。但同时"地域性园林"易被一般的研究者理解为"地方的传统园林"。"地域性景观"的概念相对宽泛,特别是"景观"一词不限于指定的城市用地,因此更易于研究者在笼统与具体两个层面自由切换。特别是当表述对象的空间整体性、用地复杂性强时,"地域性景观"的概念更利于对研究对象内在规律性的整体认知。

为了应对全球化,同时传承本土文化,地域性园林(景观)的研究是目前风景园林理论的一大研究方向,其中北京林业大学的研究成果最为丰硕。目前,相关文献的研究成果主要集中在三个方面:理论综述、设计方法和实例介绍。

1) 理论综述类研究　侧重于阐述概念、框架等综述性内容。杨鑫认为"地域性景观是当地自然景观与人文景观的总和"[13],并以"领土景观"为核心,探索地域性景观的设计方法。王云才集中研究了"传统地域文化景观",将其分解为地方性环境、地方性知识和地方性物质空间三个方面,并以建筑与聚落、土地利用肌理、水利用方式、地方性群落文化和居住模式五个方面为解读传统地域文化景观的核心环节,揭示传统地域文化景观的代表性图式语言[14]。

2) 设计方法研究　分三类思路展开。第一类是风景园林规划设计体现地域特色,如韩炳越等从研究风景园林设计与地域特征的角度出发,将地域特征分为气候、场所、背景、文化、社会五个组成部分[15];陈娟以景观的地域性特色作为研究对象,针对当前地域性丧失的原因和由此带来的各种问题,将生态学中的"生态位"[16]原理与地域性特色景观相联系,提出发展、表现景观地域性特色的观点和方法。第二类是将地域特色转化为风景园林规划设计的限定条件与资源,如王向荣与林箐教授认为,在全球化过程中发展的现代风景园林,并没有沿着单一的轨迹发展,一个重要的原因是"地域景观或乡土景观在每一个国家和地区,都是设计师获得形式语言的重要源泉","无论历史园林,还是当今的风景园林,天然而成的自然景观"和"由于人类生产、生活对自然改造形成的大地景观",地域特征都是其"规划与设计的重要依据和形式来源"[17]。再如,谢耳又将地域特征作为规划设计的影响因子加以分析,探讨"地域特征各项因子在规划与设计中如何应用"[18]。肖辉从地域性角度进行分析和研究,并以此为基础探讨园林实践中景观的地域性特征[19],阐述风景园林设计语言和地域性之间的相互关系,以及风景园林地域性的构成体系。这是从设计语言的角度切入研究园林地域性的较早的文献。第三类是以保护现存地域性景观为目标的风景园林规划设计研究,如王云才针对传统地域文化景观"孤岛化"的问题,提出了相应的保护模式。[14]

3) 实例介绍　具有实践研究的性质,即以具体的项目实践成果(特殊)归纳出规划设计方法(一般)。吴承照等以上海苏州河畔九子公园为例探讨以街旁绿地为载体,通过雕塑、活动、景观环境等方面的创意设计探索促进民俗文化(地域文化的一种,笔者注)再生的方式[20]。王艳春等解析了上海徐家汇公园的设计者如何利用场地内的"文化景观"——中华橡胶厂、中国百代唱片公司原址和居民旧宅等历史景观保护和演绎上海市民脑海中历史、文脉的记忆,讲述在这块土地上曾经发生过的、寓意上海的故事,体现景观与历史文化的对话[21]。汪峰以丽江古城为实例"体现楚文化特色,反映老归州与三峡风情"[17],展示了"新地域主义"创作手法在城市景观设计中的运用过程。

总的来说,国内地域性园林(景观)理论建构缺少"演绎"方面的研究,大多停留在主观归纳的阶段,并大致形成两种不同的思路。一种思路以"文化景观"的概念为核心,主张保护和延续场地中的文化景观,形成风景园林的地域特色。另一种思路主张园林绿地应承担表现地域文化的重任，即将具有地域特色的历史事件、故事传说、风俗民情和传统文化转化为一种符号，一种区域文化的标签，在风景园林中以景名或小品等形式再现。在理论研究方面，第一种思路无论在研究深度和广度方面均占优势，但操作方式较为复杂，需要较强的设计功底；在实践方面，第二种思路占优势，是项目委托方普遍愿意接受的思路，但容易导致"平面化"园林的诸多弊病。

2.2　现代风景园林设计语言的研究述评

2.2.1　国内风景园林设计语言的研究

在 CNKI 以"园林设计语言""园林语言"为题名进行精确检索，所得期刊论文 11 篇，学位论文 4 篇。以"景观设计语言""景观语言"为题名进行精确检索，所得期刊论文 35 篇，学位论文 10 篇。其中，核心期刊论文仅 8 篇。另有一些相关研究散落在园林或景观的空间、文化研究领域。在这些文献中，部分文献仅借用了"设计语言"这一词汇，并未实质性地将园林设计与"语言学"联系起来理解。代表性的研究如下：

苏肖更的《园林景观的文化意义》(2002)可能是国内中最早借用语言学概念进行园林研究的文献。作者把园林的意义看成是一个充满象征、指涉和参照的符号系统，从语境、语言与言语，以及文本阅读中的作者与读者的关系探讨园林"意义"的传达方式和途径[22]。卜菁华等的《景观的语言》(2003)是较早对安妮·W.斯本教授的《景观语言》(*The Language of Landscape*)进行介绍与评述的文献。正如作者自述"……撰文引用此书精华，并结合自己对景观的一些理解"[23]探讨对景观语言的研究。该文从景观语言的语法和景观语言的修辞手法总结出了安妮·W.斯本教授书中对景观语言的精华论述，如景观元素的结合、景观元素的尺度、景观元素的秩序、景观元素的本土性以及强调和隐喻的修辞手法。蒙小英从园林历史和设计的角度，运用语言学的研究方法研究北欧现代主义园林设计的发展和设计语言的量化与生成。该研究"以词汇和语法规则构建的设计语言模型"[24]，通过词汇和句法规则量化出定性描述的北欧园林设计师和北欧园林的设计特征。事实上，"量化"的提法并不准确，该研究并未真正将北欧园林的设计特征转化为数据。准确的表述应是"图式化"。陈圣浩"通过对景观语言符号表层、深层结构以及语言符号构成规则的研究,阐述了景观的形式与意义转换生成的机制和过程;提出了深层结构景观意象表现的设计原则与方法"[25],揭示了景观的认知机制,强调目前从景观的意义角度进行的研究都属于认知范畴的活动。文章通过对景观语言符号的意义概念、意义生成机制、意义传达机制、主题类型、作品类型与表征方式的系统阐述,澄清了对于景观意义传达与认知活动的模糊认识,揭示了其活动机制,并提出了相应的创作原则与方法,为具体的景观创作提供依据。

2.2.2 国外风景园林设计语言的研究

以语言学为方法研究景观的思路最早始于欧美国家,研究者从词汇、语法和美学等多个角度探讨景观设计语言。丹麦景观学者玛琳妮·郝萨娜(Malene Hauxner)教授在《向天空敞开》(Open to the Sky)一书中,以现代主义第二阶段(1950—1970 年)为话语背景,对现代主义建筑大师们在建筑创作中对景观追求所使用的重要语汇,以及现代主义景观设计大师们在景观空间和城市景观设计中的常用语汇,进行了分类和归纳。以此来揭示时代的事件、潮流、经济发展和政策等对景观设计语汇的生成与城市景观的主张的影响和追求。作者认为景观与花园艺术的美学语言,可用作理解一个时代理想的工具。从美学语言变化的角度,探讨景观设计在建筑与景观、空间与设计作品和城市景观三大方面的突破。

景观语言大会 Language of Landscape Assembly(LOLA)极大促进了景观语言的研究和运用。第一次景观语言大会(LOLA1)于 1995 年在新西兰林肯大学(Lincoln University)召开,会议主题是关注在景观和设计过程中语言学的隐喻的运用。1998 年第二次会议(LOLA2)仍在林肯大学举行,会议主题是在 LOLA1 的基础上,探讨景观语言在设计实践、理论和教育上的运用,主要集中在景观的叙事、隐喻和意义方面。也正是在这一年,安妮·W. 斯本出版了《景观语言》。与国内相似,国外关于园林设计语言的研究有针对设计词汇的,也有真正从语言角度切入的。

罗伯特·穆拉贝(Robert Murabe)在《石头的语言》(The Language of Stone,1979)一文中将石头作为景观设计的语言,由日本人对石头有着宗教般色彩的情感(象征神)而引发他们对石头的偏爱展开,来探讨日本景观设计中石头的运用。在 1986—1987 年的美国风景园林杂志上,马克·垂伯(Marc Treib)分别研究了修剪植物、水和石头 3 个设计词汇在园林中的运用。作者以世界上著名的历史园林为例,归纳出它们的不同运用方式,如修剪植物词汇,用作绿毯、墙和庭院主景等;水词汇用作轴线、创造倒影和错觉等;石头在园林中用于形成界面、庭院的主景以及隐喻表达等。可以把他的研究看成是对历史园林设计词汇的总结[22]。

凯文·迈尔斯·梅奥尔(Kevin Miles Mayall)从"语法"(Landscape Grammar)角度来研究如何限定和模式化景观的特征。作者认为对景观核心特征的描述,通常都是通过"空间"和"视觉"两方面的特征来描述和表达的,而现有的"空间数据手段"不足以反映出景观规划中的特色来[26]。作者通过参考人类语言的组织模式建立景观语法的概念,定义某一区域现有的景观特征,用相应的空间词汇和句法加以描述,并采用 GIS 等应用软件将其数据化,以纯数学方式限制新建的景观的特征并输出最终计算结果,从而达到保护现有景观资源特性的目的。最后,作者通过百慕大岛上一个居住区的研究实践运用了这种理论、方法和软件。

在梅奥尔之前,欧美的景观语言研究绝大多数不涉及量化问题。梅奥尔的研究不足之处在于完全以计算机编程的方法量化,将景观语言直接等同于计算机语言,方法过于机械,而且忽略景观的尺度问题,缺乏多尺度下的量化研究,其论文末尾的实例尺度过小,缺乏代表性。

2.3 视知觉的研究概况

视知觉与设计语言是紧密相关的,该领域的格式塔心理学派提出的"部分相加不等于整体,整体先于部分而存在,并制约着部分的性质和意义"等理论观点,对于风景园林创作(包括风景园林语言修辞)中的整体性规则来说,仍具有十分重要的指导意义。

2.3.1 国内视知觉的研究

在中国,最早系统研究与介绍完形心理学原理的心理学家是肖孝嵘教授。1934 年,萧孝嵘的《格式塔心理学原理》一书出版,他是首先把格式塔心理学介绍给国内的学者,"格式塔"一词,由他首先译出,现已在国内通用。

史春珊在 1985 年出版的《现代形式构图原理——造型形式美基础》艺术的理论基础来源于格式塔心理学。余卓群在 1992 年出版了《建筑视觉造型》一书,偏重于造型,部分章节涉及知觉完形理论。罗文媛、赵明耀于 2001 年出版了《建筑形式语言》。香港中文大学建筑学系副教授顾大庆通过分析传统素描训练的特征目的及其对古典主义设计的联系,包豪斯学校的《预备课程》的特征,反思国内建筑设计专业的基础训练课程设置体系中视觉思维训练的现状,指出渊源、体系、训练方式都不同的素描、投影几何或制图、形式构成二门课程分开设置的弊端。顾大庆把完形心理学中的一些主要原理及思想(如图底关系,图形的大小、形状、布局关系)运用到建筑学专业的基础教学上来,提出设置一个以视觉思维的整体观为基础的教学体系。发展了一套集成式的和结构有序的独特训练方法。秦仁强把"平面性语言"规限为"平面图形","通过分析现代二维艺术表现形式与现代景观设计范例,运用视觉艺术理论和景观设计理论"[27],从构成角度对平面图形形态和造型手法的研究,阐释创意在平面设计过程中视觉化和符号化的规律。秦安华以景观空间中的"墙"要素为研究对象,从它作为空间的边界、内容和序列三方面分别深入探讨,如墙的尺寸、形状、虚实、组合以及光影、色彩、质感、尺度等。[28]但该研究并非采用了语言学的视角,更多借鉴的是建筑空间的理论。

2.3.2 国外视知觉的研究

应用科学的观念和方法研究形式问题主要始于 20 世纪初抽象艺术流派和现代建筑的兴起。较早把完形心理学及其指导下的视知觉艺术研究成果引入建筑学的是现代建筑运动中的包豪斯(Bauhaus)艺术及建筑学校。1919 年由建筑师瓦尔特·格罗皮乌斯(Walter Gropius)在德国魏玛(Weimar)创立的包豪斯建筑及艺术学校,在教学中,明确提出了"感知教育"的课题,它强调用一种新的眼光来观察世界,着重于培养一种对抽象的兴趣,新的时间和空间意识,以及对材料质感的敏感性。包豪斯的艺术教师在设计课程时特别重视形式分析和色彩结构的基础训练课程。虽然包豪斯建筑及艺术学校与韦特海默(Wertheimer)领导的完形心理学派并无直接传承的关系,但是包豪斯充满实践精神的艺术走向,以及对于"视觉场"之研究与视觉元素间的数学性与表现性的分析,其两者的精神是十分一致的。

鲁道夫·阿恩海姆(Rudolf Arnheim)是把完形心理学的理论研究成果应用于艺术领域并取得显著成果的代表人物之一,格式塔心理学是阿恩海姆美学思想的首要背景。他的主要著作有《艺术与视知觉》(*Art and Visual Perception*)、《视觉思维——审美直觉心理学》(*Visual Thinking——Aesthetic Intuition Psychology*)和《艺术心理学新论》(*New Essays of the*

Psychology of Art)等。他力求以科学的归纳来探讨形式的规律,并把它们归纳成具体的可实践的理论依据,从而对许多学科具有重要的启发作用。阿恩海姆认为人们忽视了通过感觉到的经验去理解事物的天赋。他还指出理解或解释一件艺术品的一个重要前提,就是提出和制造某些指导性的原则。《艺术与视知觉》等著作的目的之一是对视觉的能动效能进行系统的分析,以便指导人们的视觉,并使他的机能得到恢复。无论有意识或无意识的,艺术理论研究都从心理学著作中大受启发,只不过艺术理论家运用心理学的程度大部分都低于目前心理学的知识水平。完形心理学派所做的大量工作为人们正确认知视知觉奠定了基础。阿恩海姆主动把现代心理学的新发现和新成就应用到艺术研究之中,其中所引用的心理学实验和心理学原理,绝大部分都是取自完形心理学理论。

日本的小林重顺 1961 年编写了《建筑心理入门》(《建築心理入門》)、《造型构成的心理》(《造形構成の心理》)等书。英国的莫里斯·德·索马里兹教授(Maurice de Sausmarez)在 1964 年出版了一本关于设计基础的教材:《基本设计:视觉形态动力学》(*Basic Design:The Dynamics of Visual Form*),书中基本理论基础来源于完形心理学的主要原理,侧重于帮助学生在亲身体验中锻炼感受艺术创作里形态形式的内在动力和形式中心的敏感度。书中列举了大量具体有效的训练方法。在现代美术的抽象派、构成派、新造型派等流派的作品中都可看到完形心理学的影子。现代设计中的众多领域如包装设计、平面设计、服装设计、工业造型设计等等都在实践中运用了这些基于完形心理学上发展的视觉设计原则。

2.4　本章小结

从传统(古典)园林继承问题研究、地域性园林(景观)研究、风景园林设计语言研究及视知觉研究等方面进行文献述评。总体而言,从本土化角度切入研究的理论还很少见,以单方面研究传统园林的延续或地域性景观的构建方法为主,缺少对方法论的系统研究。研究结果缺乏可操作性,难以有效指导大多数设计人员。在实践中,一方面外来的风景园林风格泛滥;另一方面片面地将城市绿地展示地方文化作为本土化的途径,导致了城市绿地文化主题泛滥、视觉面貌雷同、工程造价增加和生态功能缺失等弊病。以上问题正是本书研究的意义与突破点所在。

参考文献

[1] 毕雪婷,王静文.北京传统园林的现代整合发展探析[J].中国园林,2014(8):67-71.

[2] 刘树老.略论中国传统园林与中国山水画的关系[J].艺术评论,2016(10):175-177.

[3] 夏宇,陈崇贤.中国传统园林意境的循环演进模式和变迁[J].中国园林,2015(8):116-119.

[4] 许晓明.试论中国传统园林中借景的概念、类型及特性[J].中国园林,2016(12):117-121.

[5] 孟兆祯.风景园林梦中寻——传统园林因融入中国梦而更加辉煌[J].中国园林,2014(5):5-14.

[6] 麻欣瑶,卢山,陈波.浙江传统园林研究现状及展望[J].中国园林,2017(2):93-98.

[7] 李建伟.中国园林的传统与未来——关于园林形式问题的思考[J].中国园林,1989(4):41-45.

[8] 周向频.中国古典园林的结构分析[J].中国园林,1995(3):24-28.

[9] 朱建宁.中国古典园林的现代意义[J].中国园林,2005(11):1-7.

[10] 王绍增.论中西传统园林的不同设计方法:图面设计与时空设计[J].风景园林,2006(6):18-21.

[11] 杨滨章.关于中国传统园林文化认知与传承的几点思考[J].中国园林,2009(11):77-80.

[12] 陈鹭.继承中国古代园林传统的探讨与思考[J].中国园林,2010(1):41-44.

[13] 杨鑫.地域性景观设计理论研究[D].北京:北京林业大学,2009.

[14] 王云才.传统地域文化景观之图式语言及其传承[J].中国园林,2009(10):74-76.

[15] 韩炳越,沈实现.基于地域特征的风景园林设计[J].中国园林,2005(7):61-67.

[16] 陈娟.景观的地域性特色研究[D].长沙:中南林业科技大学,2006.

[17] 林菁,王向荣.地域特征与景观形式[J].中国园林,2005(6):16-24.

[18] 谢耳又.浅论风景园林规划设计中的地域特征[D].北京:北京林业大学,2007.

[19] 肖辉.风景园林设计语言的地域性分析[D].北京:北京林业大学,2008.

[20] 吴承照,曾琳.以街旁绿地为载体再生传统民俗文化的途径——上海苏州河畔九子公园[J].城市规划学刊,2006(5):99-102.

[21] 王艳春,刘建国.现代园林景观与地域历史文化的对话——徐家汇公园的历史

文化保护设计[J].中国园林,2007(7):43-46.

[22] 苏肖更.园林景观的文化意义[D].北京:北京林业大学,2002.

[23] 卜菁华,孙科峰.景观的语言[J].中国园林,2003(11):54-57.

[24] 蒙小英.北欧现代主义园林设计语言研究:1920—1970[D].北京:北京林业大学,2006.

[25] 陈圣浩.景观设计语言符号理论研究[D].武汉:武汉理工大学,2006.

[26] MAYALL K M. Landscape grammar[D]. Waterloo:University of Waterloo,2002.

[27] 秦仁强.现代景观设计中平面性语言的研究[D].武汉:华中农业大学,2004.

[28] 秦安华.论景观空间中的"墙"[D].武汉:华中农业大学,2004.

3 风景园林设计语言基础理论建构

本书借鉴了布正伟先生的建筑语言研究成果,结合风景园林的特点,尝试建构了风景园林设计语言的理论框架,并予以系统解读。本章所阐述的内容也可被视作一种设计理论模型。在设计作品时可按照这种模型层层推进。

3.1 风景园林设计语言的特征

1) 整合特征 风景园林与绘画、雕塑虽然都可归于与视觉信息符号系统相关联的造型艺术,但"风景园林"与"架上艺术"的绘画和雕塑不同,风景园林是一种空间艺术,是空间中各要素整合的结果。风景园林设计语言的整合在不同层面、不同系统中逐步完成。一般来说,首先要从空间结构层面对结构语言系统进行运作;进而在景物的层面上考虑形态语言系统与结构语言系统的叠合;最后,利用意境语言系统强化实景,暗示虚景,从整体高度层面进一步提高作品的层次。

2) 动态特征 风景园林设计语言与建筑语言相比最大的特征就在于其随时间的推移而出现动态的变化。绝大部分建筑一旦建成便基本呈现出这个作品的终结形态,在使用期限内可能会出现材质的老化、褪色等现象,但形态不会发生变化。风景园林作品中的植被、水体等造景要素会随着季节的更替出现动态变化。水体会随着枯水期、丰水期的更替出现水位的升降。植物的花、叶产生的季相变化,对空间界面的色彩、形态会产生积极的影响(图3.1)。植物的生长尽管经历时间较长,也会逐步影响空间的比例、视觉的聚焦。风景园林设计语言所特有的动态特征使其具有独特的魅力,但同时也大幅度增加了设计难度,对设计师的专业知识与实践经验提出了更高的要求。

3) 模糊特征 风景园林设计语言毕竟不是人类的交际语言,不同的观看者会有不同的理解。这一点与建筑语言类似,"建筑作为一个视觉语言符号系统,它不是直接、明白无误地向人们诉说(陈述)什么。这点很像

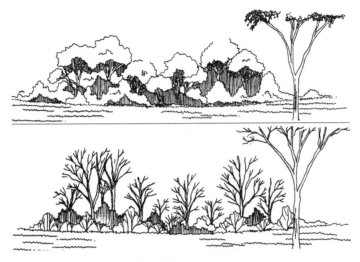

图 3.1　同一处景点不同季节的景观

无标题音乐,如 A 大调或 e 小调钢琴奏鸣曲。因此,含蓄性(只可意会,不能言传)是建筑语言符号学的一个特点。"[1]风景园林设计语言的模糊特征给游人对它的理解提供了比较大的想象空间,即使是带有某种隐喻,游人也可以不予理会而展开想象。这种模糊特征往往也给游人带来了难读难懂的困惑。只有当设计者或评论家以语言或文字对作品予以引导和介绍时,游人才有可能去逐步领会。古代造园家在园林意境过于含蓄、景意用典比较深奥时,便用匾额对联、石刻题咏、景石题名等形式来点景,达到为游人暗示和解惑的目的。

4) 流行特征　风景园林设计语言中的词汇、语句、语段、章节乃至文本的基本结构模式,都可以成为传播与流行的对象。设计语言的流行具有它的积极意义:不同地域、不同民族、不同时代所显示的不同风格,是在各种设计语言的流行中积淀而成的。各个历史时期风景园林的美学特征与风格特征,只有在风景园林语言的流行中才能得以汇聚而凸现出来,并逐步趋于完善。一般来说,风景园林词汇或语句的流行最快、最广,因为词汇或语句一般都不会直接涉及风景园林空间的整体结构,操作难度低。例如,法国拉维莱特公园尽管有着深奥晦涩的构思与复杂的空间结构,而园中的红色构筑物和天桥却很快成为中国当代风景园林设计师模仿与追逐的对象。从性质上讲,风景园林设计语言传播与流行的途径可分为两类:

一是重复式推广。当受到行业政策、物质功能与经济技术条件的影响与制约时,风景园林设计语言会不断重复,并呈现出大同小异的"引用"趋势。

二是融合式演绎。风景园林设计语言的运用既吸取在流行中积淀的精华部分,同时也渗入富于风景园林表现的原创精神,这样的演绎有利于风景园林设计语言的发展,避免导致只有趋同性而无差异性的后果。

3.2 风景园林设计语言的系统

如果将植物、建筑物、地形和水体等要素按照非结构形式列举,每一个要素指定通用的名称,同时加上简要的特征描述(如大小、颜色),这种描述无法阐明所应用的构图原理。"必须把目光从与现实不相适应的单个要素(如水、山、花木,特别是建筑)上移开,站得稍远一些;对它们作一次共时性的,即系统和整体的考查,注意要素之间关系的研究,才能找到其中更有生命力的本质。"[2]因此,将风景园林设计语言作为一个复合系统加以理解,包含结构语言系统、形态语言系统与意境语言系统。

3.2.1 结构语言系统

对风景园林的描述应提供一种反映蕴藏在风景园林设计中的某些思想的组织要素方法,不仅仅按照风景园林的要素描述每个园林,而且应阐明风景园林的某些实质性问题。这种要素组织形式在风景园林设计语言方面的反映即是结构语言,其本质是一种秩序的表现,但这种秩序可能是显性的,也可能是隐性的。

1) 空间原型结构 将各种风景园林空间还原抽象成最为本质的结构进行研究,通常可运用类型学和拓扑学等方法。为了表现风景园林的基本结构,可以应用多种不同技法。设想一条游览线,某个参观者沿着它从一个站点到达另一个站点,位于这些站点上可以看到精心组成的景观,这便是游览线路结构与观赏视线结构。但这两种结构只能描述园林的部分特征,并不能完整地指出路线、站点和视线之间的制约关系,因此首先应引入空间原型结构探究组合这些要素时的制约条件。例如,东南大学的朱光亚教授认为中国传统园林的空间结构存在"向心、互否、互含关系"[3],并发现若干著名园林与太极图存在同构的现象(图3.2)。"向心、互否、互含"的分析结果与过程实质上属于拓扑关系分析的范畴。尽管不能因此认定古人在造园时已经无意识地使用拓扑学原理,但这种分析方法对于探究空间原型结构十分有效。

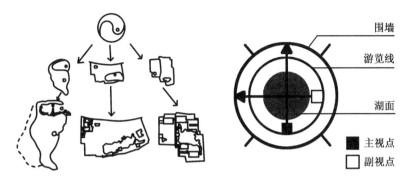

图 3.2　拓扑同构现象示意　　　　图 3.3　景点、景区布局分析图

2) 景点、景区布局结构　即景点、景区的位置及组织形式。凡具有观赏价值的观赏点叫景点,若干景点组成一个景区,再有若干景区组成整个园林。这是中国传统的"园中有园、景中有景"的手法。例如,赵仁冠认为,"景是同站点连在一起的平面构图,而且景是沿游览线组成的"[4],并提出了一种称为"条件套"的图式分析方法(图 3.3),试图建构"一整套适合于中国园林设计的算法"。事实上,这种"条件套"即是一种景点、景区布局结构。景点、景区位置的经营和布局方式往往决定着园林的风格,如法国勒·诺特尔式的园林规则式、轴线式布局与英国风景园的自然式布局在结构上就已经决定了两者的差异。景区布局结构可以从疏与密、主从与重点、内向与外向三个方面考察。

(1) 疏与密:景点、景区布局的疏密对比与变化。对于疏与密,中西园林的理解是不同的,"疏"对于中国园林而言未必意味着次要。相反,往往主景区就是"疏"的部分。典型的做法是围绕"空"的部分(通常是水面)进行立面的疏密布置。比如,留园的中部以水为主,但环水 4 个立面疏密、主从对比强烈,因而成为全园的中心,而东部的建筑虽更为密集,空间对比则相对较弱。相比之下,西方园林疏与密则与景区的地位重要程度成对应关系。

(2) 主从与重点:景点、景区的主次关系。在建筑构图原理以及有关论述形式美的书籍中,几乎总是把主从分明作为一条重要的原则加以强调。但主从关系在风景园林中的表现并非都如法国勒·诺特尔式园林、中国皇家园林那样清晰可辨。中国江南一带的私家园林或是西方解构主义园林构图的主从关系则十分隐晦而复杂。

(3) 内向与外向:两种相互对立的布局形式。内向式布局向心与内聚的感觉强烈,但规模不宜太大,否则数量有限的建筑物沿园林周边布置,势必使所形成的空间流于空旷和单薄。外向式布局开放与渗透的效果明显,易于与周围环境形成融合、整体的格局。从人们的行为心理乃至整个民族的传统习惯和性格特征而言,中国传统园林的布局以内向为主,西方园林则以外向为主。当然,具体情况还应视不同的设计场地规模、地形、环境等立地条件及时代、行业的发展而定。例如,江南私家园林大多采用内向式布局,偶尔也有例外,如苏州沧浪亭;皇家园林整体上采用外向式布局,局部采用"园中园"的内向式布局。再如,采取封闭式管理方式时,公园布局多为内向型;改为开放式后,公园布局多更新为外向式。

3) 游览线路结构　风景园林中的道路是骨架和脉络,联系各景点,组织各要素按照构思有效形成预期的景观效果,具体作用包括:组织交通、划分景区、引导游览及构成景色等。游览线路的结构在很大程度上决定着风景园林的布局结构,影响着空间特色和艺术风格。同属自然式的布局,中国传统园林与英国自然式风景园在游览线路结构上却有着本质差异。中国传统园林空间的曲折迷离,步移景异都是得益于其丰富多变的"线性"游览结构,而英国自然风景园的游览路线形成的是优美的大曲线。当中国园林被引入英国后,偏爱开敞空旷的英国人很快就厌倦了在崎岖转折的道路中行走来观赏变幻莫测的景致,"平庸无奇的田园风光"似乎仍然难以割舍[5]。游览结构包含两个要素:平面线形与竖向变化。平面线形是指游览线路的平面垂直投影的形状。竖向变化是指游览线路在高程上的变化。中国传统园林游览线路平面形式曲折多变,竖向也因廊道、地形、水面、桥体等要素而高低错落。当代的公园,一级道路往往有通行机动车的要求:平面线形按平曲线①设计(弧线最小半径不小于6 m);竖向按竖曲线②布置,变化也较小,所产生的空间感受与传统园林有较大的差异。不少公园为了延续传统园林的韵味,采用"园中园"的方法,在二级道路的竖向上延续传统。

4) 观赏视线结构　游览路线一方面将游人引向景点,另一方面通过观赏视线的组织使景物以某种形式展示给游人。观赏视线结构的特征及复杂程度直接影响到游人对园林的视觉感受。明清私家园林强调对景、

---

①　平曲线(horizontal curve):在平面线形中路线转向处曲线的总称,包括圆曲线和缓和曲线。连接两直线间的线,使车辆能够从一根直线过渡到另一根直线。

②　竖曲线(vertical curve):在线路纵断面上,以变坡点为交点,连接两相邻坡段的曲线称为竖曲线,有凸形和凹形两种。

借景(主要指园林范围内的互借)的作用:每一处重要的景点除了可以孤赏外,都和远近其他景点之间保持着巧妙的看与被看的视觉制约关系,游人在游览进程中可以不断感受到一个个分离景点的前后呼应、互相衬托。在不同位置、不同时间反复出现的对景、借景巩固了视觉记忆,补充了因没有一览无余视觉制高点或视觉焦点带来的缺憾,逐步完善了游人心中的园林整体画面。通过网络化的观赏视线结构,使原本松散的线性游览路线结构趋向于一种整体结构。观赏视线结构有两个要素:视点和视线。两者之间的组合关系对景物和观赏者的影响可以从看与被看、仰视与俯视、渗透与层次三个方面进行分析。

(1)看与被看:处于风景园林中的"景"一般都应同时满足看与被看两方面的要求。所谓看,是指为游人提供合适的观赏点与角度看周围的景物,即视点与视角;所谓被看,是说它本身应当作为观赏对象而存在。中国传统园林中看似随意的建筑或"景"的布局实际上"深刻、含蓄地受到这种视觉关系的制约"[6]。建筑物或"景"的看与被看,在某些情况下是分主次轻重的。

(2)仰视与俯视:游览路线的竖向设计使游人在高处自上向下看,所摄取的图像即俯视角度;反之,自低处向上看所得图像即仰视角度。中国传统园林中为帝王服务的皇家园林,刻意强调巍峨的仰视效果;而私家园林则借仰视园林建筑突起的屋角加强建筑的轻巧之感。现代园林常常设置一些构架或观景塔,使游人在仰视时感受到构架强烈的构成感和空间感,俯视时则获得开阔的视野。

(3)渗透与层次:利用空间的分隔和联系,形成视线的渗透,进而形成丰富的空间层次。传统园林中所谓的"对景",就是透过刻意设置的门窗去看某一景物,从而使景物看似镶嵌于画框中,形成空间层次。

3.2.2 形态语言系统

1)形体语言 风景园林的形态设计是在综合运用地形、植物、水体和建筑等要素的过程中进行的,着重于风景园林空间垂直界面的塑造。在风景园林语言的复合系统中,形体语言的运用最为复杂,也最为多变,主要表现在:

首先,风景园林结构语言系统要有"形体"完成构筑,在构筑结构语言系统时,形体语言的塑造几乎是同时进行的。风景园林语言中的词汇、语段和章节,均由"形体"构成。

其次,无论是何种理论指导下的风景园林设计方案,最终都要落实到具体的形体设计上来,并由此而产生各自不同的形体语言的表达方式与艺术风格。即便使用同一种结构语言,不同的形体语言也会产生不同的视觉效果。

再次,风景园林的形体,不仅作为视觉信息符号系统可以传情达义,也是光、色彩与肌理等审美信息的载体,并因此而使得风景园林语言的艺术表现力永无穷尽。在风景园林创作中,城市历史、场所环境、气候条件、地形特征、结构技术等因素都会对设计师所运用的形体语言产生直接或间接的影响。当然,设计师本人对艺术个性表现的理解与追求也是很重要的影响因素。

形体语言可以从起伏与层次、虚与实、藏与露、三个方面进行分析。无论是西方园林还是中国园林,从构图的角度来看,这三个方面都会涉及,只是各自的理论原理有所不同而已。

起伏与层次:加强园林空间垂直界面的韵律变化和节奏感。起伏是指借高低错落的外轮廓表现,建筑中的天际线和园林中的林冠线,均属于起伏的范畴。当起伏不止一个层次时,就形成了多重起伏(图 3.4)。多重层次的起伏和变化,能给人留下深刻的印象。

图 3.4　立面上的起伏与层次

虚与实:所谓虚,也可以说是空,或者说无;所谓实,就是实在、结实,或者说就是有。后者比较有形、具象,前者则多少有些空泛,不易被游人所感知,但两者在造园中相辅相成。虚借实的对比而存在,没有实就显不出虚;而没有虚,则缺乏意境,缺乏想象的空间。传统园林中的廊依墙而建,即为一种借实生虚的实例(图 3.5)。

图 3.5 墙体衬托廊的"虚"

藏与露：园林形态表现有两种倾向，一种是直率、毫无保留地和盘托出；另一种是取含蓄、隐晦的方法使其隐而不发，显而不露。西方人多倾向于以第一种方式来表现；中国人则多偏爱后一种方式。

2）色彩语言 风景园林的复合语言中，色彩语言的作用是多方面的，诸如形体表现、空间组织、形式感表达、意义表达、象征性展示及意境营造等。与形相比，色彩在情感的表达方面更占有优势，往往给人非常鲜明而直观的视觉印象。特别是那些"注目性"（又称"诱目性"，是指眼睛没有想看任何物体而引起不自觉的注意的性质）大的色彩更是"具有'先声夺人'的力量……"[7]。可以看到，不仅是各地域所兴起的地方主义或民族风格的园林十分注意传统色彩语言的鲜明个性。而且，在广泛流行的现代主义园林中，为了弥补趋于简明的形体语言的先天不足，更是竭力想借助于色彩语言的愉悦和响亮来增强作品的艺术感染力（图 3.6）。传统和现代的色彩语言都同时证实了阿恩海姆在《色彩论》中所指出的一个结论——"色彩造成的是一种在本质上属于情感的经验"[8]。风景园林中对色彩影响最大的植物具有动态的季相变化，再加上形体、光照、肌理等语形要素的影响，因而风景园林的色彩语言是较难掌握的。其要点可以从以下几个方面进行理解：

（1）确定基调色 要根据场所环境、气候因素以及风景园林的使用

图 3.6　某公园小品使用了鲜艳的颜色

性质综合确定各季节风景园林的色彩基调——"首先是色相基调,在此基础上再去调整色彩的明度基调和纯度基调"[9]。

（2）设置背景色　处处都要有"背景色"的概念,这样才能从整体上去把握好所要表现的对象的色彩。大到整个园林,小到一个景点、一个局部,"背景色"的确立和对它的参照都是色彩语言运用中的重要环节,这也是色彩抽象能力的一种表现。

（3）平衡对比色　要关注色彩走向中"刺激"（对比）与"平和"（调和）之间的关系。一般来说,运用响亮的色彩语言比运用调和的要难。该有"刺激"的地方色彩效果上不去,而该"平和"的地方又反倒张扬,这是实践中常常容易出现的问题。

（4）把握节奏感　色彩的运用一定要把握好"节奏"。这里讲的色彩节奏包括面积的节奏、形状的节奏、位置的节奏和肌理的节奏。失去了节奏的色彩变化,最终将是混沌一片。

3）光照语言　光作为一种极其特殊的风景园林语言,无时不在,无处不在,并在不断的变幻中重新塑造着人们所处的风景园林世界。从人与自然相互关系的意义上来讲,天然光在光照语言中的重要性尤为突出。事实上,在人工照明之中,人甚至无法意识到他和自然的关系。"由于以上理由,我非常重视在'场所'和'时间'中的自然光线,它能在我们的建筑环境中的任何地方与我们交谈……"[10]安藤忠雄的这些话,道出了许多建筑大师在运用光照语言时都十分偏爱天然光的缘由所在。光照语言在风景园林中的功能作用主要表现在空间层次、空间序列、渲染意境几个方面。

（1）强化空间层次　利用光照语言形成相邻两个空间强烈的明暗对比是一种常用的强化空间层次的手法。意大利巴洛克园林中经常用两侧栽植常绿树的林荫路通向一个明亮的花园空间，浓密的树冠形成的廊道有时甚至有些阴森，与意大利灿烂阳光照射下的开放空间形成强烈的反差，形成明确的空间层次。

（2）构成空间序列　空间的开合往往和明暗联系在一起，并一同构成空间的序列，这一点无论江南私家园林还是法国勒·诺特尔式园林都有明显的体现。留园入口的序列通过明暗、开合的不断变化形成了丰富的串联式序列（图3.7）。在勒·诺特尔式园林中，"林园和花园的对比，狭窄的林荫路和林荫路两端的花园或林间环岛的对比，不同道路之间的明暗对比……这些对比是与整个空间布局联系在一起的"[11]：一是轴线上开合有序、跌宕起伏的序列化的开敞空间，二是中轴空间与丛林园空间的大小、开合、明暗、动静的强烈对比。这两种结构用简单、直白的方式使园林空间在极度统一的前提下又有丰富的变化[12]。

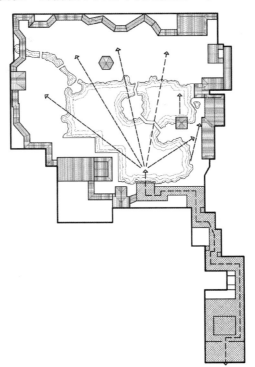

图3.7　留园入口的明暗序列

（3）渲染空间气氛　在勒·诺特尔式园林中,也常常利用植物来形成郁闭、阴暗的空间,与开敞明亮的轴线空间形成对比,进一步烘托主题。一般来说,宫殿周围及花园里除了规整的植物造型外,并没有树木。这样从任何角度看,宫殿、花园、水池、喷泉都沐浴在明媚的阳光下,永远是园林构图的中心。林荫路的树冠好像绿廊一般,形成一个暗色的画框,画框里的图画是远处阳光下鲜明的宫殿,是闪耀着银色光点的喷泉,是天边镜面般明亮的大运河(图 3.8)。

图 3.8　林荫路与大运河的明暗对比

4）肌理语言　"我们将材料表面组织构造所产生的感觉称之为肌理(texture),平常所说的材料质地、材料触感等均包含在肌理这一概念中。"[13]材料的质感即使不去触摸,只用眼睛去看就可以产生相应的触觉感受。因此,这种视觉肌理(visual texture,与之对应的称呼为触觉肌理——tactile texture)在传递视觉符号信息方面的作用是十分敏锐而独特的。"在全部造型活动中,即使色和形很好,假如忽视了肌理的要素,也不能得到令人满意的充实感和强烈的魅力。"[14]在风景园林的复合语言系统中,肌理语言最突出的功能作用是形式感、意义及地域特征的表达。石材、砖瓦、混凝土、金属、玻璃、木材、竹子等等,每一种材料都会使人产生联想,并在形式感方面产生与其视觉或触觉特性相吻合的表情,诸如沉重感、亲切感、坚实感、冷漠感、轻盈感、虚幻感、可塑感、温馨感等等。当大地艺术开始兴起的时候,肌理语言的内涵所指已从具体运用的材料扩展到风景园林的整个形体了——地形、铺地等因素统合在一起,构成了风景园林整体的"大肌理"。风景园林作品中的肌理语言的运用要点如下:

（1）与场所精神结合　要注意材料肌理所能表达的形式感和特定场所意义，并寻求这种表达与创作构思、表现意图之间的内在联系，以使肌理语言成为风景园林作品语言的一个有机组成部分，进而赢得艺术表现的整体感。长期生活在一个地方的人们，对于某种自然材料的认识，不仅仅停留在物质层面上。这些材料的质地、肌理、色彩，乃至气息与它们的日常生活水乳相融，构成了人们记忆和情感的深层内容。废弃材料的肌理往往能展现时空距离感。

（2）与人文关怀结合　要注意在所设计的特定环境中，从人的生理与心理要求出发，恰如其分地选择和表现材料肌理，诸如是光滑一些好，还是粗糙一些好；是冷峻一些好，还是温馨一些好；是坚实一些好，还是柔和一些好……总之，肌理语言不仅要传递艺术审美信息，而且还要传达对人的关怀和爱护。

（3）与光影塑造结合　要注意与光的运用相结合，正如摄影家的眼睛所观察到的那样，"在视觉可辨范围内的任何明暗变化都能产生出一种视觉质感：强光、层次、反射光和阴影——所有这一切都是和质感有关的因素。"[15]很美的材料，如果缺少光的运用就会黯然失色，而有些普通材料，经过天然光或照明光设计的意匠经营之后，则会展现出意想不到的艺术效果。

（4）与施工工艺结合　要注意从制作工艺和施工技术的角度，去妥善考虑变化中的不同材料的拼接方法、节点构造以及相关的特殊处理。只有这样，才能避免由于材料肌理的变化而容易在细节上带来的疏漏，即肌理语言运用中生硬对接或碰撞之类的常见语病。常见的处理方法是在两种完全不同肌理的材料之间用一种中性材料加以分隔。

3.2.3　意境语言系统

对"意境"一词，《辞海》的解释是：意境是文艺作品所描绘的生活图景和表现的思想感情融合一致而形成的一种艺术境界，是客观存在反映在人们思维中的一种抽象造型观念。意境并非中国园林所特有，英国风景式园林中的所谓"浪漫园林"故意建置废墟、古墓之类以引起游人的伤感情绪，日本的禅宗园林运用山水布局来表现佛教禅宗的哲理，等等均具有不同程度的意境涵蕴[16]。

意境的构成是以空间境象为基础的，是通过对境象的把握与经营得以达到"情与景汇、意与象通"。这一点不但是创作的依据，同时也是欣赏的依据。意境的最终构成，是由创作和欣赏两个方面的结合才得以实现的。

因此,仅仅塑造起风景园林的空间实体是远远不够的,只有当空间实体与一些能引发人展开想象的景物共同构成形象体系时,才能引发对意境的审美过程。为了能使意境更容易被普通人感受到,可以在前两个复合系统中融入用以提示意境的景物,形成第三个复合系统,即意境语言系统。意境是一个多层次的审美结构。宗白华《中国意境的诞生》一文中就说过:"艺术境界不是一个单层的平面的自然的再现,而是一个境界层深的创构。从直观感相的模写,活跃生命的传达,到最高灵境的启示,可以有三层次。"[17]由此可以看出,意境的结构特征是虚实相生,即由实境和虚境构成。

1) 虚境 由实境诱发和开拓的审美想象的空间。这里的"虚境"可以理解为三种情况。第一种情况是指观赏者头脑中预先存在某种具体的景象,设计师通过实景的营造唤起观赏者的记忆,从而使观赏者产生对意境的审美。第二种情况是虚境指一种大多数人都认可的高度概括的景象,符合民族的审美心理结构,比如对于云雾缭绕的景观,多数中国人都会联想到"仙境"。第三种情况是观赏者在设计师布置的实景或文字(比如景题)的提示下展开联想,在想象中构筑的景象。比如,题为"留得残荷听雨声"的景点,其意境取自李商隐的诗——《宿骆氏亭寄怀崔雍崔衮》。观赏者看到一池"残荷"时未必正赶上下雨,这便需要观赏者通过想象去构筑这一景象,至于能否再进一步感受到其中伤感、孤独的气氛及对人生境遇的感触,就取决于观赏者自身的文化修养和人生阅历了。由此看出,虚境带有很强的主观成分和不确定因素,这就产生了一些问题:同一实境是否会引发不同的虚境? 游人是否一定能由实境诱发而产生虚境联想? 针对项目的特征选择合适的虚境是关键性的问题。营造一处带地域特征的园林,就应着重考虑当地观赏者。俞孔坚教授主持设计的中山岐江公园保留了场地内那些早已被岁月侵蚀得面目全非的旧厂房和机器设备,目的就是唤起当地市民,尤其是曾经在此工作过的人们的回忆(图3.9)。

2) 实境 虚境的物质载体,是对虚境的具体描绘。在实际操作中,中国传统园林通过"点景"的方法来实现营造意境。点景的作用在于在虚境的统摄下"点"出意境。比如在柳林荫中点个小红亭,便有"万绿丛中红一点,动人春色不须多"的诗意;在临水竹丛边点几株桃花,便有"竹外桃花三两枝,春江水暖鸭先知"的诗意;在园池边点一两株梅花,便有"疏影横斜水清浅,暗香浮动月黄昏"的诗意[18]。如果意境过于含蓄,景意用典比较深奥时,可用匾额对联、石刻题咏、景石题名等形式来点景,达到为游人暗示、解惑的目的。除此之外,陈设和雕塑也是重要的点景要素。室外

图3.9 被保留的旧厂房唤起人们的记忆

环境中的家具、展具、灯具等,均可列入实用性与观赏性合一的"陈设"一类。比如风景园林中的座椅,在恰当的位置设置形式优美的座椅具有舒适宜人的效果,丛林中、草地上、大树下,几张座椅往往能将无组织的自然空间变为有意境的风景。从架上艺术走向环境艺术的雕塑,表现手段层出不穷,艺术创意不拘一格。雕塑的抽象性艺术表现能够灵活而充分地向人们传递各种信息。

综上所述,在风景园林语言的第一复合系统中,决定风景园林空间本质特征的是结构语言,忽视了这一点,就会本末倒置。而形体语言是结构语言的外在表现,但仅仅运用形体语言还远远不能完成对风景园林空间实体描绘的完美表达,还需要同时引入光照语言、色彩语言和肌理语言,并在整合中形成一个完整描绘园林空间的形态语言系统,即风景园林语言的第二复合系统。意境语言是对形态语言进一步的艺术加工。

3.3 风景园林设计语言的框架

3.3.1 语形

风景园林设计语言由于没有人类语言的"声音外壳",主要通过"语形"来感知的,"语形"相当于风景园林设计语言的"物质外壳"。作为书写与阅读风景园林的视觉信息符号系统——形体,既不同于绘画中的"形",也不同于雕塑中的"体"涵盖了实体与空间双重意义。风景园林语言(以形态语言系统为例)既有形体语言,也有色彩语言、光照语言和肌理语言。换而言之,除了形体之外,光与色彩、肌理也同样是感知风景园林语言的本源所在。但是,光照、色彩和肌理最终都要落实到具体的园林形体上。

3.3.2 语义

语言成分中的意义要素,称为语义。或者说,它是语言成分所包含的内容部分,以概念为基础。事实上,语义就是概念在语言中的表现形式及其所附加的形象色彩、表情色彩、修辞色彩、风格色彩等。风景园林创作中通过风景园林设计语言所要表达的内容、理念或文化内涵,是与语言学中的"语义"含义十分贴近的。所不同的是,在书写(设计)风景园林作品时,设计师不是通过"语音"而是通过"语形"去实现语义的表达。在人与风景园林之间的交流、对话中,语义的可感知程度是一个相当复杂的问题,这直接涉及视觉信息符号的"编码"与"译码"机制——语言学研究的一个核心问题。

一般来说,当语义与语形之间存在着约定俗成的关系时,观赏者对风景园林的阅读、欣赏就不会出现什么问题。这种约定俗成的关系本质上是一种人们都认可的"群化"的思想,这正是结构主义者所追求的逻辑性和秩序感的原因——强调一种个体融溶于整体的群化思维方式,提出整体性的创作原则,寻求世界永恒的秩序结构。

然而,设计师运用风景园林设计语言表达其创作意图的手法往往千变万化,"编码"的随机性与随意性会给阅读、欣赏风景园林的人制造"译码"方面的困惑与麻烦——这也正是解构主义者有机可乘的原因。解构主义者认为从作者到文本到阅读者,其中的信息意义发生了变化,"无论作者如何努力去迎合阅读者,文本终究是一个未被完成的文集也终究是避免不了被误读的"[19]。作者以某种"代码"(以书写的方式)将欲表达之理念注入文本中,此时差异便已经存在(书写跟思考存在的差异),这个过程可称之为"1→2"的"编码"过程。其后,当阅读者在翻译这种代码(以阅读的方式)时,差异便再次凸现(不同的背景使得不同的人对能指①的理

---

① 费迪南·德·索绪尔(Ferdinand de Saussure)认为每一个语言符号包括能指与所指两个部分。能指是符号的物质形式,由声音—形象两部分构成。这样的声音—形象在社会的约定俗成中被分配与某种概念发生关系,在使用者之间能够引发某种概念的联想。这种概念就是所指。能指与所指之间的关系是自由选择的,对于使用它的语言社会来说,又是强制的。

解产生差异),这个过程姑且称之为"2→3"的"译码"过程。由于"编码"的过程中均出现了不可避免的差异即"1≠2""2≠3"所以"1＝3"的概率也几乎为零。因此,解构主义者认为作品不如给作者和阅读者很大的自由空间更为合适。有另一部分人则致力于追求精确表达和精确理解,朝着与解构主义相反的方向行进,这便是极简主义。他们认为:所谓的"编码"过程不存在,一切都是以表面的、自然的状态存在着,没有所谓的"深层结构";同样,"译码"的过程也变得没有必要。

由于这些原因,对于风景园林语言中的语义表达问题,既要注意一定时空条件下的约定俗成关系,又要注意在语义的编码过程中,切实把握好语义的复杂程度。詹克斯在论及建筑的语义时指出:"如果语义体系被粗暴地颠倒或过于复杂,他们的交流(指建筑师与公众之间的交流——引者注)会降低到极起码的程度。"[20]

3.3.3 语境

广义的语境可以指社会环境、自然环境、人文环境等;狭义的语境则是指言语表达时的具体环境,如场地环境、周边环境乃至风景园林文本中上下文所形成的特定言语环境。在这里,广义的语境(大语境)制约着狭义语境(小语境),而狭义的语境也有它相对的独立性。但不论怎样,言语意义只有在一定的语境中才能得以确定,语义和语境之间的关系是密不可分的。风景园林词汇或语句,虽然它们的一般语言意义是相对不变的,但在特定的语境条件下,却有可能被赋予新的言语意义。语境既是指书写与阅读风景园林作品时所要参照的外部环境,同时也是指风景园林作品自身语言表达所形成的具体氛围及其上下文关系。因此,凡涉及语义问题的遣词造句或行文用语,一方面要悉心关照作品所处的大小外部环境;另一方面,还必须与风景园林作品自身构成的言语系统融会贯通。

3.3.4 文体

在书写语言中,为了适应不同的交际需要而形成语文体式。文体有各种不同的分类,一般为公文文体、政论文体、科学文体、文艺文体等等。文体与书写格式、文章风格有直接关系。不论什么文章都要从体式要求上去控制书写语言的走向。结合风景园林设计的普遍经验而将描绘风景园林的文体形式概括为以下几种:

(1)叙事文体 一般情况下的风景园林设计,朴实无华,但也讲究语言的流畅与精练。

（2）议论文体　突出描绘功能、技术或经济等理性色彩，或具有一定批判性的园林设计，具有严谨而敏锐的形式特征。

（3）抒情文体　带有鲜明情感色彩的非理性式的风景园林设计，常常是洒脱不羁、赋情于表。

（4）纪念文体　抒情文体中一种特殊类型的风景园林设计，正是后人永恒铭记与思念心态的写照，在不同程度上带有凝重的情感基调。

（5）混成文体　实际的风景园林设计往往趋向于以上文体形式的混合，如以叙事文为主，带有抒情文的色彩；或以抒情文为主，带有议论文的色彩等。这种文体形式的不同组合可以使风景园林作品获得十分丰富而细腻的艺术表现。而这也正是风景园林文本创造性的另一种体现。

3.3.5　修辞

在语言学中，所谓修辞就是"依据题旨情境，运用各种语文材料，各种表现手法，恰当地表现写说者所要表达的内容的一种活动"[21]。修辞学已成为语言学中的一门独立学科。而关于风景园林语言中的修辞，可从以下三个方面去掌握其要点：

首先，风景园林语言中基本词汇的选用与搭配，典型语句的确立与变换，语段、章节中繁简关系的推敲，以及重点描绘的强化等等，都要与已确定的文体相适应。

第二，风景园林语言修辞的技巧离不开对丰富的语言素材的积累和掌握。这里讲的语言素材既包括形态语言系统，也包括意境语言系统。此外，修辞还要通过灵活多样的表现手法才能去实现。离开了具体的表现手法，修辞也就落不到实处。

第三，掌握修辞中的"修辞的向度"与"修辞的力度"。修辞的目的是使风景园林语言能恰当地去表现风景园林设计师所要表达的内容。细致入微地去掌握分寸是设计师积累修辞经验的关键所在。

3.3.6　文本

当前，人们在各种各样的场合使用文本的概念。它的外延泛滥成灾，而最常用的是指方案投标或送给甲方那种有图和文字的本子。实际上，文本是文学批评中的概念，它的基本含义是指（文学）作品载体的一般形式。"文本"这个专用术语与书写语言相联系时，是指载有书写文件或文字著作的本子,一般用来强调原有文件或著作书写语言的真实性与权威性。这个本来是属于文学领域里的概念,随着后现代建筑思潮的兴起而涌入到了建筑理论的话语中来,特别是解构主义的推波助澜,使文本概念的运用更为灵活和广泛。[22]随着语言学的研究方法被引入现代风景园林设计研究领域,这一词汇的使用也逐步地扩展开来。因而,正确区分不同情况下所使用的文本概念就显得十分重要。

从史学的角度来看,风景园林"文本"可以被看作是风景园林遗产或传统园林存在的书写形式,可以通过风景园林设计语言去认知。在现有的理论著作中,还特意将所引用的传统园林中可见的局部形式乃至类似原型一类的概念等,均笼统而文学化地称之为文本。从美学的角度来看,特别是解构主义者赋予了文本概念以独特的理论内涵。结构主义认为,作者完成写作便提供了一个作品。作品有明确的主题和意义,通过阅读传达给读者。而解构主义则认为"作者只是提供文本而不是作品,作品是读者在文本的阅读中完成的;也就是说,文本没有形而上学的、预先可以设定的绝对意义"[23]。换而言之,解构主义所崇尚的风景园林作品,由于书写的结果与阅读的结果不同而各自形成了不同的文本。因此,可以将文本视作一种开放系统。

本书是从风景园林设计语言结构的框架系统来确立"文本"的概念意义的。如果把文本编码按一条轴线展开,从原点(零点)起,依次是词汇、句子、章节、文本。而作为设计理论追求,则对应其修辞学方面,依次为词法、句法、章法、文法。转换成风景园林设计语言,依次对应为:细部处理、空间布局、总体构思、风格流派。文本是涵括语形、语义、语境、文体以及修辞等概念的一个复杂而有机的系统,是特指作为风景园林的可阅读的整体形式(广义理解的形式),也即经过细致加工和高度整合的视觉信息符号系统(广义理解的符号)。一个成功的风景园林作品可以这样来理解:它就是一个优秀的风景园林文本,并非常具体地表现在——选择了恰当的文体,创造了特定的语境,表达了简明的语义,运用了生动的词汇,提炼了典型的语句,使用了恰到好处的修辞,整合了描绘到位的语段和章节。

3.4 风景园林设计语言的语法

"语法的各种规则是从无数的具体句子中抽象出来的,具体的句子是无限的,而支配句子的组合规则却是有限的。"[24]虽然风景园林设计语言与人类交际语言在语法规则所显示的抽象性与稳定性的特点上比较近似,但就语法的具体内容和形式而言毕竟不可同日而语。因此,关于风景园林设计语言的基本语法规则,也只宜采取"框架型"的把握方式,从设计语言运用的主要原则出发,分别对其词法规则、句法规则和修辞规则进行探索。

3.4.1 词法

词法是设计中最活跃、最广泛的层次,受风格影响最小。同样的细部可以在各种风格中使用,同样的风格也可以使用各种类型的细部。以往的研究文献认为风景园林语言中的词汇对应于设计的要素或元素,如水、石头、植物等。在西方园林中,景观的组成要素包括石头(铺装)、植物、水体、天空和地面,这与中国古典园林的地形、石头、植物、路、建筑和水体是基本的组成元素没有明显区别。《风景园林设计要素》一书中,作者把地形、植物材料、建筑物、人行道、基地结构、水作为景观设计的基本要素。在学习风景园林规划设计的初期,应大量学习掌握词汇。在此基础上学习词法,即细部处理中一些规律性的东西、精妙的手法。简单来说,词法规则就是词形的构成规则。

1) 词义的表达规则 词义的表达既要与风景园林作品的语境相融合,又要与词汇的构形、词形相统一。在"书写"风景园林的过程中,用词生硬或词不达意多半都是因为违反了词义表达的规则而造成的。有的词汇具有实用意义,比如围合空间的绿篱,可称为"实词";而有的词汇只具有装饰或强化空间的作用,比如雕塑,可称为"虚词"。实词和虚词,其词义表达如何贯穿风景园林表现意图,大体上分为两种情况。其一,词意表达只涉及形式美所要烘托的某种艺术气氛或文化氛围这个层面,比如极简主义园林,这种情况"实词"就够了。其二,词意表达已涉及形式美所反映的更深层面的艺术美内涵了,除了要考虑艺术表现中的主题性之外,还可能与艺术表现中的象征性或隐喻性相联系,这是需要"虚词"来辅助"实词",以构成对风景园林艺术表现的完整描绘。

2) 词汇的引用规则 词汇的引用可包括对历史符号和元素、农业和自然景观词汇、建筑和艺术词汇、以前设计师的词汇的引用;词汇的引用十分自由,设计师可以大量使用别人的词汇,这并无抄袭之嫌,关键要适合具体的语境、语义,这是词法研究的重点。传统园林的正统词汇也好,地域园林的方言词汇也好,现代风景园林的外来词汇也好,都有其各自的风格及词汇之间的约束关系。因此,词汇的引用也不一定就是完全照搬它原有的词形。在许多情况下,为了使引用的词汇融于新文本语句的视觉信息符号系统之中,根据语境和所处上下文的关系,运用一定的修辞手段对该词形作适当调整或处理。

3) 词语的典型化规则　将词形进行变异与提炼,使其成为构成重复使用的具有典型化构形特征的典型词语。所谓"词形的变异与提炼",就是指风景园林要素在构形上的变异与提炼。如此,才能形成典型化的词形特征,才能发现那些符合文本总体创意要求的典型词语。丹·凯利(Dan Kiley)回忆在整个西欧旅行时曾说过:"……在我生命中第一次,体验了规则式的用空间塑造的景观(在法国是由勒·诺特尔达到了这种空间最壮丽、最纯净的程度,同时,哪怕是在很小的城镇的每一条街道,也能找到这种空间),这是我一直寻找的东西:一种语言,它能够用来表达大地上人类秩序的充满活力的技巧;一种方法,它能够揭示自然并创造结构完整的空间。我突然明白了,线、林荫路、果园、树丛、绿毯、修剪的绿篱、运河和喷泉能够成为建造清晰的、无限的空间的工具……"[25]。丹·凯利吸收了勒·诺特尔式园林语言的典型词汇诸如绿篱、绿墙、林荫树、水景等,并将其整合到了自己的语言体系中,创造出了用古典要素营造现代空间的作品。

4) 词组的整合规则　通过构图建立起词与词之间的内在联系,并在整合中构成词组的新词义与新词形。然而,并非是两个或两个以上的这些词放在一起就可以成为词组,关键还在于词与词之间能否建立起应有的内在联系,这主要表现在三个方面:词义的组合是不是具有逻辑性,比如功能、生态等方面;词组是否具有相对完整的小秩序,能否构成构图完整的景点;词组之间是否具有一定连续性和相似性。

3.4.2　句法

"交际的时候至少得说一句话,这样才能把一个比较完整的意思表达出来。所以句子是语言中最大的语法单位,又是交际中基本的表述单位。句子以上就是段落和整篇话语了。语法研究现在一般分析到句子为止。"[26]句子的表达乃是设计师描绘风景园林空间实体的基础,而后再由句子去构成风景园林作品的语段、章节乃至整个文本。在风景园林设计语言研究中句法研究最为困难,因为语言学与哲学有着直接的关联。结构主义哲学把"诸要素之间确定的构成关系"看作是"统一的整体"[27],而风景园林设计语言的语法规则的确立,包括风景园林构图原理的认定,都要以这种整体结构的稳定性与有序性为其前提条件。而随着解构主义的出现,以"任何交流都不是充分的,都不是完全成功的"为由,颠覆了先前的句法,采用反结构组织的各种手段,诸如扭转与错位、交叉与插入、对撞与断裂、倾倒与叠置、翻动与扭曲等。从这个角度分析,哲学理念直接影响着句法的生成,句法所体现的是一种"深层结构"。相比之下,词汇所对应的则是"表层结构",因而词汇的应用要自由得多,词汇也更容易流行。

如果说词汇是对应于广义理解的风景园林实体要素(植物、地形、水体和建筑)的话,那么,由词汇构成的句子便可以理解为一定数量的实体要素的组合体。句法规则便是指确立风景园林文本中空间实体的构成关系时,风景园林实体要素组合遵循的相关原则与规定,即结构语言系统。

1) 句法中的秩序规则 "秩序是一种必要的强制",不仅如此,"在复杂性的各层次上都可以找到秩序"[28]。近两百年来,随着审美观念的变化,秩序建构的复杂性不断"升级"。在最复杂的层次上,秩序已不再是通过轴线或各立面正投影的构图关系来确立了。在秩序由显露走向隐蔽的过程中,貌似"混乱"堆置的造景要素,还可以通过动态中的"大小""轻重""疏密""起伏""指向"等因素,去寻求那种的确难以捉摸但又的确实际存在的潜藏秩序。中国传统私家园林没有明显的秩序(轴线、等级等),但网络化的视线结构,在不同位置、不同时间反复出现的对景、借景巩固了视觉记忆,形成了一种内在的秩序(隐性的秩序)。法国的拉维莱特公园在整体上存在点、线、面的复合结构,而且同时存在定位与定向都十分明确的斜线、弧线或网格所控制的"大秩序",而如果身临其境,这种大秩序就可能被各种令人惊奇的局部所遮掩。

2) 句法中的功能规则 随着 20 世纪末能源短缺、环境污染、生态恶化等问题更趋严重,风景园林设计中的功能原则非但没有削弱,反而注入了新的生机。因此,长期以来我们所熟悉的传统园林语言,正面临着新观念与新概念的挑战,特别是节约型园林、生态园林和地域性园林所带来的影响越来越明显。一般来说,句法中功能规则所指应包括两个方面:一是指句子中风景园林要素自身的形式应符合功能设计的要求,二是指句子中风景园林要素之间的组合关系(结构)也同时要遵循功能设计的原则。显然,只有当组合部件同时满足这两个条件时,"句子"的功能表达才是完整的。当前的公园不适合直接照搬传统园林,主要原因是传统园林的"线性"空间结构与现代公园的功能不适应。

3) 句法中的构图规则 风景园林要素的形式及其相互间的组合关

系,在遵循结构规则与功能规则的基础上,如何在视觉形式上达到协调统一,有赖于风景园林构图手段。风景园林要素或者景区的布局和组合形式,以及它们本身彼此间和整体间的关系,就是所谓风景园林构图。就句子中风景园林造景要素的形式及其组合关系而言,协调统一的主要手段是比例、尺度、色彩、肌理;而从句子与句子、句子与语段之间的关系来看,协调统一的手段还有稳定与均衡(对称的均衡、不对称的均衡以及散构中的均衡)、韵律与节奏、对比与微差等。当前,有些作品建成后粗看很"热闹",但真要拿起相机取景时,往往很难找到一幅满意的构图,不是构图失去均衡,就是画面缺少主体,或是色彩层次不够等。一个真正好的园林作品建成后,"除了经得起公众'看'以外,还应经得起摄影师的'取景',即通常我们所说的'要有好的景点'"[29]。

4) 句法中的体式规则　这是针对句子的"情感表达"而言的,它直接影响着设计师的创作行为,并形象地表露于他(她)所运用的风景园林语言之中。尽管每一位成熟的设计师都有自己的"情感模式",然而在具体风景园林的创作中要表现这种情感时,都要共同遵守一个规则,即要使语句描绘的情感色彩与其文体形式相符。显然,如果把适于纪念式文体的情感用在叙事式文体的句子表达中,这就会给游人的风景园林审美带来迷惑和混乱。比如,以私家园林的语言设计纪念性园林,则明显缺乏力度与空间氛围。风景园林书写的文体形式直接制约着语句所流露的情感的性质,正如托马斯·门罗(Thamas Munro)在《走向科学的美学》(*Toward Science in Aesthetics*)一书中所说的那样:"我们不可能把一件艺术作品美的性质或其他任何知觉性质和情感性质分离开来,因为这些性质与我们的美的经验是一个不可分割的整体。"[30]

5) 句法中的强化规则　句法中的强化规则,与已论述过的词语的典型化规则有很大的一致性,只不过在这里是通过更多的风景园林要素进行组合。在组合中对其构形、色彩、肌理与光影效果进行提炼与整合,从而使其成为风景园林语言描绘中重点使用或重复使用的"典型语句"罢了。提炼描绘作品的"典型语句",往往要从"典型词语"着手,然后再扩展成句子。在那些引人注目、颇具分量的"典型语句"中,总会有一些精到的"典型词语"在传递着与众不同的视觉审美信息。

6) 句法中的兼容规则　与建筑不同,现代风景园林在许多情况下可能会包含一些历史片段或者一些生长多年的植被,还有的就是在旧有风景园林的基础上改造而来,因此新旧部分在句法上如何保持兼容是一项复杂的工作。朱育帆教授将场地设计之前存在的物体(如建筑、遗迹、构筑物或植物等)称之为"原置";而将设计之后新生成(改动或添加)的事物称为"新置",并提出了由"并置""转置"和"介置"构成的"三置论"。从本质上说,"三置论"是一种探讨句法兼容规则的理论。

3.4.3 修辞

在语言学中,修辞学是研究如何提高语言表达艺术效果的规律的科学。凡一篇文章的思想内容、语言形式、感情色彩、艺术特色、语体风格、表达技巧等均属修辞学的研究对象。[31]因此,修辞学与许多邻近学科,如语法学、语音学、词汇学、语体学、文艺学、风格学、逻辑学等,都有着广泛的联系。尽管风景园林设计语言中的修辞学问没有交际语言那样复杂,但它对设计师的要求较高。风景园林设计语言的修辞不仅仅是去推敲词语或修饰语句,而且还要结合一定的语境,对相互关联的语言段落(语段)进行分析和调整,甚至还可能涉及园林文本中有关对空间环境描绘的篇章结构及其展开层次等更具整体意义的风景园林美学问题。

如何去加工处理创作素材和语言材料(词汇、语句)? 依据什么才能使园林形象在风景园林语言的艺术表达中更趋鲜明和完美? 如何对待与运用修辞中的各种不同的表现手法? 结合对这些问题的思考,从五个方面来讨论和归纳园林语言修辞的相关规则。

1) 向度与量度的适宜性规则 列夫·尼古拉耶维奇·托尔斯泰(ЛевНиколаеви чТолстой)说:"艺术就在于恰如其分的表达",而"修辞"作为风景园林设计语言恰如其分表达的重要手段,就必须同时从修辞方向与修辞分量这两个方面去加以把握。如果修辞偏离了方向,会使风景园林语言的表达"离题万里",令人感到莫名其妙、疑惑不解,也会造成风格的混乱。忽视修辞会使作品粗糙、浅陋,而过分修辞则又会使作品造作、不自然,即所谓的"过度设计"。修辞的量度比较好理解,但却更难把握,因为这在相当大的程度上与风景园林设计师所追求的风格的艺术特征相关联,比如路易维希·密斯·凡德罗(Ludaring Mies Van der Rohe)认为"少就是多",而罗伯特·文丘里(Robert Venturi)则主张"少就是令人乏味"。不同风格自然会直接影响到对修辞量度的把握。

2) 秩序的整体性规则 不论是在词语修辞、语句修辞,还是文体修辞中,都会涉及风景园林作品的局部与整体的关系问题。可以说,风景园林设计语言修辞的过程,就是由作品的整体到局部、再由局部回到整体的不断调整、不断修改的过程。在这个不断反复的过程中,总要对某些相关的部分作增减处理或修饰处理,进一步调整风景园林"文本"初稿(即设计方案)中已建立的雏形秩序,其目的正是为了使这种雏形秩序变为生动的秩序并具有整体性。需要指出的是,这里的"整体性"并非特指结构主义的"永恒的秩序结构",而是一种"整体先于部分存在"的原理,即格式塔(Gestalt)学派有关知觉组织的原理。格式塔心理学派(又称"完形"心理学派)通过对知觉组织一系列较明显的规律的研究,深入揭示了"部分"与"整体""混乱"与"秩序"以及"知觉"与"记忆"之间的关系。该学派提出的"部分相加不等于整体,整体先于部分而存在,并制约着部分的性质和意义"等理论观点,对于风景园林创作(包括风景园林设计语言修辞)中的整体性规则来说,仍具有十分重要的指导意义。修辞活动往往是在局部或部分中进行的。局部或部分的变化是否得当,变化之后看上去到底是什么样,这还要取决于它在整体中所处的位置及所起的作用。如果说,从整体上来看不可取,那么这种修辞的做法也就因有损于整体而应被舍弃。无论哪种风格的风景园林设计语言,都应贯穿这种"整体性"规则。

3) 外显系统的整合规则　　风景园林文化内涵的表达须以风景园林的外显系统为媒介,是由风景园林的艺术气氛、文化气质与时代气息构成的表达系统。这个表达系统所展示的不同层面上环境意象的外显特征:风景园林的功能、文脉及时代特征。外显系统的整合是指园林的艺术气氛、文化气质与时代气息的表达相互渗透,融为一体,从而使风景园林作品给人们带来视野完整的总体印象。当前设计师往往容易忽视风景园林作品"文化气质"的表达,而把注意力只集中在"时代气息"(即时代感)的营造上,易使作品失去虽有"漂亮的外表"(许多情况下也只是"时髦的外表"而已),却缺少特有的气质,如同用固定的"模具"压制出来似的,在任何地方出现,都会有似曾相识的感觉。例如,当前的生态园林要求设计师在处理场地时,遵循"最小干预"原则,"并将自然中的生态过程看成是一种美学对象"[32],而这一原则却被部分设计师推向了极端化,导致许多冠以"生态园林"名称的作品"杂草丛生"。如此下去,各地的园林作品免不了出现曾相识的感觉,形成新一轮的"千篇一律"。风景园林的文化气质是充分渗入作品所处的自然环境(包括气候条件、地形地貌、环境资源等)、人文环境(包括城市的发展历史、性质规模、文化情调、民俗风情等)以及其他场所因素和创作者情感因素而综合生成的一种文化特质。它在极大程度上影响并制约着风景园林作品艺术气氛与时代气息的表现方式,乃至表现手段,并最终形成三者相互贯通的外显系统及其风景园林表情。

4) 风格的鲜明化规则　在风景园林创作中,语言修辞总是与语言风格联系在一起,这有两个方面的原因:一是不同的"文体"要用不同风格的语言来书写。譬如,一般情况下风景园林设计采用"叙事文体",设计语言就趋于平实、简朴,而"抒情文体"或"纪念文体"的风景园林设计语言,就会在不同程度上带有明显外露的情感色彩。另一个原因,是风景园林设计词汇、语句要与语境、功能相融合,用词用语也自然会显示出某种艺术风格。比如,城市中的风景园林与乡村中的风景园林所处语境不同,风格也必然有所区别。

5) 手法的多样化规则　风景园林设计语言的修辞既离不开对丰富的语言素材的积累和掌握,也离不开对灵活多样的表现手法的选择与运用。在语言学中,修辞的表现手法也被称作"修辞方式"。古往今来,许多学者都对修辞方式做了深入而细致的研究。对照起来,风景园林设计语言中修辞的表现手法要简明得多,而且还呈现出一种相互关联、相互对应的关系,如静态与动态、平和与冲突、陪衬与点缀、暴露与掩饰、夸张与幽默、散构与残缺、象征与隐喻等等。

3.5　本章小结

风景园林设计语言是本章节研究的主要对象。借助于国内建筑师布正伟先生的建筑语言研究成果,结合风景园林自身的特点,系统构建了风景园林设计语言的基本框架、语法及三大复合系统,其中结构语言系统是本章最重要的创新点,为分析中国传统园林设计语言的本质特征与西方现代风景园林设计语言生成机制提供了有效的工具。

参考文献

[1]　赵鑫珊.建筑是首哲理诗——对世界建筑艺术的哲学思考[M].天津:百花文艺出版社,1998.

[2]　朱光亚.中国古典园林的拓扑关系[J].建筑学报,1988(8):33-36.

[3]　朱光亚.拓扑同构与中国园林[J].文物世界,1999(4):20.

[4]　赵仁冠.苏州园林——中国园林设计原理分析[J].时代建筑,1986(2):44-49.

[5]　针之谷钟吉.西方造园变迁史——从伊甸园到天然公园[M].邹洪灿,译.北

京:中国建筑工业出版社,1991.

[6] 彭一刚.中国古典园林分析[M].北京:中国建筑工业出版社,1986.

[7] 王小慧.建筑文化·艺术及其传播——室内外视觉环境设计[M].天津:百花文艺出版社,2000.

[8] Arnheim R.色彩论[M].常又明,译.昆明:云南人民出版社,1980.

[9] 刘宝岳,董雅.色彩构成设计[M].北京:中国建筑工业出版社,1999.

[10] 王建国,张彤.安藤忠雄[M].北京:中国建筑工业出版社,1999.

[11] 林箐.理性之美——法国勒·诺特尔式园林造园艺术分析[J].中国园林,2006(4):9-16.

[12] 林箐.传统与现代之间[J].中国园林,2006(10):70-79.

[13] 布正伟.建筑语言构成的复合系统[J].新建筑,2000(4):26-29.

[14] 真锅一男,高山正喜.设计技法讲座[M].辛华泉,译.沈阳:辽宁美术出版社,2000.

[15] Clements B,Rsenfelcl D.摄影构图学[M].姜雯,林少忠,李孝贤,译.北京:长城出版社,1983.

[16] 周维权.中国古典园林史[M].北京:清华大学出版社,1999.

[17] 宗白华.宗白华全集(第2卷)[M].合肥:安徽教育出版社,1994.

[18] 梁敦睦.中国传统园林的点景艺术[J].中国园林,2000(6):65-67.

[19] 汪璞卿.言语与阅读——关于三个建筑思潮的哲学背景的研究[J].建筑师,2007(2):92-94.

[20] Jencks C.后现代建筑语言[M].李大夏,摘译.北京:中国建筑工业出版社,1986.

[21] 辞海编辑委员会.辞海(缩印本)[M].上海:上海辞书出版社,1979.

[22] 布正伟.建筑语言结构的框架系统[J].新建筑,2000(5):21-24.

[23] 刘恭.文本的梯度[J].新建筑,1999(3):51-53.

[24] 刘伶,黄智显,陈秀珠.语言学概要[M].北京:北京师范大学出版社,1986.

[25] Kiley D. Dan Kiley:The Complete Works of America′s Master Landscape Architect[M].Boston:A Bulfinch Press Book,1999.

[26] 叶蜚声,徐通锵.语言学纲要[M].3版.北京:北京大学出版社,1997.

[27] 中国大百科全书总编辑委员会《哲学》编辑委员会.中国大百科全书——哲学卷[M].北京:中国大百科全书出版社,1994.

[28] Arnheim R.秩序与无秩序[J].建筑师,1989(8).

[29] 朱祥明.景观作品应经得起"取景"[J].景观设计,2005(3):88-89.

[30] Munro T.走向科学的美学[M].石天睹,滕守尧,译.北京:中国文联出版公司,1984.

[31] 杨鸿儒.当代中国修辞学[M].2版.北京:中国世界语出版社,1997.

[32] 孔祥伟.关于中国当代景观现代性的探讨[J].景观设计,2006(3):10-14.

4 风景园林设计语言的分析模型

在解读他人作品时不能机械地照搬第 3 章的内容。首先,作者即便完全按照风景园林设计语言的规律进行设计,总会存在一些偏差。其次,由于项目本身的条件限制,一个风景园林项目很难完全体现设计模型中的所有内容,并且有些内容存在着相互交错、渗透的情况。再次,在分析作品时,由于设计语言的模糊特征,难以精确解读所有设计信息。因此,在分析他人作品时,把握住主要的、本质的内容即可,不必过分计较细枝末节。本章节受北京林业大学林箐教授的《理性之美——法国勒·诺特尔式园林造园艺术分析》及《传统与现代之间》等文章的启发,结合风景园林设计语言基础理论,设计出一套便于操作的风景园林设计语言分析模型。

4.1 背景解读

布正伟先生与安妮·W.斯本教授探寻设计语言语法规则的普适性原则时,将分析对象放置在一个真空背景下。本书第 3 章的内容延续了这一做法。但在分析作品时,准确解读设计语言的生成基础与背景,有助于提高作品分析的准确性及弄清作品设计语言的来龙去脉。因此,本书第 5、6、7 三章用大量的篇幅对中国近现代风景园林发展主导线索(1840—2009 年)进行分析,目的是为第 8 章中国现代风景园林(1949—2009 年)设计语言分析进行前期的背景解读。

4.2 分析流程

4.2.1 句法分析

句法即结构语言的组织方式,只要找出风景园林设计作品的结构语言也就把握了该作品的句法特征。具体操作步骤分三步:第一步,还原风景园林作品的空间结构,找出其原型;第二步,通过纵向及横向比较,解析空间结构的来源,从而探讨句法的生成机制;第三步,归纳句法的特征。

1)图解空间结构　空间结构包含风景园林设计语言中结构语言系统的四个要素:空间原型、景区布局、游览线路和观赏视线,这一步只分析空间原型和景区布局。首先,在平面图中舍去作品的细枝末节,将最主要的特征用图形概括出来,分析图形之间可能存在的各种关系,比如轴线、对称、位置、大小对比等。其次,分析景区布局的模式,比如空间的大小、位置、开合、明暗、动静等序列特征。

2)还原空间结构原型　将第一步的结果与设计场地本身做比较,与传统园林进行纵向比较,与同类园林进行横向比较。首先,与场地自身的结构作比较,因为古今不少园林的空间结构就来源于场地本身。第二,纵向比较:与传统园林的典型空间结构作比对,比较两者是否存在结构上的相似关系,如果有则分析其相似度;如果差异较大则分析是否存在变形、解构和重组的过程。第三,横向比较:分析比较同一类作品的空间结构,以此进一步判断第二步工作结果的可信度。明确了空间结构的来源,便基本掌握了作品句法的生成机制,为进一步解析句法特征及掌握作品设计语言的全貌打下基础。

3)归纳句法特征　在分析结构语言的基础上(或者说在"文本"的基础上),以语段、语句为单位详细分析句法的特征。

(1)结构特征:在分析空间原型、景区布局的基础上,进一步详细分析游览线路和观赏视线,综合结构语言四要素的分析结果,得出作品的设计语言的结构特征。这里需特别指出的是,对于结构主义、极简主义的风景园林作品,如丹·凯利、彼得·沃克的作品,空间原型与景区布局已包含了句法的基本特征,而对于中国传统园林则远远不够。

(2)秩序:分析句法中的秩序,无论是显性的,如格网、空间序列、模数、轴线、并置重复等;还是隐性的,如松散、曲折等。

(3)时态:指对以前设计句法的再现,包括文化景观和历史片段的再现等。

(4)兼容性:指如何处理场地内原有景观,即如何处理新旧语句。

4.2.2　词法分析

词法分析是按照风景园林设计语言的词法规则识别围绕句法布置的

各类词汇,分析其词汇构成、来源及词法特征。

1) 总结典型词汇　按照作品设计语言词汇出现的频率,总结出典型的和有特征的词汇。典型词汇是一个不确定的因素,是相对而言的。此处以出现频率为依据,将典型词汇归纳为两种类型:物质性的词汇和形式的词汇。

(1) 物质性词汇:小树林、草地、林间空地、雕塑、喷泉、装置等等。在规模较大的园林中,词汇可能表现为一些物质性的要素,如法国勒·诺特尔式园林语言的典型词汇为:林荫路、林荫大道、丛林或丛林园、运河、绿毯、水景。此处不必区分这种物质性的词汇是原始的还是"经过设计师提炼、组合和加工的设计符号"[1],这一步放在修辞手段中研究。

(2) 形式词汇:规则与不规则形(几何形、曲线……)。形式的词汇与物质性的词汇并非典型词汇分析过程中并列考察的两个方面。两者可以并列、嵌套或转换。当物质性词汇的词形或词汇组合方式可以某种形式加以描述时,物质性词汇可以转化为形式词汇。例如,可将具有自然属性的物质性词汇简化为几何图形,如树阵、几何地形、规则水池等。当物质性的词汇数量较少时,重复出现的概率也小,这时形式要素可能成为典型的词汇,如场地上的铺装分割线、水体驳岸线等。

2) 解析词汇来源　设计师的词汇来自方方面面,但每个设计师在选择词汇时总会带有个人的某种倾向。分析词汇的来源有助于研究作者设计理念与作品之间的对应关系。此处结合词汇的引用规则,从以下几个方面展开分析。

(1) 其他园林作品的词汇:传统园林、当代他人作品等。

(2) 其他艺术的词汇:建筑、雕塑、绘画等。

(3) 地域性词汇:农业和自然景观词汇、历史符号和元素、当地民居建筑等。

(4) 场地词汇:场地自身包含的词汇,如场地内已有的历史片段、植被等。

3) 归纳词法特征　通过对典型词汇及词汇来源的分析,从词形、词义、词汇引用及词组的整合规律等方面总结出作品设计语言的词法特征。比如,路易斯·巴拉干(Luis Barragan)园林作品的词法特征可以总结如下。

典型词汇:具有典型的现代主义风格的墙、水池。词汇来源:童年的记忆,即水坝的排水沟、在修道院天井里浅水池里的石头、春天小乡村里巨大树木在水中模糊的倒影以及古罗马人的输水管等。

词形处理:在处理"墙"这一词汇的词形时有意加入了墨西哥民居中绚烂的色彩,并结合了光影。

词组整合:浅水池与高架的落水口已成为巴拉干的标志性语汇(图4.1)。

词义:静谧、平静、愉悦、死亡、孤独、童年的回忆等。

巴拉干的风景园林设计作品带有极简主义的倾向,采用的词汇种类极

图4.1　浅水池与高架的落水口

少,但由于其词法特征鲜明,仍然产生了极大的艺术感染力。

4.2.3　修辞分析

修辞所涉及的内容较为复杂和抽象,分析内容也难以图式化,并且词语修辞、语句修辞与语法规则有渗透关系,因此,在必要时才进行修辞手法的分析。主要针对修辞的合理性展开分析,具体如下:

1) 分析设计语言的整体性,考察风景园林形象在设计语言艺术表达中的鲜明与完美程度;

2) 分析作品修辞的量度、向度,考察其风格的统一性及修饰程度的适宜性;

3) 分析创作素材与语言材料(词汇、语句)加工处理方法的合理性;

4) 分析语义表达的准确性,如隐喻、象征、意境等;

5) 分析作品的艺术气氛、时代气息和文化内涵之间的关系。

4.3　模型应用一:中国传统园林设计语言特征分析

4.3.1　句法规则分析

1) 结构语言分析　将风景园林设计语言中的第一复合系统——结构语言系统中各要素进行逐一分析。

（1）空间结构原型　传统园林的空间结构原型可以概括为两类：

一是象征性结构。太液池中"一池三山"的空间结构原型几乎贯穿了中国园林发展史的全过程。在有限的空间中，既表现平岗小坂又表现崇山峻岭，于是"一峰则太华千寻，一勺则江湖万里"的手法自然应运而生。这种跨越时空、哲理性极强的象征，无论在理论上还是在手法上都把中国园林的象征传统发展到了极致。

二是拓扑同构，即向心、互否、互含三种关系。向心关系是指围绕水面的诸多建筑物轴线并不平行，常常略有扭转，所有的法线都指向一个大致确定的中心区域（不是一个点），每个建筑物即使再扭转一点，在一定的程度内，法线指向的相互关系并未变化，这就是在变换条件下保持不变的关系，是一种拓扑关系（图 4.2）。传统园林中各要素之间若表现为景区与景区、要素与要素的形式或内容互为对立物与否定物时，可称之为互否关系，一般有方向的互否三种形式、进退的互否（邻相建筑你进则我退，你退则我进）及大小的互否。互含关系是指互否的要素无不在自身中包含着对方的因子（图 4.3），"山绕水、水又绕山，或是水包建筑，建筑又包着水"[2]。向心、互否、互含三者相互之间不能进行拓扑变换。能否用更精练的语言统一表达它们呢？ 这理想而准确的图式表达就是中国的太极图。

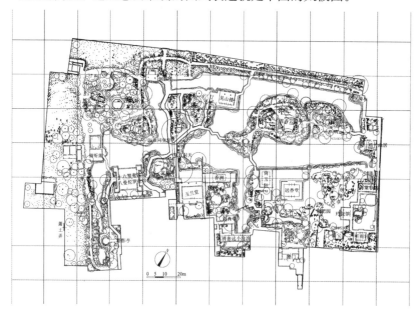

图 4.2　拙政园远香堂景区绕水而筑

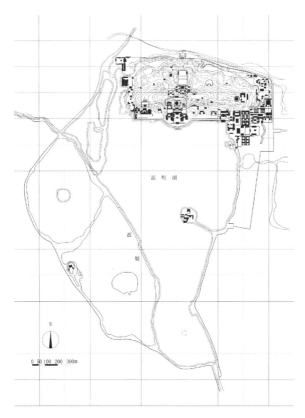

图 4.3 颐和园平面及其互否互含关系分析

　　（2）景点、景区布局结构　传统园林的景点、景区布局结构存在三个要点——要素基本组织结构、景区的主次、景区空间的开合对比。

　　首先,游览路线、基本的要素及主景、副景的位置关系组成了基本的布局结构(图 4.4)。图中所表示的是一种空间的基本组织模式:围绕水面组景,游览线路环绕水面,一般总有一个主景,一个副景。

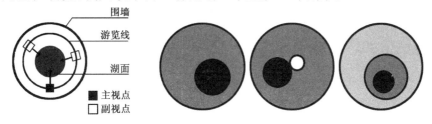

图 4.4 景点、景区布局模式　　　**图 4.5 三种不同的景区主次划分模式**

景区的主次在传统园林中通常是以比较含蓄、隐晦的方式来表现的(图4.5)。对于稍大或中型园林来讲,一般多在组成众多空间中选择一处作为主要景区。这一部分空间一般要比别处大一些,景观内容要丰富。通常情况下,园内主要厅堂位于主要景区,一方面借它高大的体量和华丽的装饰起画龙点睛作用;同时,又可借它的功能特点而把更多、更主要的活动集中在这里,以便充分发挥主景区的作用。大型私家园林通常都可以比较明确地被划分成为若干相对独立的部分。但这些部分也不是等量齐观的,其中必有一个部分更突出,更吸引人,从而在整体中起主导和支配作用。这一突出的部分所占的面积并不一定是最大的,但空间处理和景观组织必须是最曲折、最富有变化的。如果达到了上述要求,即使主要厅堂不在其内,也不会影响它在园内所占的独特地位。对于某些大型私家园林而言,有时还不能简单地将园内某个相对独立的部分视作全园的中心。因为这种独立的部分本身就相当大,有时甚至比某些中等规模的园林还要大,还要复杂。因此,为使主题和重点突出,必须把要强调的中心范围缩得再小一点。换句话说,就是要使某些部分成为重点之中的重点。采用集锦式布局的大型或特大型皇家园林,仅用突出某个景区或风景点的方法难以达到主从分明。比较有效的方法就是结合自然地形变化,在园内选择高地,密集地设置建筑群或风景点,形成制高点,既可俯瞰全园,又构成了从园的四面八方都能清晰地看到的立体轮廓线,从而达到控制全园的目的。不同景区之间往往存在着空间的开合对比,以封闭的人工空间和开阔的自然空间形成对比或以局促的空间与开敞的空间形成对比。一般情况下,开阔、开敞的空间是全园的中心。

(3)游览线路结构　传统园林的游览线路结构是一种以时间为维度逐步展开的线型结构,表现为时间和形态两方面。一方面,在曲折回环的游览路线上,移一步、换一景。视觉变换依赖时间的推移或伴随时间推移的运动,即便"园中园""景中景"也需借助于线形结构,即依赖时间的演进来相互联系。另一方面,游览线路结构往往伴随着墙、廊等线性要素布置。游览线路结构除了在时间上和空间上表现为"线性",还存在着曲折回环的特征。曲折性结构的特征表现在园林景观的空间层次追求丰富、变化和深度上。中国传统艺术一直十分强调曲折,认为曲折能增加深度、导致意境深邃。曲折不仅表现在平面上,也表现在竖向变化上。中国传统园林游览线路平面形式曲折多变,竖向也因廊道、地形、水面、桥体等要素而高低错落,其中尤以建筑及由建筑围合而成的空间所起的作用最为显著,特别是可长、可短、可折、可曲、可起伏的廊极为灵活多变,借它的连接可使简单的单体建筑、墙垣、桥、路等组合成为极其曲折变化的景观空间。明代计成把"曲尺曲廊"改进为"之字曲廊",使其几乎能做任何角度任何形式的转折,能"随形而弯,依势而曲,或蟠山腰,或穷水际,通花渡壑,蜿蜒无尽",强烈而自由地引导了视觉空间的转换。回环式的结构运用,一是取决于空间原型中向心的特点,以水为中心布置空间;二是拉长了游线,配合了曲折的道路、变化的地形,扩大了空间感;三是通过回环式的游览游人在视觉记忆上不断获得回顾性的补充,因而加强了整个空间结构的整体性。

(4)观赏视线结构　传统园林的观赏视线结构是一种精心组织的、严密的网络系统。相比于法国勒·诺特尔式园林、英国自然风景式园林,中国传统园林尤其是私家园林的观赏视线结构具有以下特征:一是由于廊及某些夹景形成线性视线通廊;二是由于挡景、漏景、框景形成的视线渗透导致空间具有明显的层次性;三是视线被视点、景物及挡景、漏景、框景等手段精心安排,并形成视线网络。虽然,在现代园林作品的平面图上也能画出网络状的视线,但这些视线并不一定经过精心安排和约束。如图 4.6 所示,有一景点 A,从 1、2 两处观赏点可看到 A,B 为两条视线之间的区域。传统园林的做法是:点 1、点 2 与 A 的连线是固定的,1、2 之间的没有观赏点,即便有也看不到 A,换句话说,1、2 与 A 的关系是受约束的。但现代园林处理方式则是 1、2 与 A 的关系不限制,B 区域内有许多条视线可达 A 处。

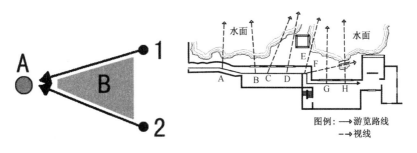

图 4.6　视线组织　　　图 4.7　留园入口处的视线被精心组织

观赏视线结构与游览线路结构紧密结合,两者都以时间为线索,并且视点的设置本身需借助于游览线路(图 4.7、4.8)。这在法国勒·诺特尔式园林、英国自然风景式园林中是难以见到的,是中国传统园林与两者在

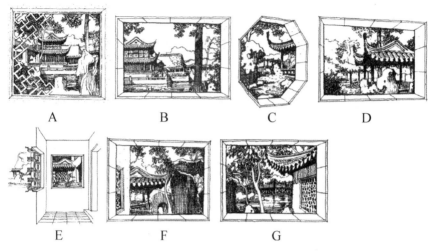

图4.8　留园入口处依次透过不同的窗框看到的景象

设计语言上的本质差别。法国勒·诺特尔式园林在主轴上的视线无任何阻碍,一目了然,林荫路的树冠好像绿廊一般,形成一个暗色的画框,画框里的图画是远处阳光下鲜明的宫殿,是闪耀着银色光点的喷泉,是天边镜面般明亮的大运河,这是永恒的主题,为了使远处的景致不受透视影响而产生过度变形,设计师还特地逐级放大远处的景致。英国自然风景式园林虽强调自然,但却是一种"平庸无奇的田园风光",因为英国人喜爱开敞空旷的景致。

2) 空间句法特征　综合上述分析,传统园林的空间句法存在两种基本特征:曲折、迂回的线性空间和隐性、松动的内在秩序。

（1）曲折、迂回的线性空间　游览线路结构的时间性、线性的形态以及观赏视线结构中制约视线的线性空间或夹景都明确了传统园林的空间结构具有线性特征。游览线路在平面布局和竖向布置上都极力体现出曲折迂回的特征。线性结构极大削弱了园林的空间限定性,使三维的空间更多呈现出一维的时间特性,从而增加了艺术创造和表现的自由度,也增加了游人抒怀联想的自由度,相对于外部统治森严、束缚个性的世界,园林成了一处心灵放松的世外桃源。

（2）隐性、松动的内在秩序　从表面上看,传统园林给人一种矛盾、解构的感受。而实际上,在这表象的背后存在着一种隐性的整体性秩序。整体性结构如同一个错综复杂的网络,每个要素都可以各自为中心构成网络上的结点,但都被这个网络所制约而相互连成一体。这个网络使结构语言系统中四个要素紧密结合在一起。由于布局缺少明确的等级划分,曲折的线性空间及要素的相对独立性使整体结构呈现出一种松动的趋势,使秩序趋于隐性。对景、借景(主要指园林范围内的互借)的作用,每一处重要的景点除了可以孤赏外,都和远近其他景点之间保持着巧妙的看与被看的视觉制约关系,游人在游览进程中可以不断感受到一个个分离景点的前后呼应、互相衬托。在不同位置、不同时间反复出现的对景、借景巩固了视觉记忆,补充了因没有一览无余视觉制高点带来的缺憾,逐步完善了游人心中的园林整体画面。由于视线总是处于挡景、漏景和框景的制约下,景物总是不能获得完整的印象,迂回的观景路线使视觉记忆不断获得回顾性的补充,因而加强了整个空间结构的整体性。图4.9抽象表达了苏州留园的空间结构。重点景区的布置也体现了园林的整体性结构。明清私家园林中除了少数仅仅由单一空间组成的小园外,凡是由若干空间组成的园,不论其规模大小,必有一个空间或由于面积显

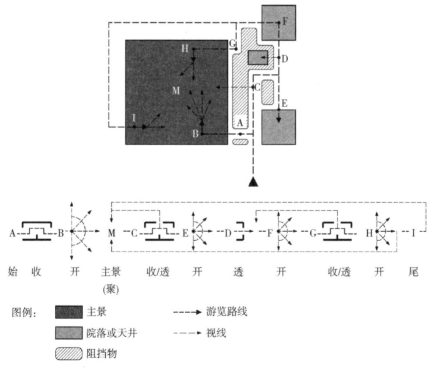

图 4.9 传统园林的"线性"空间结构示意图

著地大于其他空间;或由于位置比较突出;或由于景观内容特别丰富;或由于布局上的向心作用,而成为全园的重点景区。它不论在视觉上还是心理上的内聚感觉均强调了园林结构的整体效果。

4.3.2　词法规则分析

以往的研究文献认为风景园林语言中的词汇对应于设计的要素或元素,如水、石头、植物等。在西方园林中,景观的组成要素包括石头(铺装)、植物、水体、天空和地面,这与中国传统园林的地形、石头、植物、路、建筑和水体是基本的组成元素没有明显区别。就词汇类别而言,中西方园林没有本质区别,中国传统园林设计语言词汇特色主要体现在词形和词语的组合上。

1) 词形相对独立　词形之间的关系没有等级层次,而是相互平等并存,各自有体现主题的方式和充分的表达空间。象征重峦叠嶂的假山与高大的森森古木可以同时存在,两者的比例与真实自然中山水树木的比例完全是颠倒的。这两者在传统园林中是作为两个独立的要素分别进行设计的。树木本身就是自然美的一部分,是恰到好处的表现,不用再加以修饰,而山石则另外作为一种符号以象征性的手法来表现园林的自然境界。同样,园林中的其他要素如建筑、水体、花木也可以分别用不同的概括提炼方式来解释自然本质或人生意趣。

2) 词汇按语义搭配　按照词汇所内含的历史、文化意义上进行组合:山际安亭、水旁留矶、水随山转、山因水活,以及各种构图的配置,如竹与石组成一幅枯木竹石图;松、竹、梅组成岁寒三友图等[3]。这一层次的组合是对自然的心理化、情感化关照,有强烈的中国传统文化内涵。

3) 构图如画　完全按照形式美的原则(当然也大多是中国传统文化所特有的形式美原则)进行组合。自然中许多表面的尺度和比例被毫无顾忌地打破,无论是具象征意义的抽象要素还是保持原态的山石、树木、水体等要素,或是假山、建筑等人工要素都通过合宜的尺度(不一定是客观的尺度)组合起来。这一层次组合是对自然的审美化、趣味化的关照,有自由广泛的选择形式,没有西方古典园林那种精确比例的约束。

4.3.3　修辞规则分析

1) 象征性手法　明清之际,"一池三山"的象征性结构最终和园林的内在结构结合,深入到各个表象层面而成为一种表现结构(图 4.10)。在

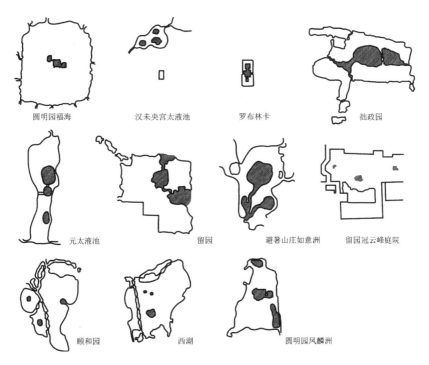

圆明园福海　　汉未央宫太液池　　罗布林卡　　拙政园

元太液池　　留园　　避暑山庄如意洲　　留园冠云峰庭院

颐和园　　西湖　　圆明园凤麟洲

图 4.10　"一池三山"的演变

造园家创作和游人理解园林的普遍象征心态的基础上,明清之际的园林中形成了一系列相对稳定,在观赏者心中可以互相通融的象征模式和景致物象,园林各要素的象征手法被提炼得更为完备、更具深度。表现自然山体的堆山叠石,能在很小的地段上展现千山万壑的局面,无论模拟真山的全貌或截取真山的一角,都能够以小尺度而创造出峰、峦、岭、洞、谷、悬崖、峭壁等的形象写照。表现自然水体的挖池凿渠,也能在有限空间内写仿天然水景的全貌,实现对自然界中河、湖、溪、涧、泉、瀑等的艺术概括。而各种园林种植,虽然以天然形态为主,但局部也能以三株五株、虬枝枯干而概括自然植被的万千气象。其他自然要素的构成规律也被反复提炼概括,达到极为纯熟的艺术境界。这些象征手法的完备进一步完善了象征性结构的特征,而当时结构成熟所带来的要素相对独立性,更使不同象征手法得以并存。

2) 对景、借景　对景、借景并非中国所特有,但以对景、借景为修辞手段是中国传统园林的独到之处。主要是由于传统园林的整体性具有历时性的、内在的特征,对景、借景用以加强局部之间联系、用于强化整体性。

3)对比 传统园林处处存在对比,大到景区的布局,小到词汇的组织。对比可归纳为四种基本形式:虚实对比、封闭与开敞的对比、明暗对比、尺度大小对比。

4.4 模型应用二:源自勒·诺特尔式园林的西方现代园林若干实例分析

以若干西方现代园林中具有代表性的作品为例,其设计风格分别代表结构主义、后现代主义和解构主义,通过运用上述设计语言的分析模型,分析这些作品的设计语言特征,发现它们都与法国传统园林——勒·诺特尔式园林相关。这在一定程度上说明,西方现代园林与传统园林有着一脉相承的关系,而并非绝对的对立,这对于如何延续中国传统园林有着重要的参考价值。勒·诺特尔式园林的设计语言特征包括:林荫路、林荫大道、丛林、丛林园、运河、绿毯、雕像、修剪植物、水景等,构成了典型词汇;轴线串联起的一个连续性空间序列构成了句法(图 4.11)。如果将分析结果进一步简化,可得出勒·诺特尔式园林的空间原型(图 4.12)。将以下几个作品的词汇及空间原型与勒·诺特尔式园林对比研究,分析两者的拓扑学关系。

4.4.1 结构主义作品分析

丹·凯利早年在哈佛大学设计研究生院学习,受格罗皮乌斯的影响,积极推动哈佛风景园林系朝现代主义的方向发展。他二战前在美国现代建筑运动的中心——东海岸地区工作,深受现代主义的熏陶。1945 年,凯利被派往德国,负责重建纽伦堡的正义宫作为审判战犯的法庭。在欧洲的经历,对他的影响极为深刻。"突然明白了,线、林荫路、果园、树丛、绿毯、修剪的绿篱、运河和喷泉能够成为建造清晰的、无限的空间的工具,就如同在树林中的散步路一样。那时,并且直到现在,我都没有发现在现代构图中使用古典要素会有什么问题,因为,这不是关于装饰风格的问题,这是空间构成的问题。现代的是空间,它是难以捉摸,但可以感知的……"。此后,凯利的作品显示出他用古典主义语言营造现代空间的强烈追求。在分析他的作品之前可以将其设计语言作如下概括:

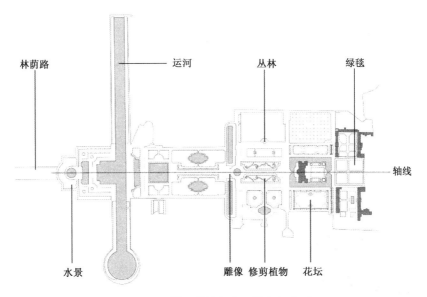

图 4.11　勒·诺特尔式园林空间序列

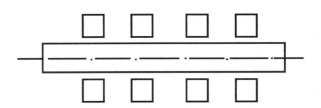

图 4.12　勒·诺特尔式园林的结构原型

典型词汇　林荫路、果园、树丛、绿毯、修剪的绿篱、运河、喷泉、雕塑；

词汇、句法来源　法国勒·诺特尔式园林；

修辞　简化、重复。

在位于美国科罗拉多州的空军学院花园中,凯利以矩形的水池和草地组成地面的几何图案,其比例模数和优美的韵律提取自周围的建筑形态。绿篱、喷水池增加了花园竖向的尺度,而两边各 4 排高大的刺槐则限定了空间。可以看到,这个空间结构实际上很典型地表现了勒·诺特尔式园林空间的特征(图 4.13)。1963 年设计的费城独立大道第三街区,凯利用 700 株按网格种植的刺槐,在城市中心创造了一片整齐的森林。中心轴线是周围街区轴线的延续,轴线上的高大喷泉与远处的图书馆和独立大街相呼应。两旁连续的同一种植物形成了一个大的统一空间,规整的林中空地是方形的水池和贝壳托盆上的喷泉,从凯利绘制的平面图中可以解读出这一空间与凡尔赛的国王林荫路加上两边的丛林园的空间关系几乎一致(图 4.14)。

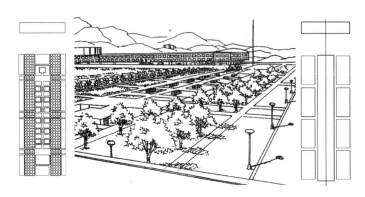

图 4.13　空军学院花园的空间布局分析

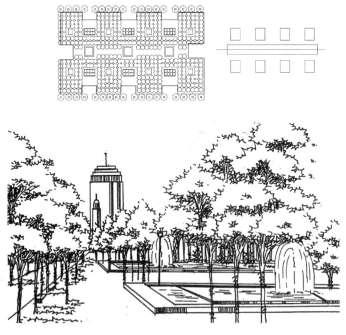

图 4.14　费城独立大道第三街区花园的空间布局分析

4.4.2 极简主义作品分析

作为一个自己宣称并被大家广泛认同的"极简主义"设计师,美国园林设计师彼得·沃克(Peter Walker)曾指出"比起建筑在 19 世纪晚期和 20 世纪的转变,园林要早很久就已经转变为现代的了,因为在传统的日本园林和 17 世纪法国造园家勒·诺特尔的规则式花园中,不仅有显而易见的纯粹的古典主义精神,还有明显的现代主义的开端"。[4]

彼得·沃克作品的设计语言作如下概括:

典型词汇　水池、草地、林荫路、运河、沙砾、整形植物(通常是生长稳定的植物)等;

词汇来源　法国勒·诺特尔式园林;

句法　几何和秩序;

修辞:简化、重复。

索拉纳(Solana)IBM 研究中心是一个很好的例子。沃克在园区环境的设计中保护了尽可能多的现有环境的景观,在外围与自然的树林草地相衔接,在建筑旁使用一些与建筑形式相呼应的几何形式,与周围环境形成强烈的视觉反差。沃克直接引用了运河、林阴路和花坛等勒·诺特尔式园林中的典型词汇,尤其是笔直的水渠与渠边挺拔的杨树,很容易与索园中的大运河联系起来(图 4.15)。1994 年建成的德国慕尼黑机场凯宾斯基酒店(Hotel Kempinski)的环境设计,是沃克在欧洲的一个引起广泛关注的作品。花园是其中最精彩的部分。沃克用黄杨绿篱、草地、红色的碎石、修剪成立方体的紫杉篱和 3 株柱状的高耸杨树,组成一个正方形的景观单元,将这个单元与旅馆建筑呈 10°左右的角度,系列化地排列,形成一个图案式的构图,如同勒·诺特尔式园林中的大花坛。

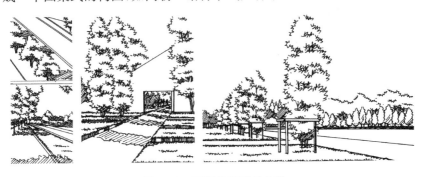

图 4.15　运河是序列的主线

4.4.3 后现代主义作品分析

1992年建成的巴黎雪铁龙公园是法国现代园林中具有国际影响的作品(图4.16)。公园明显借鉴了法国传统园林的布局,将传统要素用现代的手法重新组合展现,展示了后现代主义建筑思潮的影响。两个大温室,作为公园中的主体建筑,如同勒·诺特尔式园林中的宫殿;温室前的草地又似宫殿前大花坛的简化;中间的大草地被称作绿毯;周边的环形水渠是法国园林中特有的水壕沟的再现;系列小花园仿佛勒·诺特尔式园林中的丛林园,在浓密的树丛后保持了相对独立的空间;大水渠边的6个小建筑是传统园林中岩洞的抽象;林荫路与大水渠更是直接引用了勒·诺特尔式园林的造园要素。整个园林虽小,但空间非常丰富,有"小中见大"的效果。[5]这个作品表明了后现代主义的思想和手法,即对历史风格进行抽象提炼,形成具有象征性的符号,通过这些符号的重新拼接和组合,既产生对传统的联想,又能表现出时代感,反映了1960年代以后对早期现代主义反历史传统的一种反思。[6]

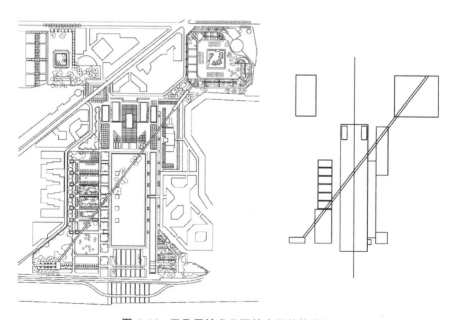

图4.16 巴黎雪铁龙公园的空间结构分析

4.4.4 解构主义作品分析

巴黎建设的纪念法国大革命 200 周年九大工程之一的拉·维莱特公园是 20 世纪末出现的一件划时代的作品。设计师屈米的设计由点、线、面 3 层基本要素构成(图 4.17),首先把基址按 120 m×120 m 画了一个严谨的方格网,在方格网内约 40 个交汇点上各设了一个耀眼的红色建筑,称为"Folie",它们构成园中"点"的要素。运河南侧和公园西侧的两组 Folie,各由一条长廊联系起来。公园中"线"的要素有两条长廊、几条笔直的林荫路和一条贯通全园主要部分的流线型的游览路。这条精心设计的游览路打破了由 Folie 构成的严谨的方格网所建立起来的秩序,同时也联系着公园中 10 个主题小园,包括镜园、恐怖童话园、风园、雾园、龙园、竹园等。

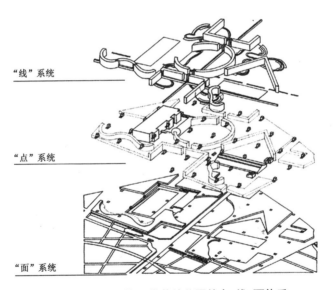

图 4.17　法国拉·维莱特公园的点、线、面体系

这个看似"疯狂"的作品,其结构语言和词汇实际同样来源于勒·诺特尔式园林,如果将其点、线、面 3 个系统去除,剩下的仍是草地、树林、林荫道、主题园,其基本语汇与传统的造园要素相比没有太大的区别。不同的是,设计师将勒·诺特尔式园林的结构打散了重组(图 4.18)。

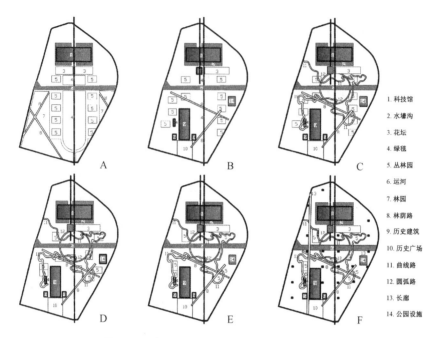

图 4.18　法国拉·维莱特公园平面的演变过程

1. 科技馆
2. 水壕沟
3. 花坛
4. 绿毯
5. 丛林园
6. 运河
7. 林园
8. 林荫路
9. 历史建筑
10. 历史广场
11. 曲线路
12. 圆弧路
13. 长廊
14. 公园设施

4.5　本章小结

　　以风景园林设计语言基础理论为支撑,在梳理和简化园林设计语言的基本框架、语法及三大复合系统的基础上,建构了风景园林设计语言分析模型:句法分析、词法分析和修辞的合理性分析。运用这一模型对西方现代风景园林中的结构主义作品和解构主义作品进行解析,并与法国勒·诺特尔式园林语言进行对比,指出西方现代风景园林与传统之间并非像许多人所理解的那样是一种对立的关系,两者之间有着千丝万缕的联系,甚至可以说是一脉相承。为本书第 5 章提出中国当代风景园林设计语言的本土化策略做铺垫。

参考文献

[1]　蒙小英.北欧现代主义园林设计语言研究:1920—1970[D].北京:北京林业大学,2006.

［2］ 王庭蕙,王明浩.中国园林的拓扑空间[J].建筑学报,1999(1):60-63.

［3］ 周向频.中国古典园林的结构分析[J].中国园林,1995(3):24-28.

［4］ Walker P. Minimalist Gardens[M]. Washington：Spacemaker Press，1997.

［5］ Cerver F A. Arco Colour：Environmental Restoration[M]. New York：Arco Editorial，1996.

［6］ Schwartz M. Transfiguration of the Commonplace[M]. Washington：Spacemaker Press，1997.

5 中国近代风景园林发展概述
(1840—1948 年)

　　1949 年以前的中国园林包含古典园林和近现代园林两个部分,古典园林从萌芽至清朝末年历经 3000 年,发展出了极为完整的园林体系。1840 年是中国从封建社会到半封建半殖民地的转折点,也是中国造园史由古代到近代的转折,公园的出现便是明显的标志。人们把 1840 年以前的园林称为古典园林①,1840 年以后则称为近现代园林[1]。1840—1949 年间中国园林的发展可按照中国近代史时间节点划分为"清末园林"与"民国园林"两个阶段。清末园林分别从皇家园林、私家园林及公共园林予以阐述;民国园林则从私家园林及公共园林两方面展开论述。

5.1　中国古典园林(1840 年以前)的基本特征

　　周维权先生的《中国古典园林史》把中国古典园林发展历程划为五个时期:生成期、转折期、全盛期、成熟前期和成熟后期。安怀起先生把中国园林艺术 3000 年左右的历史,分为:商朝产生了园林的雏形——囿;秦汉由囿发展到苑;唐宋由苑到园;明清则为我国古典园林的极盛时期。安怀起先生的分法侧重于园林形态的演变;周维权先生的分法侧重于发展的程度。两者的划分在时间上是基本吻合的,由于周先生论述的古典园林的"成熟后期"(清中叶、清末)与本书关于中国园林(1840—1949 年)的论述在时间上能够衔接,所以,这里采用周先生的历史分期方法,但要予以强调的是:"成熟后期"从 1736 年论述至 1840 年,1840 年以后中国历史进入近现代时期,之后的园林发展情况在"中国近代风景园林发展主线分析"的章节中一并论述。

　　中国园林体系若与世界其他园林体系相比较,它具有许多不同的个

---

　　① 中国古典园林一般是指以江南私家园林、北方皇家园林和岭南园林为代表的中国山水园林形式,本章所叙述的内容也如此。但"传统园林"的概念更笼统一些,因此,本书其他几章均使用"传统园林"一词,特此说明。

性;而它的各个类型之间,又有着许多相同的共性。这些个性和共性可以概括为四个方面:

1) 本于自然、高于自然　自然风景以山、水为地貌基础,以植被作装点。山、水、植物是构成自然风景的基本要素,也是风景式园林的造景要素。但中国古典园林并非一般地利用或者简单地摹仿这些造景要素的原始状态,而是有意识地加以改造、调整、加工、剪裁,从而表现一个简练概括、典型化的自然。英国园林与中国园林同为风景式园林,都以大自然作为创作的对象。前者是理性的、客观的写实,侧重于再现自然风景的具体实感,审美感情则蕴含于被再现的物象的总体之中;后者为感性的、主观的写意,侧重于对物象的审美感受和因之引起的审美感情。英国园林的创作,原原本本地把大自然的造景要素经过艺术地组合,以真实的尺度呈现在人们的眼前。中国园林的创作则是通过对大自然及其造景要素的典型化、抽象化而传达给人们以自然生态的信息,它不受地段、尺度的限制,能于小中见大,也可大中见小。

2) 建筑美与自然美的融糅　中国古典园林中的建筑无论多寡,也无论其性质、功能如何,都能够与地形、水、植物三个造园要素有机地组织在一系列风景画之中,突出彼此协调、互相补充的积极的一面,限制彼此对立、互相排斥的消极的一面,从而在园林总体上达到一种人工与自然高度和谐的境界。当然,因建筑的充斥而破坏园林的自然之趣的情况也是有的。

3) 诗画的情趣　园林是一门时空综合的艺术。中国古典园林的创作,比其他园林体系更能充分地把握这一特性。它运用各个艺术门类之间的触类旁通,融注诗画艺术于园林艺术。园林从总体到局部都包含着浓郁的"诗情画意"。诗情,不仅是把前人诗文的某些境界、场景在园林中以具体的形象复现出来,或者运用景名、匾额、楹联等文学手段对园景作直接的点题,而且还在于借鉴文学艺术的章法、手法,使得园林产生类似文学艺术的结构。中国的山水画不同于西方的风景画,前者重写意,后者重写形。中国的画家所表现的不是个别山水风景,而是画家主观认识的、对时空具有较大概括性的山水风景,能够以最简约的笔墨获得深远广大的艺术效果。园林也遵循同样的艺术原理。

4) 意境的蕴含　意境是中国艺术的创作和鉴赏方面的一个极重要的美学范畴。简单说来,"意"即主观的理念、感情,"境"即客观的生活、景物。意境产生于艺术创作中此两者的结合,即创作者把自己的感情、理念融于客观生活、景物之中,从而引发鉴赏者的类似的情感激动和理念联想。中国古典园林不仅借助于具体的景观——山、水、花木、建筑所构成的各种风景画面来间接传达意境的信息,还运用园名、景题、刻石、匾额、对联等文字方式直接通过文学艺术来表达、深化意境的内涵。

5.2 清末园林(1840—1911 年)

清末园林主要由皇家园林、私家园林及少量公共园林构成,其中皇家园林以修复为主;部分私家园林出现了私园公用的"异化"现象;公共园林以租界园林为主,也有少量由政府出资或地方团体集资修建。公园的出现源自外族的空间殖民主义,但国内的实践试图以其开启民智。

5.2.1 意识形态主线:空间殖民主义与民智开启

清末公园的开辟大致分为三类:一是租界公园;二是私园公用;三是政府或地方乡绅集资兴建公园[2]。1840 年后,在华的各国殖民者为了满足自身享乐与市政建设的需要,由工部局(或公董局)在租界中修建公园,主要以华人所缴的税收支持运营,却明令禁止华人入内。英国、日本、德国的殖民者还在租界公园内设立具有殖民侵略象征的建筑物、纪念碑。殖民者利用空间将殖民主义的政治理念、思维方式渗透进中国人的日常生活,在精神上奴化、戕害中国人。租界公园开放后,许多华人在入园游览时感叹:主权被外国侵占[3];"华人与狗不得入内"上升为"全民族共有的集体记忆"[4]。

另一方面,租界公园虽然是一种殖民主义空间,但同时也向国人展示了西方的公共生活形态。这在某种程度上刺激了中国传统私园的异化[5]——私园公用。这一近代中国园林转型事件又促使官府和地方乡绅自建公园,20 世纪初的中国便有了齐齐哈尔龙沙公园(1904 年)、天津劝业会场(1905 年)、昆山马鞍山公园(1906 年)、无锡锡金公花园(1906 年)等一批对国人开放的近代公共园林[6]。提倡兴建公园的精英认为,公园"有益于民智、民德"。一是以公园引导民众接受文明健康的生活方式,令久困斗室之内或出入不健康场所的国人"洗刷胸中的浊闷""增长活泼的精神"[7]。二是以公园培养民族自尊心。空间殖民主义激发了国内造园的民族主义心理,如1893 年上海张园的大规模改造是为了与租界的"外滩公园"一争高下;1906 年马鞍山公园的辟建挫败了英国人的占地图谋[8]。三是借公园的场地表达公共话语,质疑和抨击皇权。清末10年间公园内频发反清集会、抗议丧权辱国条约、宣传民主革命等政治活动[9],对于防止权力专断起到了积极的推动作用。最后这一点是倡议辟建公园的大臣们始料未及的。

5.2.2　阶段发展概况

1) 清末皇家园林　晚清政府由于连年战争,又受到列强的欺压,财力大不如前,没有能力进行大规模的园林建设。这一时期的皇家造园活动以修复现有的园林为主。随着封建社会由盛而衰、经过外国侵略军的焚掠之后,皇室再没有康乾时期的气魄来营建苑囿,宫廷造园艺术相应地一蹶不振,从高峰跌落为低潮。经康、雍、乾、嘉、道、咸六朝,150年的经营建成了中国历代王朝前所未有的与法国凡尔赛宫合称为世界园林史上两大奇迹之一的皇家园林——圆明园。1860年,英法联军火烧"三山五园"(万寿山清漪园、玉泉山静明园、香山静宜园、畅春园、圆明园),京城附近的皇家园林大多被毁。同治十二年(1873年)时值慈禧40岁时,以奉养两宫皇太后为借口,八月下令内务府修复圆明园。但由于经济窘困,材料缺乏,工程进展缓慢。后来终因经费无法筹集,修复工程于同治十三年(1874年)九月停止。光绪初年,圆明园尚有小规模修缮[10]。光绪十二年(1886年),浩大的西苑三海(即北海、中海和南海一带)工程开始,大兴土木,营建宫殿。这次工程,清廷还将西方的现代科技引进西苑建设工程之中。1888年,慈禧太后下诏重修清漪园,并更名颐和园。当时国库亏空,而工程费用巨大,经办大臣在慈禧的授意下挪用海军军费白银三百多万两。由于经费仍然不足,于是集中财力修复前山建筑群,并在昆明湖四周加筑围墙,供慈禧太后"还政"后退居休养之用。颐和园工程于光绪二十一年(1895年)在裁撤海军衙门的同时,停止颐和园工程。此次修复工程是清末规模最大的一次,基本上是依清漪园的原貌进行重建,只有个别处有所改变,后山、后湖和西堤以西一些建筑未能全部恢复。光绪二十六年(1900年)八国联军侵入北京,颐和园被侵略军占驻,文物掠劫一空,建筑遭到严重破坏。光绪二十九年(1903年)再次修复,即为今日颐和园的规模。这是清廷最后一次较大规模的造园活动,此后的内忧外患使晚清政府再也无暇顾及园事。许多仍然可用的园子由于利用率低,加上无力供给,也都陆续撤去陈设,逐渐成为废园。到了辛亥革命前,京城众多皇家禁苑除了紫禁城周边的部分园子、各祭祀坛庙及颐和园前山部分,其他基本均已荒废。

2) 清末私家园林 这一时期,虽然社会局面不太稳定,但还是出现了不少优秀的私家园林。这些私园多为官宦及富商所建,尤其江浙及京津等地,有着悠久的造园传统,民间有很多手艺纯熟的造园匠人,通过今天保存下来的园子仍能从中感受到当时精纯的造园技术。北京有可园,浙江有小莲庄,苏州有退思园、半园、鹤园、怡园和曲园,扬州有何园,无锡有"钦使第"花园等。在这个时期,独具一格的岭南园林也出现了不少优秀的作品。岭南四大名园中东莞可园、番禺余荫山房和佛山的梁园都是在1840年以后完成的。部分私家园林在清末公共园林的影响下,出现了私园向公众开放的现象。自1880年代到辛亥前后,上海先后有一批私人花园以免费或略收费用的形式对社会公众开放,如张园、徐园、愚园、西园等,其中以张园最为著名。张园是清朝末年上海最大的市民公共活动场所,被誉为"近代中国第一公共空间"。张园位于今南京西路以南,石门一路以西的泰兴路南端,其地本为农田,1878年由英国商人格龙营造为园。1882年8月16日,中国商人张叔和从和记洋行手中购得此园,总面积21亩,起名为"张氏味莼园",简称张园。晚清上流阶层、代表中国文化前进主流的文人及士绅对私家园林实行改造并对公众开放的行为促使了中国传统私园的异化。私园公用现象的出现,是中西两种公共活动空间形式的混合产物,也是两种文化并存的产物。同时,这一产物也明显带有过渡性质[5]。

3) 清末公共园林 中国古代园林也有一些公共园林的例子,这些公共园林多为寺庙园林,虽说是公共园林,却多是寺院、道观的私产,并非常人能随意进入。真正意义上如唐代曲江芙蓉苑、南宋西湖一样的具有公共游览性质的园林凤毛麟角。近代的城市公园是1840年以后,受西方生活方式的影响才出现的。当时的公共园林营造行为主要有以下三类。

(1) 租界兴建公园 各国殖民者为了满足自身享乐与租界内市政建设的需要,在租界中修建了各自的公园绿地。在租界园林中,最具代表性的是上海和天津的租界园林。西方人分别于清咸丰元年(1851年)和咸丰四年(1854年)先后在上海的南京东路河南路口和南京东路浙江路口建起了老公园(Old Park)及新公园(New Park)。虽说这两处带有休闲娱乐性质的场所都以"Park"命名,但实际上是被用作赛马和其他运动的专用绿地设施[4]。1868年,英美租界当局在上海苏州河与黄浦江交界处的滩地上修建公园,即外滩公园(今黄浦公园),作为外国侨民休憩、游乐之地。外滩公园是上海最早的租界花园,也是中国近代历史上首次出现的公园。外滩公园为国人所熟知是因为"华人与狗不得入内"的告示牌。尽管有学者对此提出质疑①,但至今仍有研究者认为,"华人与狗不得入内"完全是抹杀中国人传统思想文化,磨灭中国人生存和斗争意志,侮辱中国人自表及本的挑衅行为[6]。外滩公园禁止华人入内的规定激起了强烈的民愤。1890 年,在苏州河里摆渡桥(今四川路桥)东面(今四川路、虎丘路间的苏州河南边)另建造了一所专供华人游憩的"华人公园"(Chinese Park),以平和公众的情绪[11],但此公园面积极小。1908 年,法租界工董局兴建了法国公园(今复兴公园),俗称顾家宅公园,占地9.07 hm²,该公园实为法式园林。1909 年修建完成的虹口公园,是当时上海最大的公园,占地 26.67 hm²。园内设高尔夫球场、网球场、曲棍球场、篮球场、足球场、草地滚球场和棒球场,四周为厚密的丛林,园中散点树丛,并有数处整形花坛,道路十分曲折,是根据"运动场和风景式公园兼用"的原则设计的[12]。天津作为外国在华较早建立租界的城市之一,清末已有英租界的英国公园、日租界的大和公园,法租界、俄租界、意大利租界也都兴建了具有各国象征与文化特色的公园。维多利亚花园,又名"英国花园",是天津英租界的第一个公园,位于现天津市政府大楼前。原址为一个臭水坑,后来为庆祝英国维多利亚女王诞辰,由英租界工部局投资修建成为花园,于 1887 年 6 月 21 日正式开放,占地 1.23 hm²,其总体布局为规则式与自然式相结合。

(2) 政府辟建公园　中国官方修建的最早的公园是由程世抚先生的父亲程德全于 1904 年主持建造的齐齐哈尔龙沙公园。1905 年,在天津市河北区的中山路落成了天津第一个由政府修建的公园——劝业会场。1905 年,昆山集资筹建的"马鞍山树艺公司",在马鞍山山上山下广植树木 20 hm²,绿化山体,并于 1906 年在马鞍山南麓划地 2.67 hm²,建设公园,并以园中之山命名"马鞍山公园"[8]。1908 年沪宁铁路通车,马鞍山公园成为沪宁沿线颇有名气的游览胜地。1906 年北京建农事试验场,附设动物园(俗称万牲园,即今北京动物园)。1907 年天津建成天津公园,"在锦衣卫桥之北,地基开朗,嚣尘远绝"。同年 9 月,又在新开河一

---

①　苏智良、薛理勇等研究者经过考证,对上海外滩公园门口悬挂"华人与狗不得入内"事件的真实性提出质疑,认为这是民族主义和空间殖民主义之间较量的结果。当时的精英们将外滩公园《游览须知》中"华人一概不准入内"与"脚踏车及犬不准入内"两条规则拼接成"华人与狗不得入内"以鞭策国人,最终将其转换成了整个民族的集体记忆。

带建成一座植物园,向公众开放游览。此后,直隶保定也建成公园,甚至偏远的湖南省萍乡县安源煤矿 1907 年已建有安源公园[13]。

（3）地方团体集资兴建公园　1906 年在无锡、金匮两县乡绅俞伸等筹建的"锡金公花园"可算中国自己建造的最早的公园之一,该园特点是采用多建筑、无草地、有假山与自然式水池等中国古典园林的手法。自此,中国人开始有了对国人开放的近代公共园林。

5.2.3　清末园林特征

清朝末期是中国园林由古代向现代转变的开始,此时皇家园林和私家园林虽仍然沿袭了中国传统文人园林的风格,但其中已开始出现了一些现代的造园技法、工艺和材料。总体而言,皇家园林实践以修复已有园林为主。

民间造园主要有三个特点:一是在结构上多承宅园组合式布局;二是园林的形式多以水景为主体,其他园林要素则通过不同的形式与水面相结合,通过水面的变化形成丰富的空间形式;三是园林面积多在几亩到几十亩之间。

清末的租界园林是中国领土上建造的最早的现代意义上的城市公园。租界公园的营建大体也有三个特点:首先,多采取法国规则式和英国风景式两种,其中有大片草地和占地极少的建筑,这与中国古代园林艺术的规划设计有明显不同;其次,在功能使用上主要是供人们(主要是殖民者)散步、打网球、棒球、高夫尔球等活动,以及饮酒休息之用;再次,租界公园布局大都带有设计建造者本国的造园风格。清末公共园林是以洋人兴建为主,也有个别邑人集资兴建,因为洋人和个别中国人不是中国政权的当权者,故公园行为只能算是一种潮流和趋势,其理论也是西洋的风景园林理论并不是与中国实际相结合的园林理论,不被大众所接受。

5.3　民国园林(1912—1948 年)

中国园林在民国军阀混战和日本侵略中受到极大的摧残,同时新园建设和旧园恢复又有新特点。公园建设在孙中山三民主义旗帜下,以西洋的风景园林论和中国造园论为指导进行全面实践,风格和要素上都显出中西结合的趋势。

5.3.1 意识形态主线:生活教化与政治控制

民国时期,公共园林的教化功能被进一步强化。公园中常设有公共图书馆、民众教育馆、讲演厅、博物馆、阅报室、棋艺室、纪念碑、游戏场、动物园及球场等公益设施,用以转换民众获取自然及社会知识的方式:由分散零星接受转向集中系统接受[6]。同时,严格的游园规则加强了对民众行为的控制,将其生活习惯纳入由精英构建的社会秩序中。即便只是在公园中散步,也是对下层民众的一种教化[14],因为个人行为完全暴露在一个由熟人和陌生人等各种人物构成的公开领域里[15],受制于公共的行为准则。

公园适于集会的特性使政府和精英团体都乐于以之为灌输政治符号、传输民族主义精神的载体。政治宣讲、实物或标语将政治意图转化为游园时的活动或"不期而遇"的景物(陈列馆、纪念碑、地图、匾额、对联和景名等),潜移默化地将革命思想、国家认同和政府意志植入公众精神之中。随着国民党势力的加强,极具民族主义象征意义的"中山"符号被渗透进公园,引发了中国造园史上的一个特殊现象:全国各地至少出现了267个中山公园[16]。此外,某些造园现象也被加以利用。例如,在民国早期,国家仍处于积贫积弱状态,没有足够的资金来兴建大量的公园,政府开放了大量的传统官方或私人活动空间,如皇宫陵寝、皇家园林、官署衙门、私人住宅、私家花园等,以供民众游览,在节约开支的同时使民众感受到帝制废除后政府的民政。再如,精英们巧用租界公园歧视华人的规定,以公共话语培植了人们"华人与狗不得入内"的集体记忆,以之鞭策国人,达成政治共识。

5.3.2 阶段发展概况

1)民国私家园林 民国私家园林多为一些军阀、官僚、地主和资本家所建,类型有府邸、墓园、避暑别墅等。受西方文化的影响,形式上趋于多元化,有传统的中式园,也有西式花园;有些更是融合了东西方两种造园风格。私园的兴建是与民国时代军阀割据有关,新军阀私园建设是民国时代私园的特点。大部分的私园遵从商人建园的传统之路。这些园林主要集中于经济发达的江南一带。在北京,同仁堂老板建乐家花园。在扬州,钱业经纪人黄益之建怡庐,盐商周静臣建平园,绅士杨伯咸建杨氏小筑,钱业经纪人李鹤生建逸圃。在无锡,实业家荣宗敬兄弟建梅园,实业家王禹卿在蠡湖边建蠡园。苏州旅沪工商业主席启荪在苏州老家东山建立了启园。厦门富商林尔嘉在鼓浪屿建菽庄花园。华侨商人也归国建园,如旅美华侨谢维立在 1916 年回国,在家乡广东江门建立园。当然也有文人造园如梁启超在北京东四十四条建的宅园;岭南画派创始人之一的陈树人建息园等。不过战时的文人不是主流,他们大多贫困潦倒。酒家园林在广州兴盛,也算是经营性的私家园林,这一传统一直传承到现在,几个老字号,至今尤存[17]如文园酒家、南园酒家、漠觞(现愉园酒家)、西园酒家、大三元酒家、广州酒家、泮溪酒家等等,这些酒家有些原来就是私家花园,后改为酒家经营。新建的酒家,都是以园林为其特色[18]。不管是哪一类人建的私园,其风格大多是以中国传统园林为主体,加入西洋要素或构件,但也有少部分是纯西式的,如北京洵贝勒的印度式花园、圆恩寺的美洲式花园、赵堂子胡同的吴莱西英国式月季园等。

2)民国公共园林　民国时期的公共园林较清末有了很大的发展。1911 年孙中山领导的辛亥革命结束了两千多年的封建体制。西方文化促使了公园的出现,而公园也改变了人们对城市生活的认识,促进了东西方文化的融合。南京国民政府成立后,中国仍然处于积贫积弱状态,国家没有足够的资金来兴建大量的公园。因此,近代公园除了一部分由政府出资或社会集资新建之外,还有相当一部分是由传统官方或私人活动空间转化而来——许多过去普通百姓无法接近的皇宫陵寝、皇家园林、官署衙门、私人住宅、私家花园被直接改造为公园,供民众游览。这不仅让公众感受到政府的民政,而且可以节约大笔市政公用事业经费,而这些原来的禁区或私密性区域本身就可以满足旅游者猎奇的心理[13]。

(1)开放皇家园林　中华民国成立后,帝制被废除,受资产阶级民主思想的影响,清末皇室的许多园林都先后开放,开始体现出公众性、平民性、开放性的意识。社稷坛开放于 1914 年,更名中央公园;北海 1922 年批准开放,1925 年正式开放,更名北海公园;鼓楼开放于 1923 年,更名鼓楼公园;太庙开放于 1924 年,更名和平公园;颐和园于 1924 年被辟为公园;地坛开放于 1925 年,更名为京兆公园,1929 年再改市人民公园;1928年,景山正式开放。还有御花园在民国初年也开放,先农坛亦开放于民国初年,当时更名为城南公园。除了被辟为公园,一部分皇家园林还被改建为学校。著名的有在淑春园、鸣鹤园、镜春园、朗润园基础上改建的燕京大学燕园及在涛贝勒府基础上改建的辅仁大学。这些旧时的皇家园苑在大学校园里一定程度上发挥着公共园林的作用①。

(2) 开放清代官署、私家园林和风景名胜 除了皇家园林之外,一些清代官署、私家园林和风景名胜也被修复、改建,成为供市民游赏的公共园林。在南京,江苏督军李纯在原清人蔡和甫韬园基础上建秀山公园。1927年春,国民革命军攻占南京后,蒋介石遂将秀山公园改为南京第一公园,并在园内东北隅增建国民革命军讨伐孙传芳阵亡的烈士祠及纪念碑、纪念塔等。英威阁东有孙中山的遗嘱室,西有奏乐亭,成为民众凭吊先烈的重地。在成都,由前清某将军于1911年始建的花园被改建为少城公园,并于1913—1914年由政府扩建。广州中央公园为前清巡抚衙署故址,1917改辟为公园。1923年观音山辟建为观音山公园(今越秀公园)。苏州留园原为盛宣怀私人花园,1918年收为公产,向公众开放。重庆市则将富商杨氏之别墅改建为南山公园。1927年汉口市政当局没收西园辟为公园,即中山公园。还有的私园定期向公众开放,如重庆城南的"生百世会"为汪氏私产,内有网球场、游泳池等设备,于夏季对公众开放。

(3) 新建公园 在皇家园林、官衙园林及一些私家园林开放的同时,一批新建的公园也在全国各地相继出现,公园成为各地市政建设的重要内容,如上海、北京、南京、天津、广州、青岛、成都、武汉、杭州、西安、苏州、无锡、济南、太原等城市都有数个乃至10个以上公园。甚至一些县城都有公园,如上海嘉定县南门外有奎山公园,金山县则有第一公园,江苏常熟有北门公园,安徽宣城有鳌峰公园。连社会经济并不发达的广西很多县城都有公园,个别城市如大连出现了所谓较为现代的电气游园,这不仅增加了对游客的吸引力,而且使夜间游园也成为一种新的时尚。这一时期比较知名的新建公园有:长沙天心公园(1924年)、哈尔滨铁路花园(1925年建,现为儿童公园)、厦门中山公园(1926年)、镇江伯先公园(1926年)、广州永汉公园(1928年,今广州儿童公园)等。这时也有开明的民族资本家直接修建公园,如无锡荣德生兄弟出资在太湖小箕山上开辟避暑公园。需指出的是,孙中山的逝世在全国引起了极大的反响。各地公园相继更名为中山公园,有些地方还特意建造中山公园以示对孙中山先生的深切怀念,如汕头中山公园、龙岩中山公园、漳州中山公园、厦门中山公园、北海中山公园、龙岩中山公园、惠州中山公园、佛山中山公园、

---

① 其实皇家园林改建学校在1910年已经有过,即在熙春园东园——清华园基础上改建的清华学堂。只是熙春园当时经历1860年英法联军焚毁及1900年"庚子之乱"和八国联军的破坏已经成为一座废园,于清廷已没有什么价值。

深圳中山公园、龙州中山公园、杭州中山公园[17]。

(4) 开放租界公园 民国时期租界园林的建设也较清末有所发展，外国势力侵华后力图将其引以为傲的公园等所谓"文明"的艺术文化及生活方式移植到中国，只要有外国移民定居之处便会有近代公园出现。上海、大连、青岛、天津等城市中的租界在清末的基础上又建设了许多公园，以上海为例先后建有极司非而公园(1914 年)、司德兰园(1918 年)、宝昌园(1920 年)等十余处。这些租界公园前期主要是供租界国公民享用，许多租界公园的管理条例中都有不准华人入内的条款。但随着中国革命的不断深入，民众的自主意识不断加强，要求租界园林向国人开放的呼声不断高涨。早在清末许多进步人士都曾多次与租界当局就此进行交涉，上海要求公园对华人开放的呼声一直不断。在这种情况下，1928 年 4 月18 日公共租界纳税(外国)人年会决议：从 6 月 1 日起，向中国人开放公共公园(即外滩公园)、极司非而公园、虹口公园、外滩草地及其沿岸(今延安东路以北)绿地。7 月 1 日顾家宅公园(即复兴公园)也对中国人开放。国内其他城市租界园林也与上海相仿，到 1943 年中国的租界基本已经消失(新疆除外)，1944 年在法律上取消了租界，租界已不存在，租界园林也全部成为供民众游赏的公共园林。租界园林的存在具有重要意义，它向国人展示了一种与中国传统园林完全不同的观念，成为新中国许多公园的前身，在新中国成立前后都被改造成为面向人民群众的公园。

5.3.3 民国园林特征

1) 总体风格趋向于"中西合璧"。中西合璧、洋为中用成为政府对建筑和园林的政治定位。当时几乎所有的公园建设项目都是以混凝土为主要材料，甚至包括一些古园的修建，比如 1935 年修金鳌玉蝀牌坊改木柱为钢筋混凝土结构。除了混凝土材料外还有铁材(栏杆)、水磨石(地面)、马赛克(贴面)、玻璃(窗)等。租界园林的建造结合了一些中国传统造园要素，其园林建筑小品的取材不乏"中国风格"，整体看来，其中大部分花园的艺术风格应该属于折中式园林的范畴，而其中一些造园手法及要素则带有明显的殖民国家的地域特征。中国近代租界花园集中营造的时期内，英国的折中式园林在西方造园活动中占有较为主要的地位。维多利亚花园中心的园亭就是仿中国式的六角亭，义路金花园的布局既有英国传统园林的风格，又结合了中国园林自由式手法。但是这种所谓的"中西合璧"，粗糙而草率，缺乏完整的结构和统一的形式，如兆丰公园中大草坪上的中国式园亭,就难以同周围的环境和谐相融。

2)私家园林仍以传统造园技法为主。私家园林利用风景名胜或旧园造园,其理念还是依旧制讲究气脉相连,主次分层,环山积水。以无锡蠡园为例,利用蠡湖为借景,穿池引水、挖土积山,山以太湖石为主,石道盘缠穿梭,利用堤、山、廊分景,构成 3 个不同景区,其构成模式是古典园林的延续。

3)公园的山水构造主要是按中国山水园的理论——凿池掇山。第一类是利用名胜风景区建园,汕头中山公园是一个典型的例子。第二类是平地凿池堆山,如漳州中山公园、佛山中山公园、北海中山公园、韶关中山公园等。第三类是既利用地形又大肆造景的园林,如厦门的菽庄花园。

4)公共园林在功能上"游学"一体化。民国园林成为市民的活动中心与公开表达民主思想的公共领域。同时,公共园林又是办学场所。开办学校,建立公共图书馆、民众教育馆、讲演厅、博物馆、藏书楼、阅报室等设施,反映了当时文人"教育救国"的理念。当然有些也是军阀们所创,目的还是为提高国民文化素质。植物园与动物园引进时多附属于博物馆,而后来都转到公园内,以便让人们在游玩中获得自然知识。许多城市将动物园附设在公园里,如上海外滩公园"兼畜动物";青岛中山公园(即会前公园、第一公园)内于 1915 年建动物笼舍,至 1930 年代形成公园中的小型动物园;重庆北碚平民公园"园内附设动物园";厦门中山公园内亦附设动物园。这是许多城市在民国时期办公园的模式。

民国完成了皇家园林的开放、私家古典园林的衰退、城市公园的兴起和现代园林理论的积累等现代风景园林学科形成过程中几个重要的步骤,是我国现代风景园林学科形成前理论和实践积累的一个重要阶段。

5.4　本章小结

在 1840 年以前的数千年中,中国的园林可以说完全是本土的,并且形成了极为完整和成熟的园林体系,以至于有专家认为中国园林是世界园林之母。中国古典园林是一份极为宝贵的文化遗产,同时也成为中国现代园林发展的基础。

中国近代园林的发展,是在外来文化借洋枪洋炮打开国门之后,在洋思想、洋理论的指导下进行的殖民形式园林的创作,是在内忧外患、生产力极度低下的环境下艰难起步的。一方面,艺术上达到高度和谐完美的中国传统园林体系,在长期自我完善过程中所形成的巨大惯性和高度致密的文化框架,在西方园林文化的强烈冲击下,既不愿革新,又因本身丧失生命活力无法将外来文化咀嚼消化。另一方面,租界园林的出现及民主思想的普及,使公园成了时尚。在无奈和被动之际,以放大的古典园林为本体,以西方园林文化中撷得的片叶只枝为表象的"杂糅"也成了时尚。这种浑而不融的结果,使公园不仅将中国古典园林的传统和谐丧失殆尽,而且其创作意境、艺术技巧、建筑风格直至室内外装修陈设,都是处于暴露无遗的凌乱杂陈之中。[18]

　　1840 年至 1949 年间的园林一部分仍循旧制,一部分虽然"中西合璧",有本土化的倾向,但却是中外园林文化的杂糅,并且由中国自己兴建创造的公共园林数量太少,不少又为战火所毁。直到 1949 年新中国的建立,中国园林才真正获得了长足的发展。

　　值得一提的是:游学一体化是中国现代园林极为明显的特征,西方的公园并不强调其教育功能,而中国将西方公园引进后,从一开始便带有文化教育的特征。从公园中设立动物园到设立革命纪念碑等,都是为了强调教育国民,这一点在孙中山时代达到了高潮。新中国建立后,起初全面模仿苏联的文化休息公园,同样强调对游人的教育,只是教育内容必须体现社会主义性质。到了当代,教育功能几乎成了园林必备的功能,游人在游玩过程中接受科普、历史文化等教育。可见,在园林中"寓教于乐"是中国将"公园"这一舶来品本土化后的最典型的特征。

　　也正是基于以上的种种原因。本书将中国现代风景园林的研究范畴定于 1949 年以后,但对 1949 年以前的中国风景园林的研究为理清 1949 后的中国风景园林形态特征及提出中国当代风景园林本土化策略奠定了基础。

参考文献

[1] 安怀起. 中国园林史[M]. 上海:同济大学出版社,1991.

[2] 戴一峰. 多元视角与多重解读:中国近代城市公共空间——以近代城市公园为中心[J]. 社会科学,2011(6):134-141.

[3] 熊月之. 近代上海公园与社会生活[J]. 社会科学,2013(5):129-139.

[4] 陈蕴茜. 日常生活中殖民主义与民族主义的冲突——以中国近代公园为中心的考察[J]. 南京大学学报(哲学·人文科学·社会科学版),2005(5):82-95.

［5］ 周向频,陈喆华.上海古典私家花园的近代嬗变——以晚清经营性私家花园为例[J].城市规划学刊,2007(2):87-92

［6］ 刘庭风.缺少批评的孩子——中国近现代园林[J].中国园林,2000(5):26-28.

［7］ 王炜.近代北京公园开放与公共空间的拓展[J].北京社会科学,2008(2):52-57.

［8］ 徐大陆.江苏近代园林几多中国之最[J].中国园林,2008,24(3):39-43.

［9］ 郑琼现,刘鸢凌.近代上海公园的民主化景观[J].学术研究,2013(10):53-58,159.

［10］ 赵兴华.北京园林史话[M].北京:中国林业出版社,2001.

［11］ 周向频,陈喆华.上海近代租界公园西学东渐下的园林范本[J].城市规划学刊,2007(4):113-118.

［12］ 杨乐,朱建宁,熊融.浅析中国近代租界花园——以津、沪两地为例[J].北京林业大学学报(社会科学版),2003(3):17-21.

［13］ 陈蕴茜.论清末民国旅游娱乐空间的变化——以公园为中心的考察[J].史林,2004(5):93-100.

［14］ 胡俊修,李勇军.近代城市公共活动空间与市民生活——以汉口中山公园(1929—1949)为表述中心[J].甘肃社会科学,2009(1):178-181.

［15］ 王笛.街头文化:成都公共空间、下层民众与地方政治,1870—1930[M].李德英,等译.北京:中国人民大学出版社,2006.

［16］ 陈蕴茜.空间重组与孙中山崇拜——以民国时期中山公园为中心的考察[J].史林,2006(1):1-18,123.

［17］ 胡继光.中国现代园林发展初探[D].北京:北京林业大学,2007.

［18］ 刘庭风.民国园林特征[J].建筑师,2005(1):42-47.

6 中国现代风景园林发展综述
(1949—2009 年)

在 19 世纪末帝王将相的腐朽统治、帝国主义强取豪夺的内忧外患时局下,20 世纪对于中国来说注定是一个变革、求新的世纪,也是寻求现代化的世纪。但是,"内忧外患"的格局困扰中国半个多世纪,人民大众的利益,无论在理论上还是在实践上、无论在广度上还是在深度上,直到 1949 年新中国成立后才得以更多地体现和保证。新中国成立近 70 年来,中国现代风景园林建设取得了巨大的成绩,但这一发展并不是直线上升的,中间也经过了艰难曲折的历程。

本书基本沿用柳尚华先生的《中国风景园林当代五十年(1949—1999)》一书中对于中国现代风景园林(1949—1999 年)发展历程的年代划分方法,其中最后一个阶段——巩固前进时期的时间跨度改为从 1990 年至 2009 年。本书对中国现代园林(1949—2009 年)的五个发展时期从大政方针、行业政策、外来影响等方面进行梳理、分析,总结出各时期的设计特征,为分析中国现代园林(1949—2009 年)设计语言的演化历程做前期的背景解读。

6.1 恢复、建设时期(1949—1957 年)

6.1.1 意识形态主线:苏联榜样与文化休息

新中国建立之初,实行了向当时的苏联"一边倒"的政策。1950 年 2 月 14 日,中国与苏联两国政府在莫斯科签订了《中苏友好同盟互助条约》。在整个 1950 年代、特别是第一个五年计划期间(1953—1957 年),"苏联是我们的榜样"成为最流行的口号(图 6.1),"苏联经验"则是各行各业效仿的对象。风景园林规划设计领域也不例外,"苏联经验"一度成为新中国风景园林规划与设计的绝对标准,影响到行业的定位、实践的领域以及具体的园林绿地类型的规划设计方法等[1]。

新中国成立初期,生产力还很落后,整个国家正处在百废待兴的时期,不可能有大量资金来兴建园林。在恢复时期(1949—1952 年),各城市积极恢复整理或充实提高旧有公园绿地,陆续将其开放。在许多城市,人民政府把原来供少数人享乐的场所改造为供广大人民群众游览、休憩的园地。同时,各城市积极发展苗圃,大量育苗,为以后的绿化建设准备物质基础。随着国民经济的恢复,1953 年中国开始实施第一个国民经济发展计划,"城市园林绿化也由恢复进入有计划、有步骤的建设阶段"[2]。许多城市开始新建公园,加强苗圃建设,进行街道绿化,并开展工厂、

图6.1　新中国成立初期的宣传画

学校、机关等单位以及居住区的绿化,使城市面貌发生了较大的变化。如天津市在"一五"期间恢复及新建的公园共 32 处,总面积达 332 hm²,比 1949 年增长了 3.2 倍。1957 年,哈尔滨市的公园面积达到了 147 hm²,是 1949 年的 13.5 倍。一些单位的厂区绿化工作也随着国家 156 项重点项目的建设而被带动起来。

1956 年 2 月,中央发出绿化祖国的号召:"全国人民行动起来,参加绿化运动。我们既要绿化山区也要绿化平原;既要绿化乡村,也要绿化城市。我们一定要绿化一切可以绿化的地方,使祖国的河山变得更加富饶美丽。"[3]1956 年 5 月,中华人民共和国城市建设部成立,主管包括城市园林绿化在内的各项城市建设业务。同年 11 月,城市建设部召开全国城市建设工作会议。会议指出城市绿化的重点是"普遍绿化",将祖国尽快绿化起来,而不是先修大公园。在城市建设部的指导下,城市园林绿化工作的重点,放在了"普遍绿化"上。

总体来说,1949—1957 年这一阶段内,中国的城市绿化和园林建设是稳步前进、全面发展的,无论公园绿地面积、栽植树木数量及苗圃面积,比新中国成立初期都成倍地增长。育苗生产和园林管理也都积累了一定经验,为今后的工作打下一定的基础。当然,由于缺乏城市绿化和园林建设管理的经验,主要模仿苏联。然而,这一时期园林建设的政策与口号对

中国现代园林的影响是深远的,某些思想至今仍在发挥着作用。

6.1.2　阶段发展概况

1) 行业定位:造园与绿化　中国现代风景园林行业自其始即以传统园林艺术的继承与发展为基础,例如其学科体系萌芽之时即取语出《园冶》的"造园"为名[4]。汪菊渊先生在中国大百科全书中说:"从 20 年代起中国一些农学院的园艺系、森林系或工学院的建筑系开设庭园学或造园学课程中国开始有现代园林学教育,同传统的师徒传授的教育方式并行。"[5]然而,1952 年上半年北京农业大学通过教育部得到了列宁格勒(圣彼得堡)林学院城市及居民区绿化系的教学计划和教学大纲[6],在全面学习苏联经验的政策驱动下,中国的"造园专业"于 1956 年 8 月被改为"城市与居民区绿化专业"。专业名称的改变直接导致了对行业定位及实践范畴理解的差异。陈植先生认为"城市与居民区绿化"所指不明,更缺乏对中国本土造园传统的尊重:"'居民区'这个名称,顾名思义,是含有人民居住区域的意义。新中国成立后,无论何地,都有居民委员会的组织,则所谓'居民区'含有城乡居民区域的意义,并无再称'城市及居民区'的必要。……把造园学改为'居民区绿化',或'城市及居民区绿化',只是混淆视听,缩小范围而已。"[7]

汪菊渊先生在回复陈植先生的质疑时说:"'城市及居民区绿化'千真万确地不能就是'造园学'。它既未'混淆视听',更未'缩小范围',它的范围比园林艺术或造园学的更为广大。城市绿化的'绿化'两字是广义的,也包括特殊'造林意义的绿化',但不等于就是造林绿化。我们对于'绿化'意义的了解,不能仅仅限于字面上,认为就是指栽植绿色的植物而已。……绿化这词可以有广义和窄义的解说,绿化不等于造林。《人民日报》在《绿化祖国》的社论中写道:'要尽可能地在河渠、道路、农田、房屋旁边多多栽树以便美化环境、增加收益。'难道说这是在路旁、宅旁造林吗?社论里的'既要绿化乡村,也要绿化城市'。难道说是在城市中造林吗?1956—1957 年全国农业发展纲要里提出'在十二年内绿化一切可能绿化的荒地荒山',我们对于这句话的认识就是它并不仅指造林;荒山,尤其是荒地的绿化,可以是造林也可以是造园,要看地点条件而定。例如北京西山、十三陵绿化造风景林,将来就是森林公园区;近郊区有的荒地、废地,也将绿化成为公园。"[8]其实在苏联,所谓"城市与居民区绿化"中的"居民区"不是城市里的居住区,而一般指比城市小的人口聚集区,人口多从事非农职业,有健全的公共基础设施以及教育、餐饮、娱乐设施等;"绿化"实践的领域实际上和"landscape architecture(风景园林)"差不多。在该词组的翻译上,虽然中文与俄文的对应非常准确,"城市与居民区绿化"在中文语境里的含义却显然与它在俄文中的本意相去甚远。这一点陈植先生后来也注意到了,他在《论"绿化"》一文中写道:"……则俄文的'绿化建设'及'城市绿化'与'居民区绿化'等原名,亦应当译为造园学,而毫无疑义了。"[7]

不过汪菊渊先生的解读说明在当时"百废待兴"的大地上,"普遍绿化"是时代的需要,"造园"则是以"绿化"为前提和基础的。正如 1956 年11 月国家城市建设部召开的全国城市建设工作会议提出:"在国家对城市绿化投资不多的情况下,城市绿化的重点不是先修大公园,而首先是要发展苗圃,普遍植树,增加城市的绿色,逐步改变城市的气候条件,花钱既少,收效却大。在城市普遍绿化的基础上,在需要和投资可能的条件下,逐步考虑公园的建设。"[2]同样的,毛泽东在 1958 年 8 月的北戴河会议上号召植树造林改变城乡面貌时说:"要使我们祖国的山河全部绿化起来,要达到园林化,到处都很美丽,自然面貌要改变过来。"[9]苏联似乎对"绿化"和"造园"的关系也有相似的理解:至 1990 年代,"城市与居民区绿化专业"即更名为"花园、公园及风景营建专业"[10]。1990 年代以后国内对"风景园林"这一名称的普遍认同,反映了园林传统在新的历史发展阶段的回归。

2) 绿地系统　1950 年代初期,城市绿化建设从苏联传到中国,始有改善城市小气候、净化空气、防尘防烟防风和防灾等功能的理论以及绿化系统规划的原则。苏联城市规划专家来我国北京指导进行城市规划(1955—1956 年),其中制定园林绿化规划时,采取了较高的绿地定额,配合发展工业,安排了必要的卫生防护隔离绿带,公园要大中小结合,均匀分布,方便居民就近利用[3]。苏联城市绿化系统理论的引入,使中国传统造园的视野进一步从花园、公园的范畴扩大到对城乡尺度的绿地体系的认识,即引入了城市绿地类型,并加以分类统筹。

"苏联经验"在具体实践中加深了中国业界对绿化系统改善城市小气候、净化空气、防尘防烟防风和防灾等功能的认识,形成了绿地系统规划的系列原则,程世抚先生在当时提出的《关于绿地系统的三个问题》基本反映了苏联经验:为发展工业设置卫生防护隔离绿带;公园大中小结合,均匀分布,方便居民就近利用;公园绿地用林阴道、绿色走廊连接、从四郊楔入城市并分隔居住区;设置环市林带,与楔形绿地系统连接起来;保护、利用、结合原有的森林、园林、名胜古迹、果园、湖沼、山川等[11]。

但是,由于中国城市绿化基础普遍薄弱,强调普遍植树,在城市绿地系统规划实践中,尤其在新中国成立初期,更多的是保留一些原有绿地,把不适于用作房屋建设的废弃地、低湿地等开辟为绿地。另外,由于"建筑先行,绿化跟上"的城市建设政策,绿地规划多半是在规划基本格局已经确定的情况下,见缝插针,补补贴贴而已,例如其时居住区内的小游园绿化即被称作"邮票式"。但当时的绿地系统规划思想为当代的城市绿地系统规划提供了理论范本,其中大部分内容得到了延续,如尽量保留原有绿地、树木,并以它们为基础发展绿地系统;把古迹名胜的保护利用与建设公园绿地结合起来等。

3) 居住区绿化 苏联的"城市与居民区绿化"的新名称似乎特别提示了"居民区绿化"的重要性。1956 年 11 月召开的全国城市建设工作会议指出:"不要把精力只放在公园的修建上,而忽视了城市的普遍绿化,特别是街坊绿化工作。这是当前城市绿化工作的主要方针和任务。因此,当前的主要工作应该是在住宅街坊内,积极地采取各种办法,动员群众,植树栽花,进行绿化。"[2]另外,苏联的城市规划手册也突出了居住绿化的重要性,其中"绿化系统"设有"居住区绿地系统"[12]专项。1950 年代初期,居住区规划在形式上一般采用了苏联大街坊制度,例如 1953 年北京市委规划小组在改建与扩建北京市规划草案中将它作为一种设计标准[13],即住宅区由若干周边式的街坊组成,住宅沿四周道路边线布置,布局从构图形式出发,强调轴线和对称,具有强烈的"形式主义"倾向。居住区绿化在形式上成为建筑形式的规整延伸,根据苏联专家的建议,绿化模仿法国古典样式,例如长春第一汽车厂生活区街坊绿化。但是几何图形的布局使人们不得不做数次左转或数次右转才能从一个地方去到另一个地方,而道路两旁栽种的灌木丛挡住了很多草坪和花坛[14],这造成实际使用上的不便。1950 年代末以后,加之苏联大街坊形式在住宅通风、采光、日照等功能上的缺陷,以及为节约用地而发展的"双周边"式规划使居住区缺乏识别性和亲切感,按照苏联模式建造的居住区就几乎销声匿迹了。对于居住区绿化来说,"苏联经验"除了在一定程度上增加了对居住区绿化重要性的认识,并无多少成功的实例。

4) 文化休息公园 虽然"绿化"是时代的要求和当时风景园林建设的主轴,"城市及居民区绿化专业"在教学内容上仍涵盖多种绿地的设计,包括造园[7]。而公园设计也在相当程度上受到了来自苏联经验,即文化休息公园设计理论的影响,强调政治属性:即公园不仅是城市绿化、美化的一种手段,更是开展社会主义文化、政治教育的阵地;二是公园被确立为一个人们进行游息活动的机构。这种即公园在"公园的自然环境中,把政治教育工作同劳动人民的文化休息结合起来"[2],实际是饶有趣味的文化娱乐中心,而非风景优美的绿地空间,重视容纳社会活动的建筑设施、场地,绿地次之。

当时,中国各城市较大型公园大都参照苏联文化休息公园的模式:社会主义政治与文化属性主要通过保护革命文物、设置主题雕塑、举办科普展览、开展文体活动等加以体现。例如成都人民公园中所留存的"辛亥秋保路死事纪念碑"(图 6.2),哈尔滨斯大林公园中的"少先队员"群雕,北京陶然亭公园内的高石墓——高君宇(1896—1925 年)和石评梅(1902—1927 年)之墓等。另外,文化娱乐也时常反映政治取向、配合教育需要,如1950 年代后期由于学习苏联而兴起跳交谊舞之风,北京陶然亭公园在1955 年、合肥逍遥津公园在 1956 年、哈尔滨文化公园在 1958 年都建设了

图 6.2　成都人民公园中的"辛亥秋保路死事纪念碑"

舞池;湛江儿童公园中"万水千山"游戏区的滑梯、北京陶然亭公园儿童游戏区的滑梯都塑造了红军二万五千里长征中途经大雪山的景象,寓教于乐。在规划设计方法上,文化休息公园理论发展了"科学主义""工具理性"的功能分区与用地定额的方法,成为新中国成立初期中国现代公园建设中简便易行、极具操作性的工具,例如合肥逍遥津公园、内蒙古扎兰屯市文化休息公园、哈尔滨文化公园、武汉解放公园、广东新会县会城镇文化休息公园等都是在这种设计方法指导下建设的。

但是,由于盲目追寻苏联模式,对公园不论大小都进行功能分区的做法,常常抹杀了场地的特征,丧失了中国园林特有的文化情趣,对人活动的硬性规范也忽视了社会生活的多样性和灵活性。另外,苏联文化休息

公园用地定额对于人多地少的中国来说,标准偏大,公园动辄几十公顷,这也反映了当时学习苏联、片面强调高大、雄伟的形式主义倾向,在新中国成立后相当一段时期内国民经济水平薄弱的情况下,公园质量往往得不到保证[15]。1960 年代始,中苏关系交恶,对文化休息公园设计理论在中国的实际应用中产生的种种弊端,学者进行了审慎的反思,并以"社会主义内容、民族形式"为理论依据,在规划设计中逐渐注意对自身园林传统的发掘[1]。

总的来说,文化休息公园理论在中国现代公园的建设与发展中经历了从全盘照搬到扬弃吸纳的过程,而对文化、政治属性的强调,功能分区、用地定额的操作方法,仍影响着如今公园的规划与设计[16]。比如,当代的城市决策者、学者强调绿地应肩负起体现地方政治、几百年乃至上千年历史和文化等多方面的重任。同济大学、重庆建筑工程学院(现重庆大学建筑城规学院)和武汉城市建设学院(现华中科技大学建筑与城市规划学院)合编的《城市园林绿地规划》(1982 年出版)及 1992 年发行的行业标准《公园设计规范》仍沿用功能分区、用地定额的思想,但前者指出:"公园内的功能分区不能生硬划分,尤其是 3 hm² 以下的小公园"[17]。

6.2 调整时期(1958—1965 年)

6.2.1 意识形态主线:社会主义内容与民族形式

1958—1965 年是一个园林建设指导思想多变的时期,贯彻过"社会主义内容、民族形式"与"古为今用、洋为中用"等方针,之后又受三年自然灾害以及工作中"左"的指导思想等影响,还出现过"大地园林化""绿化结合生产"和"大跃进"等政策。在这个阶段里,中国的城市绿化和园林建设出现了忽上忽下,左右摇摆的局面,但在曲折中也有所前进。

赵纪军的《新中国园林政策与建设 60 年回眸(一)——"中而新"》一文提出:"中而新"作为 1950 年代末对新时期设计思想的具体总结,体现在多个设计理论和方针政策中,包括"社会主义内容、民族形式""古为今用、洋为中用""两条腿走路"等[18]。"中而新"这一短语,是 1958 年建设国庆"十大工程"之际由梁思成先生提出的,主要用于建筑创作,随后还出现过"新而中"一词,梁思成先生当时并未明确指出两者的差异。之后,"中而新"及"新而中"随着时代的变化,其内涵也发生了多次改变。而现有的文献资料显示园林界的人士从未正式提出以"中而新"或"新而中"作为园林形式创作的指导方针,因此本章节不做详细论述。但 1950 年代中期提出的"社会主义内容、民族形式"与"古为今用、洋为中用"等方针的确在相当长的时间内成为"新园林"的建设指导思想。

1)社会主义内容、民族形式 "社会主义内容、民族形式"是 1925 年斯大林对苏联文学艺术创作提出的方针,用以反对被视为腐朽、没落的西方资本主义国家的结构主义、立体主义、印象主义等思潮。"社会主义内容"包括一系列的政治意识形态,诸如党性、社会主义精神风貌、大众精神风貌、先进性等,本民族的文化艺术遗产和传统则是"民族形式"的源头活水[18]。这些思想在 1950 年代初"一边倒"学习苏联时传入中国。

"社会主义内容、民族形式"在建筑界引发了学术争鸣。建筑设计中的"民族形式",通俗地说,属于"社会主义物质文明";"社会主义内容"和"社会主义的现实主义"大致对应"社会主义精神文明"。前者看得见、摸得着,后者却颇令人费解,引起不少争议,因为在建设活动中存在如何具体表达的问题,有的建筑学者认为其实质是落实到前者,即"民族形式",寻求古典主义[19],而另有些学者则否定看似暧昧、含糊的"社会主义内容"的存在[20]。

在当时的园林创作中,"社会主义的内容"大致可对应文化休息公园理论中对公园的定位:公园不仅是城市绿化、美化的一种手段,更是开展社会主义文化、政治教育的阵地;二是公园被确立为一个人们进行游息活动的机构,容纳了人们新的"生活内容"。而"民族的形式"则也有具体内容:一是保护和修缮传统园林;二是吸取传统园林的手法。"社会主义的内容,民族的形式"是新中国成立后毛泽东对探索中国社会主义道路提出的基本要求。"民族的形式"在很大程度上是相对"苏联模式"而言的。在园林建设中"社会主义的内容"与"民族的形式"是相融合的。中国传统园林最重要的特点之一是"诗情画意",而表情达意的主要手段是匾额和对联的运用[21]。新园林发展了这种传统。新中国成立后,园名牌匾在"内容"上,出现了人民公园、解放公园、胜利公园、劳动公园、大众公园、青年公园、文化公园、红领巾公园等;在"形式"上,有的园名借传统书法之形,又出自革命领袖之手,如陈毅于 1950 年为上海人民公园所作的题词,毛泽东于 1956 年为天津人民公园所作的题词都仍见于今日公园入口。两者的融合也体现在设计与建设的过程中,如陶然亭公园最初确定"布置成以山水风景为主的休息公园"[22],挖湖堆山工程由卫生工程局组织民工、以工代赈的方式进行,其成果基本上是山环水抱的"民族形式",其过程体现了人民大众合力建设自己家园的新气象,同时人们对自己的劳动成果产生心理认同与归属感,也是"社会主义的内容"反映。

2) 古为今用、洋为中用 1956 年 4 月 28 日,中央政治局扩大会议提出"百花齐放、百家争鸣"的"双百方针",鼓励学术和艺术创作自由。毛泽东在同年 8 月 24 日《同音乐工作者的谈话》一文中进一步提出"古为今用、洋为中用"的方针。相比于政治含义颇重的"社会主义内容、民族形式","古为今用、洋为中用"才是问题的真正核心。"古为今用、洋为中用"这一方针重在薄古厚今、薄外厚中[23]。

新中国成立以后,百废待兴,园林绿化建设中由于追求发展速度和工作效率,而造成设计上的粗糙和对艺术传统的忽略并不少见。1950 年代中期,一些陶然亭公园的游人叹道:"逛公园好像遛马路,一马平川的大道两排树",另有对积水潭净业湖疏浚工程的议论:"你看湖里好像游泳池,四下泊岸砌笔直。"[24]针对这种简单的园林建设,有的学者评论道:"想起从前,起造园林,修建亭榭,引人入胜,端在曲径通幽,花木扶疏,忌的是:'一览无余,一目了然'。至于开筑陂塘,掘引细流,是讲究小桥流水,曲曲弯弯。人们徜徉其间,喜的是水清沙浅,游鱼可数。而不是大块湖塘,一片汪洋,那样就不可爱了;有时侧足堤旁,常恐失足溺水,望而生畏了。……既然是中国人的公园,就该处处发挥中国建筑风格。既然是中国的风景区,就该般般标志出民族美术上的特色。"[18]由此可见,在新园林建设中,无论是对人民大众的游赏品味的满足,还是学界人士对于园林文化发展的忧思,继承传统至关重要。另外,"古为今用"也成为园林保护与更新的指针[24]。同时期有对传统园林建筑的迁建保护:为改造中南海、拓宽长安街,将云绘楼、清音阁及两座牌坊迁建于陶然亭公园的中心岛和直通北门的主要大道上,成为公园的中心景致。然而,另一方面,由于近现代中国经济文化落后于西方,"洋为中用"的口号被误解为"洋"优于、新于"中"。时至今日,这一观念仍不少见。在 1975 年设计、建造紫竹院公园南大门前牌坊时,"为表现社会主义蒸蒸日上的气魄,牌坊未用传统木结构开间的横向比例,而借鉴西洋古典石构列柱的间架。"[25]

6.2.2 阶段发展概况

1) 大地园林化 1956 年毛泽东同志向全国人民发出了"绿化祖国"的伟大号召。1958 年 8 月,毛泽东同志在北戴河提出:"要使我们祖国的山河全部绿化起来,要达到园林化,到处都很美丽,自然面貌要改变过来。"同年11月28日至12月10日,中国共产党八届六中全会明确提出,要"实现大地园林化"。1959年2月至3月,广州召开了全国造林、园林化现场会议。同年3月,《人民日报》发表文章,提出"大地园林化是一个长远的奋斗目标"。随后,中国林业出版社出版了两辑《大地园林化》文集,汇编了有关文章。当时有关文献认为:园林化的任务无论在目前和将来都必须注意发展生产,根本目的是最大限度地满足全体社会成员经常增长的物质和文化生活的需要。当时的大地园林化的核心思想是发展生产和普遍绿化。

随后,大地园林化派生出了"绿化结合生产""以园养园"等政策,尽管两者在后来的园林工作调整中被逐步纠正和取消,但大地园林化这一口号却延续至今,当前仍有不少学者在大力提倡。陈俊愉院士、李敏教授是当代"大地园林化"思想的代表人物。陈俊愉院士认为:大地园林化,就是在全国范围内全面规划,在一切必要和可能的城乡土地上,因地制宜地植树造林、种草栽花,并结合其他措施,逐步改造荒山、荒地,治理沙漠、戈壁,从而减少自然灾害,美化环境,建立既有利于生产,又有益于人民生活的环境。绿化是大地园林化的基础,大地园林化是绿化的进一步发展和提高。大地园林化的内容比绿化更加丰富,是绿化祖国的高级阶段。其规模和形式是多种多样的,但总的内容是以林木为主体,组合成有色、有香、有花、有果、有山、有水,有丰富生态内容又有诸多美景的大花园[26]。李敏教授认为:毛主席的"大地园林化"思想被国人曲解和淡忘了,今天应重新认识"大地园林化"的思想内涵,"对于运用人类聚居学的系统观来展拓'绿色建筑学'理论框架,将是十分有益的""'大地园林化'(Earthcape Gardenization),可以说是一个非常具有中国特色的区域规划思想"[27]。

2)"绿化结合生产""以园养园"　1957年反右派斗争严重扩大化后,极"左"路线指导了各项工作,片面理解毛主席关于"大地园林化"的号召,强调"绿化结合生产"的方针,1958年北京市领导指示要把园林绿化当作一项生产事业。为了贯彻这一指示,首次在中山公园内坛种植了三片果园,后又在天坛的内坛和外坛建成几片封闭式果园,在月坛北街,三里河路东侧高压线下以及地坛、八宝山等处栽植果树。1959年又在东直路两侧栽植果树带。为了结合绿化生产木材,1958年开始实行密植快长的原则,并在近郊道路两侧采伐,生产了一部分木材。为发展养鱼生产,先在紫竹院又在万泉庄挖湖并增加水深,采用密放精养方法,大搞养鱼生产。1959 年 12 月,建工部在无锡召开第二次全国城市园林绿化工作会议,会议中表彰了许多城市的园林结合生产的先进经验,要求各地城市公园逐步实现自力更生"以园养园"。1960 年后,党提出了"以农业为基础,大办粮食"和"大种十边"等号召,制定以绿化为主"大搞生产"的园林工作指导原则。于是各地城市公园纷纷把草地翻掉,种植粮食、蔬菜、水果,利用水面搞养鱼生产。1960 年下半年,全国出现自然灾害中,北京的苗圃甚至公园里开始大种秋菜。这种情况直至 1963 年 3 月随着建筑工程部颁布《关于城市园林绿化工作的若干规定》才出现转机。

3)"大跃进" 1958 年全国掀起了"大跃进"高潮,城市里也出现了大搞绿化植树的群众运动。1958 年 2 月城建部召开第一次全国城市绿化工作会议。提出要发展苗圃普遍植树,重点不在修大公园。但在发动群众植树中,没有规划,见空地就栽,不讲立地条件,有什么苗就种什么。不讲规格标准,一米多高小苗就栽上,单纯追求数量。随后养护管理也跟不上,保存率低。北京市 1958 年新植树 944 万株(为 1957 年的 5.7 倍,比过去 9 年植树总数还多),但保存率很低。西安 1958 年植树 800 多万株,保存率不过 10%左右。1959 年新中国成立十周年,各城市园林部门都集中力量进行国庆绿化工程。尤其是北京,完成天安门广场、首都机场干道和十大建筑的绿化任务,栽植 40～60 年生大油松,雨季栽树,大面积铺草,大量的盆花、花卉,万紫千红迎国庆,其水平和质量是新中国成立以来所未有的,不仅绿化效果十分显著,而且在绿化工程方面也取得了不少宝贵的经验。园林建设方面,从 1958—1962 年期间,各城市新建公园有了较大发展,设计上仍然受苏联影响,但也存在一些把祖国传统山水园形式应用于新公园创作中的探索。上海市,1958—1959 年间发动市民义务劳动,在一片低洼菜园上挖湖(银锄湖)堆山(铁臂山),新建了长风公园。"长风公园"这一名称也反映了"大跃进"的声音[2]。广州市为解决城市雨季排水问题,先后开辟了市内三大人工湖,继而分别建成流花湖、东山湖和荔湾湖公园。西安市发动群众义务劳动,挖湖堆山,新建了兴庆公园。在此期间,北京市先后开辟了 21 处公园,连同初期已建公园的扩大面积,共新增公园绿地 428 hm²,到 1960 年,北京市的公园绿地、防护林带总面积已超过 307 多公顷。但在三年严重困难期间,先后退出了绿地 470 hm²,出现了绿地大发展又大收缩的局面。

6.3　损坏时期(1966—1976年)

6.3.1　意识形态主线:破旧立新与红色园林

1966—1976年的十年动乱,使党和国家遭受新中国成立以来最严重的挫折和损失。首先在"破四旧"声中,公园的文物古迹被视为封建迷信,受到大量破坏,各公园、风景区内石碑、牌坊,古建筑油漆彩画、匾额对联、泥塑、木雕、铜铸佛像被毁。城市公园被诬蔑为"封资修大染缸"。由于规划无人管理,许多公园绿地被鲸吞蚕食,或被非法侵占,种树养花被当作修正主义大加摧残,掀起砸花盆"闹革命"和挖草皮毁名花的极"左"风潮。在无政府主义思潮下,风景名胜区山林树木不断被盗伐私伐,损失严重。极"左"思潮把绿化美化方针和讲求园林艺术风格的原则都视为修正主义,加以批判。公园文化活动被扣上"贩卖封资修"的大帽子,广大园林职工的辛勤劳动被歪曲为"替城市资产阶级老爷服务"。总而言之,"文化大革命"中,各地园林事业遭到极大破坏和深重灾难,所造成的精神上和物质上损失是无法估量的。

1971年,联合国大会恢复了中国在联合国合法地位和随后中美关系正常化,中日正式恢复邦交等外交上的成功,国际国内形势有了新的变化。由于政治形势的需要,各地尤其是北京市园林部门情况多少有所改变。在"抓革命、促生产""为革命养好花,为革命种好树"的口号下,逐步开展了业务工作,由于国际交往的开展和"五·一""十·一"组织大型游园活动的需要,开始对公园建筑和设施,尤其是古建筑,逐步进行维修,摆花栽花也有增加。因外事的需要,北京新建了一批大使馆,需要高质量绿化。1972年以后,除使馆外,绿化重点是公共建筑,一些重点开放单位,临街单位和国宾馆、大饭店等以及一些居民区。街道绿化也受到重视,提出做到路路有树、院院有树,实现普遍绿化的号召。在为政治服务的前提下,开始谨慎安排花卉生产,而且以政治用花和外事用花为主。

十年动乱期间,全国城市园林绿化事业遭受了历史性的破坏。据不完全统计,全国城市园林绿地被侵占的总面积约11 000 hm²,约为这些城市的园林绿地总面积的1/5。1975年底,全国城市园林绿地总面积已下降至62 015 hm²,相当于1959年的一半,比经济最困难的1962年还下降了28%。

6.3.2 阶段发展概况

1) 破旧立新　1965 年 6 月建工部召开了第五次城市建设工作会议,这次会议的纪要提出"公园绿地是群众游览休息的场所,也是进行社会主义教育的场所,必须贯彻党的阶级路线,'兴无灭资',反对复古主义,要更好地为无产阶级政治服务,为生产、为广大劳动人民服务。目前一般地不应再新建和扩建大公园,要控制动物园的发展"。这为后来"文化大革命"中的彻底砸烂公园做了某种铺垫。

在"文化大革命"中借口反对"封、资、修"和破除"四旧",园林被冠以"桃红柳绿毒害人""小桥流水封资修""封资修大染缸"等标签,称"公园是资产阶级遗老遗少的乐园"。许多城市的园林和文物古迹被列入了"四旧"的范围,遭到极大破坏。在"破旧立新"口号下,掀起了砸盆花、铲草坪、拔开花灌木的风潮,园林绿化惨遭浩劫。北京天坛公园价值数百元的南洋杉被毁坏;北海公园一百多盆多年生朱槿牡丹被铲除;北京动物园十盆养了几十年的大昙花被破坏;北京植物园至 1972 年,4000 多种植物仅剩 300 余种;景德镇市的汪王庙苗圃被农场所瓜分,花木被砍当柴烧。上海市郊区 170 多公顷的苗木全被毁掉,人民公园内的假山被拆掉,湖被填平。兰州市滨河路上 5 km 长的观赏花木被拔光,各类绿地被占被毁 10 多公顷。文物古迹也遭到严重破坏,颐和园内 21 座铜佛被运到冶炼厂,周总理追回 3 座,其余均被熔化;杭州"柳浪闻莺"石碑被砸碎,公园大门入口的大片花草树木被毁。断桥残雪景点中的"云水光中"牌坊及"断桥残雪"碑刻均被毁,沿湖摆设的园椅石凳也被抛入湖中。与此同时,城市园林绿化的管理机构、科研院校也遭到厄运。1970 年 6 月,建筑工程部、建材工业部等被撤销,并入国家基本建设委员会,机关工作人员 92% 下放农村劳动,只有 8% 的人员留下坚守。为全国培养园林绿化高级技术人才的北京林学院园林系,随校搬迁到偏远的云南,直到粉碎"四人帮"之后,于 1980 年代才返回北京,蒙受了重大损失[2]。

令人不解的是,公园中一些代表革命传统、反映人民新生活的景点也在破坏之列。1968 年,北京陶然亭公园高石墓墓碑被推倒,受到严重破坏。公园内于 1954 年 7 月在东湖南岸建成的露天舞池也被彻底夷平——舞池供游乐、享乐,同时是早年学习苏联的产物,更与"修正主义"联系在一起。上海和平公园为纪念新中国成立 10 周年于 1959 年落成,因之命名"和平公园"的大型石雕和平鸽也未能幸免于难——"文化大革命"的革命理念给人们的思想带来了极大的困惑与混乱。

另有一些由于"备战"需要而进行的"建设"。1970 年，在"深挖洞、广积粮、不称霸"的口号下，许多公园、单位绿地成为挖人防工事的基地或出入口。例如，陶然亭公园的人防工程始于 1970 年 10 月，1972 年 8 月结束，共堆土 150 000 m³，最高处达 20 m，平均高 18 m。在上海，人民公园、交通公园、绍兴儿童公园、静安公园等都因构筑地下防空工程在 1970 年代初被迫停止开放。显然，这些游赏、休闲空间的损失与破坏在当时并不值得可惜，因为艰苦奋斗、承受困苦是树立正确思想、确立革命意识的需要。

2）结合生产 "园林结合生产"的口号是"大跃进"背景下在 1958 年 2 月建筑工程部召开的第一次全国城市园林绿化会议首次提出的。"园林结合生产"在"大跃进"期间是将园林当成一项生产事业，而在"文化大革命"期间，"结合生产"则被提升为"社会主义园林"建设的准则和绝对要求："园林结合生产，是社会主义城市园林建设的重要方针。它同其他社会主义新生事物一样，是在斗争中发展起来的。过去……曾片面强调观赏效果，也一度出现压缩园林，单纯强调经济收入的倾向……园林绿化必须为无产阶级政治服务，为社会主义生产建设服务，为劳动人民生活服务……园林结合生产不是单纯的技术问题，也不是一时的权宜之计，而是社会主义园林区别于封建主义、资本主义、修正主义园林的一个根本标志，是个方向路线问题。"[28]

为响应毛主席关于园艺工作的指示，北京中山公园进行了一系列"结合生产"的布置，并总结了"如何将生产与园林建设相结合"[29]的具体做法：布局上"要把生产放在重要的位置上，使公园既是游息的园林，又是生产的场所"；果树的分布方式上"以集中群植为主、结合分散孤植的方式"；树种、品种的选择上"必须照顾到观赏与生产两个方面"；在果树开放与封闭问题上采取"矮栏杆，以后又逐步换成矮的绿篱，这样做，景色自然，使游人看得见，无论开花期还是结果期，游人观赏、照相都很方便"（"大跃进"期间一般建设封闭式的果园）。此期间北京中山公园的中心内坛作为生产的重点，在这个地区布置苹果、桃、山里红树，在西坛门外种植金星海棠树，在南坛门外种植柿子树。在内坛的果树中间植药用植物，如鸡冠、杭菊、板蓝根、芍药等；在后河的花坛种植玉簪；利用后河水面养鱼。这样布局，可使整个园林以原有的苍翠柏林为基调，衬托出园林中心的果树，春季观花，夏秋观果，随季节的不同产生了色彩上的变化，既突出了生产内容，又造成了宜人的园林景色。每到春季，桃花、苹果花争艳，而到

"十·一",墙里是又红又大的苹果、一串串的山里红,墙外是金黄色的柿子,展现出一派社会主义欣欣向荣的丰收景象。中山公园通过一系列实践得出结论:"园林结合生产大有可为"[29]。相似的,南京、杭州、南宁等地也都根据各自条件布置了各种有经济价值的植物[30]。

结合生产"既好看,又实惠",有些学者认为这些并没有使城市环境造成什么损失和破坏[14]。但是,在"大跃进"失败后的三年困难时期(1959—1961年),为响应"以农业为基础,大办粮食"等号召,"园林结合生产"用以缓解粮食短缺问题、"粮食少不够吃"的尴尬局面,以至于出现对城市"只绿不红"。而在"文化大革命"中,许多地方为了"结合生产"而导致环境质量的损失和美学价值的丧失更有过之而无不及,例如福州西湖公园沦为五七农场,汕头中山公园变成养猪场等。另外,公园绿地被蚕食,成为名目繁多的"生产单位"用地,将工厂搬进了公园:陶然亭公园在1967年和1970年分别被千祥皮鞋厂、市革制品厂侵占218 m²和900 m²[31];上海陆家嘴公园于1972年沦为市公交公司汽车五场而废止[32];杭州"花港观鱼"公园内的蒋庄变成了吴山无线电厂。鞍山市的一个公园内,砍掉了不少树木,也办起了工厂。

"结合生产"政策是特定政治、经济条件下的产物,其极端化最终消解、否定了园林绿地以绿色植物为主造景的基础,偏离了现代园林绿化建设的主旨。1986年10月,城乡建设环境保护部城市建设局召开全国城市公园工作会议,正式否定了"园林绿化结合生产"作为园林绿化工作的指导方针。

3) 红色园林 对园林绿地的侵蚀与破坏不仅是"物质上"的,也有"文化上"的,许多公园或景点的旧名被更新:北京香山公园改名"红山公园";上海复兴公园改为"红卫公园";石家庄解放公园更名"东方红公园";福州西湖公园改称"红湖公园";颐和园的佛香阁改为"向阳阁"。另外,北京北海公园改作"工农兵公园"以反映"文化大革命"所标榜的群众基础,广州海幢公园改为"立新公园"以响应"破旧立新"的口号等。

6.4 蓬勃发展时期(1977—1989年)

6.4.1 意识形态主线:拨乱反正与以园养园

1976年10月粉碎"四人帮"后,特别是党的十一届三中全会以后,经过拨乱反正,进入了新的历史发展时期,全国出现了大好形势,城市绿化园林事业得到重新认识和评价,获得了新的活力,出现了新的发展。系统提出了城市园林化的政策,大力完善街道绿化,实现居住区花园化,恢复被破坏的公园及建立风景区名胜区制度。

1978年12月国家城建总局召开了第三次全国园林工作会议。会议指出:"我们现有的公园……风景区要进行整顿,提高科学和艺术水平,要真正能发挥它的功能。那些搞得不像公园,像菜园瓜地的要改变,……恢复公园、风景区的本来面目,在恢复的基础上,要搞得更美丽。"这次会议拨乱反正,统一认识,为公园建设的重新起步铺平了道路。会议后发出《关于加强城市园林绿化工作的意见》进一步强调要努力把公园办成群众喜爱的游憩场所。公园必须保持花木繁茂、整洁美观、设施完好。文件明确提出了城市园林绿化工作的方针、任务和加速实现城市园林化的要求,规定了城市公共绿地面积,近期(1985年)争取达到每人 4 m²,远期(2000年)6～10 m²。新建城市的绿化面积不得低于用地总面积的30%,旧城区改建保留绿地面积不低于25%,城市绿化覆盖率近期达到30%,远期达到50%的要求标准,成为全国城市绿化工作的奋斗目标。

6.4.2　阶段发展概况

1) 完善街道绿化　大力进行和完善街道绿化。即使单排树,只要人行道侧还有空地,也要结合建筑物种植树木花草;至于市中心区和重点干道,不仅分隔带上种植灌木和宿根花卉,人行道一侧也要有绿带,根据造景需要布置树木花草。或者建成花园路,在道路纵断面中间开辟散步道,其两侧布置树木花草和座椅,外围植篱。宽幅三块板路的两侧设置特殊绿带,可由树丛、花坛、草坪、水池、雕像、休息设施组成分段式小游园,丰富街景。这个阶段中,北京市在短短几年时间里出现了二环路、三环路、月坛北街、阜成路等有大片特殊绿带的道路,又先后建成了20多座立体交叉桥。这些立交桥周围也都规划建设了铺草、植树、种花的绿地。大力建设街景绿地是这一时期城市绿化一大特点。许多城市重视外环的绿化,利用或开拓环城的或环护城河的地段建成环城公园带,如西安市的环城公园、合肥市河滨及环城公园、济南市环城公园、沈阳市南运河带状公园,天津市海河公园等规划。

2) 居住区花园化　1981年全国五届人大四次会议通过了《关于开展全民义务植树运动的决议》后,居住小区绿地定额有了规定,所需绿化资金在小区建设中解决,居住区绿化有了较快发展,而且提出"花园化"的口号。如北京市 1980—1985 年已经出现了光明楼、团结湖、古城地区、航天部第一研究院等花园式居住区。新建居民楼区、按定额安排绿地,由小游园、小绿地及区内道路绿化组成花园式居住区。这也是天津市居住区绿地特色。他们通过对楼群进行分、割、挡、通等各样手法,打破"一字型""行列式"的格局,用装饰花墙和景门组成若干不同的小院,院院有景,景景相连。这样,楼距间每个小院是一个小花园,小区形成一个大花园。各地城市部门还宣传重视阳台绿化和攀援绿化,有的还举办阳台绿化竞赛。

3) 恢复公园和风景区 第三次全国园林工作会议明确指出:"对现有的园林、绿地、名胜、古迹和风景区,要加强管理。被非法侵占的,要一律限期退出。破坏文物、古迹的,要追究责任,严肃处理。"随着国民经济的调整改革和发展,各城市除了整修在十年动乱中遭受破坏的各公园及其设施之外,还新建了不少新公园,改建、扩造了部分公园,使公园数量增加,质量提高,建设速度也普遍加快。北京市新建和改、扩建了古城、团结湖、北滨河、莲花池、青年湖、玉渊潭、双秀等公园,开始修建圆明园遗址公园等。上海市新建了内江、兰溪青年、东安、松江方塔等公园,以及共青森林公园、淀山湖大观园和雕塑公园等。广州市重点恢复充实了市区主要公园的景点和景区,扩建了动物园、麓湖公园和流花西苑的浮丘等。桂林市新开辟了榕杉湖、江滨、叠彩、洑波、象山、穿山、西山、隐山等公园。福州市新建和扩建了乌山、于山、江心、五一罗星塔等公园。其他城市新建的公园还有:天津市海河公园,武汉市紫阳湖、莲花湖公园,济南市黑虎泉、青年公园,沈阳市南运河带状公园,大庆市儿童公园,吉林市龙潭山公园,芜湖市翠明公园,南昌市儿童、孺子牛公园,合肥市西山、河滨及环城公园,洪江市霞湖公园和西安市环城公园等。

1978 年 12 月 4 日至 10 日召开的全国城市园林绿化工作会议上提出:"要分级确定自然风景区。一些国内外著名的风景名胜、有独特的自然景观并有相当规模的风景区,如杭州西湖、无锡太湖、桂林山水、四川峨眉山、江西庐山、安徽黄山等,建议列为国家自然风景区。国家自然风景区范围,由所在省、市、自治区划定,报国务院审批。省级自然风景区范围,由所在地、县划定,报省、自治区、市、审批。自然风景区应设立专门管理机构,负责景区的保护管理和规划建设工作。"这次会议,对风景区的设立、保护、规划、建设、管理都提出了具体意见。随着国家建设总局的成立,及其职责的明确,中国的风景区工作就进入了正式实施阶段。1981

年 2 月 10 日,国家城市建设总局联合国务院环境保护领导小组、国家文物事业管理局、中国旅行游览事业管理总局,向国务院提交了《关于加强风景名胜保护管理工作的报告》,提出了对全国风景资源的调查、分级、范围划定、管理及开发建设等方面的意见。1982 年 5 月 4 日,国家城建总局与有关部门合并,组建成城乡建设环境保护部(1988 年 3 月 28 日又更名为建设部)。风景名胜区的业务工作,也随之转由该部负责主管。1982 年 10 月 28 日,城乡建设环境保护部联合文化部、国家旅游局向国务院提交了《关于审定第一批国家重点风景名胜区的请示》(以下简称《请示》)。1982 年 11 月 8 日,国务院正式发文批准同意该《请示》,设立了第一批国家重点风景名胜区 44 处。1988 年 8 月 1 日,国务院同意了《关于审定第二批国家重点风景名胜区的报告》,并正式公布了第二批国家重点风景名胜区 40 处。

6.5 巩固前进时期(1990—2009 年)

6.5.1 意识形态主线:精英意志与宏大叙事

从新中国成立初期的恢复建设、1950 年代"一边倒"学习苏联经验、在"绿化祖国"的号召下进行普遍绿化、"大跃进"(1958—1960 年)期间提出"大地园林化"始而寻求自主发展的道路、"文化大革命"(1966—1976 年)遭遇破坏与倒退、1978 年改革开放开创蒸蒸日上、蓬勃发展的新局面后,新中国的城市园林绿化事业已走过 40 多年的历程。中国当代园林自 1990 年代起进入稳固发展期,跨入新世纪之后更呈现出百花争艳的面貌。这一时期由于内外影响因素过多,发展过程极为复杂。

政策虽然明确、稳定,然而"内容"与"形式"分离。国家在风景园林的"内容"上仍有明确的、宏观的控制,但在"形式"上却逐步放手,没有诸如"民族的形式""中而新"等思想的约束。尽管在"内容"上有"国家园林城市""生态园林""节约型园林""风景园林与文化"政策与口号的指导,但实际操作中风景园林形式并未和内容一一对应,许多情况下,口号流于纸面。

各种的流派、风格、理论如过江之鲫,令人无所适从。西方的现代主义、后现代主义、结构主义、解构主义、极简主义等流派及思潮随着改革开放而涌入,当前中国的园林作品几乎可以看成是一幅融汇西方现代园林各种风格的集锦式画卷。同时,风景园林规划设计理论获得了前所未有的拓展:经济全球化导致地域文化的消退,为此而产生了地域景观、乡土景观、文化景观等理论;为缓解环境压力、增强其可持续发展的能力,出现节约型园林、低碳园林等理论;为保护和优化生态环境而产生"生态园林"理论;为应对灾难而产生避震减灾绿地理论等等。

各种的流派、风格、理论导致这个时期风景园林的审美标准发生了根本变化,趋于多样化,传统的园林美已不再是评判标准,甚至有意被忽略。照搬、模仿西方现代园林的某些成功作品,出现了形式混杂、风格摇摆不定等现象。

一些专家、设计师虽出了不少精品,但在整体层面上风景园林设计语言离"母语"越来越远了,大量出现"失语"现象:缺乏适合本行业的设计语言;缺乏反映本土文化特色及设计传统的设计语言。

6.5.2 阶段发展概况

1) 国家园林城市 1990 年代初,由建设部督导实施,在全国范围内开展了创建"国家园林城市"(简称"园林城市")的活动。受当代"绿色生态"思潮的影响,1990 年代初,建设部开展了创建"国家园林城市"的活动,以促进建设生态健全,具有本土文化特色,融审美、休闲、科教为一体的工作和生活环境。建设部于 1992 年制定了《园林城市评选标准(试行)》,并据此于当年 12 月 8 日正式命名了第一批"园林城市"——北京市、合肥市、珠海市。随后,陆续有杭州市、深圳市、马鞍山市、威海市、中山市等加入了"园林城市"的行列。至 2009 年年底,建设部共通过 11 次评选,命名了 139 个"园林城市"。为探索具有中国特色的城市环境建设的形式,1992 年以来建设行政主管部门制定标准,在全国倡导了创建"园林城市"的活动,取得一定的成果,产生较大的影响。这是风景园林事业在中国适时的新发展,值得认真地总结和思考。

(1) 园林城市的理念 《园林城市评选标准》颁布试行时共 10 条,1996 年完善、扩充为 12 条,主要对城市园林建设的生态效益提出了更多的要求。2000 年 5 月,建设部进一步制定了《国家园林城市标准》,包括组织管理、规划设计、景观保护、绿化建设、园林建设、生态建设、市政建设 7 个方面[33]。

首先,改善和优化城市生态环境。园林绿地依托自然山川,连成整体,容纳城市的主要自然因素和最广泛的植物种群及野生生物;承担濒危物种移地保护任务;成为城市生态的积极生产者,固化太阳能,促进生命物质的生长和良性循环,同时涵养水源、保持水土、调节小气候。

第二,创造城市风貌特色。绿地中包容的自然地理结构和地貌特征是城市所独有的;地带性植物及其构成的生态系统必然具有地方特色;历史文化遗存及其所处环境的优化,连同传统集景文化形成的景观骨架,将它们都组织进绿地系统中来,必将充分反映地方的文脉和特征。这些因素融合、交汇,连续反复,贯穿于市域,成为城市景观明亮的主旋律,形成城市独有的风貌特色。

第三,服务城市游憩休闲活动。健全的城市绿地系统布置和展开各种科学、科普、教育、文化、体育、健身、社会联谊、游乐等活动,以优良的自然条件和富于文化内涵的美景塑造人们向往的处所和就近方便利用的游憩空间。

(2) 园林城市的实施 许多城市根据自身条件和特点建设城市环境,取得丰富的经验,成为园林城市典型。共通的有五点:规划建设城市完整的绿地系统;明显改善城市生态状况;景观协调统一,城市风貌富于特色;形成城市游憩系统;健全管理机制。

"园林城市"是新中国成立以来"城市园林"建设的新模式,迄今 100 多个"园林城市"的实践,近 20 年来,创造了可观的环境效益、社会效益与经济效益,"园林城市"使园林真正参与到城市风貌、形象的营建过程中,使园林专业与城市规划、建筑专业之间的合作更为密切。

2) 节约型园林 面对日趋严峻的资源紧缺和生态环境问题,党的十六届三中全会及时地提出了建设资源节约型、环境友好型社会的战略方针,将人与自然的和谐作为我国社会经济可持续发展必须解决的首要问题。在建设"节约型社会"的背景下,2006 年住房和城乡建设部提出了建设"节约型园林"的号召,旨在扭转当前的园林绿化建设方向,促进园林绿化行业的可持续发展。通俗地讲,节约型城市园林绿地的建设原则就是"以最少的用地、最少的用水、最少的财政拨款与选择对周围生态环境最少干扰的绿化模式"[34],即"节地、节水、节财"。"节地"即加大节地型园林绿化的工作力度:第一,就是在保证城市绿化用地的前提下,要提高土地的利用率;第二,充分保留城市中的自然山坡林地、河湖水系、湿地等城市宝贵的生态资源及城市中的大树、古树;三是严格实施城市绿线管制制度,保护好现有的公园绿地,坚决查处占用绿地、改变绿地性质的行为。"节水"即大力开展节水型绿化:一是要加快研究和推广耐旱的树种和节水型植物群落,多培育和种植一些节水型植物,在规划阶段杜绝浪费,避免高价买绿、高价建绿、追求个人爱好、个人视觉效应的问题,纠正盲目用名贵树种、珍稀花木、奇特苗木问题等费钱又破坏生态的做法,造成城市园林树叶量增长缓慢;二是在干旱地区研究普及推广先进节水的滴灌技术以及中水回用、雨洪截留、污水上山就地回用等技术。"节财"即注重节约资金:一是要切实解决高价设计问题,不能盲目地"崇洋媚外";二是注意纠正高价买绿的问题。

俞孔坚教授认为通过生态设计来实现节约型城市园林绿地,"可以遵循地方性、保护与节约自然资源、让自然做功和显露自然四条基本的原理"[35]。俞孔坚教授在解释北京土人景观规划设计研究所的奥林匹克公园设计方案以"田"为设计策略的缘由时,指出"田"方案"以对土地的爱和虔诚态度,设计一个可持续的景观尊重自然,用最少的工程获得可持续的最大收益"[36]。《节约型城市园林绿地理论与实践》一文其中一个实例为沈阳建筑大学校园,该校园保留了一片基地原有的农田。这些方案与实例都是以节约型园林理论有关联。朱建宁教授扩充、细化了节约型园林的目标,认为应包含"节约资源和能源""改善生态与环境""促进人与自然的和谐"[37]这三个目标。

3)生态园林　生态园林是继承和发展传统园林的经验,遵循生态学的原理,建设多层次、多结构、多功能、科学的植物群落,建立人类、动物、植物相联系的新秩序,达到生态美、科学美、文化美和艺术美。以经济学为指导,强调直接经济效益、间接经济效益并重,应用系统工程发展园林,使生态、社会和经济效益同步发展,实现良性循环,为人类创造清洁、优美、文明的生态环境。

1986年5月,中国园林学会城市园林与园林植物两个学术委员会在温州市联合举行"城市绿化系统、植物造景与城市生态问题"学术研讨会,会上正式提出了生态园林概念。此后,《生态园林论文集》(1990)和《生态园林论文续集》(1993)陆续出版。程绪珂在两本论文集中都发表了对生态园林建设任务、目标、标准等内容的专论,并提出生态园林建设的6种类型:观赏型、环保型、保健型、知识型、生产型和文化环境型。1989年,上海市绿化委员会和上海市园林管理局将"生态园林研究与实施"列为科研课题,在居住区、庭院、工厂、绿地等地搞了26处试点,并设立了11个巡查点,注重景观与功能结合,强调环境的使用性、活动性、观赏性和保健性。1990年国务院发展研究中心国际技术经济研究所上海分所主办了全国生态园林研讨班。此后,越来越多的专家学者加入生态园林的研究队伍，像天津、石家庄、宁波、中山等一些城市也进行了实践探索。程绪珂在接受《风景园林》杂志采访时谈到生态园林建设"要打破狭隘的园林植物观""凡是植物，不论是蔬菜、果树、药材还是粮食都可以为我们园林所用"[38]。生态园林理论的建立和推广逐渐打破了"唯观赏论"和"狭隘的园林植物观"。

4）风景园林与文化　《现代汉语词典》将"文化"解释为"人类在社会历史发展过程中所创造的物质财富和精神财富的总和，特指精神财富"。"文化"分为广义的文化与狭义的文化。广义的文化，着眼于人类与一般动物，人类社会与自然界的本质区别，着眼于人类卓立于自然的独特的生存方式，其涵盖面非常广泛。狭义的文化排除人类社会——历史生活中关于物质创造活动及其结果的部分，专注于精神创造活动及其结果。

在当代，文化被提到前所未有的高度，原因有两点：一是文化产业带来经济的发展；二是全球化导致地域文化的消解。人们消费需求的重点普遍转向精神文化，即求新、求奇、求异、求美、求乐、求古。工业时代的以物质产品产业为重心的产业结构，逐步转向以精神文化产品、服务产业为重心的轻型产业结构。举办一次盛大的民族民俗传统文化节，收益可上千亿。文化渗透到产品服务中，带来巨大的文化附加值，品牌价值、无形价值大大超过产品成本价值。进入 1990 年代后，由于经济全球化的影响，城市面貌趋同和地域性文化消失成了人们关注的焦点。

风景园林也以自身的形式表达着与文化的关系。城市绿地在城市土地中占有巨大的份额，这个比例使它必然成为影响城市风貌的决定性因素之一[39]。现代风景园林的生态、景观、文化、休憩和减灾五大功能的定位，已经得到业内和社会的普遍认同[40]。以地域景观、乡土景观、文化景观等一系列与文化相关的研究课题应对地域性文化的消失。园林城市的理念进一步明确了绿地的文化功能：优化历史文化遗存及其所处环境，并连同传统集景文化形成的景观骨架，将它们都组织进绿地系统中来，充分反映地方的文脉和特征。

然而，对待风景园林与文化的关系，风景园林行业内并未达成一致的意见，概括起来有两种观点：一种以"文化展示"的手段处理风景园林与文化的关系；另一种以"文化景观"的理念表现风景园林与文化的关系。

（1）文化展示　以绿地为载体，从古籍或是典故传说中挖掘当地的历史文化，以景名或小品等形式再现在设计中，使方案"更具有文化"。绿地必须表达文化，这一政策性的命题几乎成了当代中国每个园林设计师在实践中都要面对的问题。绿地的"文化展示"现象可上溯到新中国成立初期对苏联"文化休息公园"的模仿;1990 年代后,在经济全球化的背景下,"文化展示"是应对地域性文化消失的一种理论探索;而近年来,"文化展示"却在"文化打造"的口号下逐渐发展为一种商业化的操作模式。

1990 年代以来,城市面貌趋同和地域性文化消失成了人们关注的焦点。绿地规划被置于更广泛的社会、文化背景下,从对自身园林传统的发掘转向对城市历史文化的挖掘。这种焦虑语境下产生的思路终究会使外在"文化展示"演化成一种"文化内涵",使绿地形态与城市文化环境紧密相融。然而,从"文化展示"向"文化内涵"演化的风景园林在尚未定型之前,却被目前一系列以"打造文化"为主旨的操作系统格式化了,失去了在那种焦虑语境下思考问题的创造力。

"打造文化"的口号多是由一些政府部门喊出来,其初衷固然是出于良好的愿望,然而最为明显的还是经济目的——发展旅游。政府早已意识到文化才是最重要的,是永恒的"经济增长点"。以历史文化来塑造城市形象,展示城市品牌,以文化氛围来凝聚人心,推动城市发展,早已成为城市决策者的一条重要思路。绿地以挖掘和再现历史文化为核心的规划理念与城市决策者发展旅游的营销主题不谋而合。从此,中国的绿地肩负起体现地方政治、几百年乃至上千年历史和文化等多方面的重任。

从 1950 年代展示社会主义到如今的"打造文化",一种"文化展示"的操作系统延续至今。如今,这种操作系统被设计得更加适合快速、大规模的生产,并在无形中构筑了中国当代风景园林的一种自我参照的系统。

一是形成了"文化展示"的口号——特色。中国目前急剧的全球化所带来的是空间环境特征的消失和地域文化的消解,"特色"一词无疑成为对抗全球化、提升城市影响力的一种口号。有研究者将形成城市特色的内容总结为"城市特色资源",即"从空间特征、文化特征、产业结构特征这三个方面来挖掘、提炼体现城市特色的资源要素"[41],其中无形的历史文化和有形的历史遗存是城市丰富的遗产,也是城市最富有灵魂的特色资源,包含历史事件、故事传说、风俗民情和传统文化等;城市的特色产业是宣传城市、塑造城市形象的重要因子。有时,自然资源也被列入城市的特色资源。比如,位于宁靖盐高速公路盐城西出口处的"鹤鹿同春"主题公园中高达 40 m 的主题雕塑(图 6.3)形象地传达了盐城的两大特色资源:丹顶鹤与麋鹿。当建筑师仍困惑于符号化的传统是否等同于"中国式"这一问题时,风景园林设计师则毫不犹豫地将"城市特色资源"转化为一种符号,一种区域文化的标签,以形成可见、易读的"特色"。从规划的角度来看,这的确是立竿见影的。

二是设计了"文化展示"的菜单——主题。中国古典园林的一个典型特征是以文学来加深环境的意境,文学性的点题使人通过想象完成意境的构筑,这种造园命景的传统范式在当代的形式即是"主题"。围绕着"主题"进行分区展示,形成纲举目张的规划思路,极具可操作性,通常分三步走:

图6.3 宁靖盐高速公路盐城西出口处的"鹤鹿同春"主题雕塑

宏观层面 绿地系统规划阶段将城市特色资源转换为分级分层的文化主题,对全市各类绿地按级别统一配置,将具有国际、国内影响的特色资源整合在大型公园绿地中(如市级综合公园、重要专类园以及滨水风光带等),而那些只对局部(省内或市内)产生影响的特色资源则在中小型公园绿地(区级公园、街旁绿地等)中体现。

中观层面 绿地的总体规划和详细规划阶段对绿地系统规划文件中所指定的主题进一步深化,拆解成若干子标题,以此为依据将全园划分为若干展示区,并提出每个区具体的展示内容、展示方式和设计风格。

微观层面 设计阶段依据上位规划文件的内容,以规定的风格、色彩和材质设计出具体的视觉形式,使"文化展示"的内容物质化、可视化。

以主题为构思主线的规划模式使绿地规划呈现出有序可循、有法可依的面貌,在政府包揽社会生活的一切方面的传统管理模式下,增强了设计师与甲方沟通的可能性,与欧美设计师"从细节入手"相比在技术层面上似乎更适合当前快速的城市化进程和中国的行业现状。

三是建构了"文化展示"的文法——叙事。传统文本被拆解成故事、事件、传说等形式,以某种线索(主题)展开叙述式的展示,并通过直接、模拟、抽象、隐喻和象征等手法以景观的形式加以展示,观众以阅读和活动参与的方式接受文化信息。如果将物质载体(或称为景观元素)、展示内容及艺术手段的关系加以总结,可形成表6.1。伴随旅游业的快速发展,绿地规划还吸收了游憩规划的思路,将传统和民俗文化体验、表演项目引入绿地,以传统、民俗表演和游人参与体验的方式展示城市的历史文化。

比如,上海苏州河畔的九子公园以上海弄堂中的 9 种传统游戏为主题,通过雕塑、活动、景观环境等方面的创意设计探索促进民俗文化再生和引起人们对上海历史文化的追忆,"让传统的游戏在公园里得到继承和发扬"[42]。用铸铜、花岗岩、彩钢板、彩钢管材料制作 9 座以玩游戏为模型的雕塑,公园外墙悬挂 9 幅不锈钢丝网画《弄堂里的记忆》,记录了上海的地缘文化风情。九子公园在主题的确立、传统文本的解释、设计手法的运用三方面无不体现出一种思维的流畅性和内容的易读性。"文化展示"在个体层面(单个绿地)上的确凸显了城市的历史文化。

表 6.1　物质载体、文化展示内容及艺术手段的关系表

物质载体类型	文化展示内容	艺术手段
雕塑:圆雕、浮雕	人物形象、事件情景、传说、符号	雕塑、立体构成
墙体:景观墙体、围墙、挡土墙	文字和图形为主:人物形象、事件情景、传统艺术、传说、文学艺术、符号、纹样	雕刻、立体构成
地面铺装	文字和图形为主:各种图形(地图等)、文字符号、事件情景、传说、纹样	雕刻
器物:具有文化象征意义的物品	某一历史时期的某种文化特色	展示
植物模纹	文字、图形、符号、纹样	修剪
园林建筑	仿生,某种建筑风格、符号、对联、诗词	建筑、雕刻
构筑物	某一历史景观的抽象形象	立体构成
地形	历史上记载的场地、岛屿或假山	掇山置石

尽管绿地的"文化展示"在理论上获得了多数专家的支持,在技术上具备了一套完整的操作模式,在实践中向人们宣传了城市文化,但对这一命题仍需进行理性的思考,因为"文化展示"整体层面上(绿地之间、城市之间、地区之间)衍生出文化主题泛滥、视觉形象雷同、工程造价增加和综合功能缺失等诸多问题。

首先,文化主题泛滥。大部分事物均贴上"文化"标签,如"茶文化""酒文化""运河文化"等。主题与场地之间也并非有着强烈的对应关系,对所在城市或区域他地文化的移植和借用,使当代的城市公园成为一个个集锦式的主题公园。

第二,视觉形象雷同。抛开各种主题式的命景,这些绿地实质上并无特色,反而加剧了城市、地区之间差异性的消失:首先,忽略场地自身的特色;其次,忽略风景园林本身的艺术性,环境塑造缺乏想象力和空间感;最

后,过度依赖雕刻、雕塑,视觉形态偏离自然。

第三,工程造价增加。展示的文化内容越多,小品数量越大,工程造价随之增加,尤其是为数众多的雕刻、雕塑,其设计费和施工造价相当可观。

第四,综合功能缺失。对文化主题表达的构思、主题的分区和景点名称的编造,替代了艰苦的工程技术分析和繁复的现场调研过程,只注重表面的文化特色而忽视绿地游憩、美化和生态的综合功能。

然而,这些问题的存在并未影响"文化展示""文化打造"在中国的推广,设计师面对短暂的设计周期和甲方领导的干预,与其将问题复杂化,不如采取从思路到内容都极为"中国式"的设计模式。如果将风景园林中的物质部分的某些形态作为体现"城市特色资源"的符号,一方面忽略了场地内前人在过去的岁月中创造的文化遗产(广义的文化);另一方面,片面地强调因再现历史而产生的审美愉悦,却抹杀了不同立地条件下园林物质形态的多种可能性。这是绿地"文化展示"思路的"盲点"所在,也是造成绿地面貌趋同的根本原因。

(2)文化景观 "文化景观"这一词自 1920 年代起即已普遍应用。美国地理学家索尔(Carl Ortwin Sauer)在 1925 年发表的著作《景观形志学》(*The Morphology of Landscape*)中,认为文化景观是人类文化作用于自然景观的结果,主张用实际观察地面景色来研究地理特征,通过文化景观来研究文化地理。1986 年,美国学者德伯里(H. J. De Blij)认为"文化景观包括人类对自然景观的所有可以辨认的改变,包括对地球表面及生物圈的种种改变"。澳大利亚学者泰勒(Ken Taylor)提出:我们周边的景观都是人们居住过、改造过并随时间变化的,这些身边的日常景观都可以称为文化景观,它们是人类干涉自然后留下的成果,也是人类活动、人类价值和意识形态的记录(图6.4)。中国现代人文地理学奠基人李旭旦教授认为,"文化景观是地球表面文化现象的复合体,它反映了一个地区的地理特征"[43]。

图6.4 梯田也是一种文化景观

对风景园林而言,其实践活动创造了有别于原始自然的人类生活境域,是实实在在的物质创造过程,应属于广义的文化范畴。但在这一过程中产生的指导思想、原则规范和价值取向等又形成了一套独特的思想体系,属于精神的范畴,可归于狭义的文化范畴。

可见,"解读'文化景观'是理解地域上曾经和正在生活的人们如何生存和改造世界的一种途径"[44]。保护和延续文化景观也就是保护和延续了特定地区和特定人类群体的文化,这与如今提倡的延续城市的记忆及尊重场所精神是一致的。风景园林对文化的表达应提倡维护设计场地内前人在过去的岁月中创造的文化遗产,延续场地上的"文化景观",这是一种文化展示,是更高层次的文化表达形式。王向荣教授在厦门园博园的规划中探讨了将场地上的鱼塘转换为展览花园和城市新区的可能性。俞孔坚教授主持设计的中山岐江公园在保留场地内那些早已被岁月侵蚀得面目全非的旧厂房和机器设备等"文化景观"的基础上,以一种"后工业时代园林"的设计语言保留和延续了场地的记忆。

1950 年代,上海利用一处遭受火灾的棚户区辟建为公园(现在的交通公园),如果按照今天的设计理念,火灾遗址很有可能被保留下来,作为一种城市记忆供人们记取。50 年前"园林结合生产",公园变成农田、鱼塘、果园,这与当时的政治环境、自然灾害等因素有关,而在当前,小麦、水稻、向日葵却是一种创意元素。文化景观的理念拓宽了园林设计的思路,丰富了设计语言,但也埋下隐患:传统园林美在逐步淡出,这为传统园林的延续增加了困难。

(3) 社会经济对园林的影响　首先是城市更新及新区的发展。在城市用地规划中,公园作为一种特殊用地,如同其他性质的用地一样,被划出方块孤立存在,有明确的红线范围。而公园的管理部门则以卖门票及游乐设施收费维持收支平衡,并以此"以园养园"。随着城市更新及新区的发展,公园绿地这种用地的界限在逐步变得模糊,孤立、有边界的公园正在溶解,而成为城市内各种性质用地之间以及内部的基质,并以简洁、生态化和开放的绿地形态,渗透到居住区、办公园区、产业园区内,并与城郊自然景观基质相融合。近年来的绿地规划实践中清晰地显示了这一点,如最新的南京玄武湖公园规划已不再是一个单纯的老公园改造项目,而是一个涉及区域发展的城市设计问题。公园绿地的溶解使公园在形态上从封闭走向开放,在功能上从单纯走向复合。其次是游憩产业的发展。游憩是现代人文社会的一个组成部分。凡人类游览、开阔眼界、增长知识、休假疗养、消遣娱乐、体育锻炼、探险猎奇、考察研究、宗教朝觐、出席会议、购物留念、品尝风味、文化交流以及探亲访友为目的的非定居活动，均可称为游憩活动。为市民提供良好的游憩环境是园林绿地的一种重要功能，随着人们对游憩的重视，园林绿地成为城市游憩景观系统的重要构成部分。吴承照教授的《从风景园林到游憩规划设计》一文从城市社会发展的角度提出传统风景园林在理论上要"从审美艺术理论走向大众生活游憩理论，从传统的美化生活走向健康生活，从客体走向主体，以人的精神需要、健康需要为目标""在方法上要以人的需要和游憩行为为依据进行规划设计；在内容上要从传统的园林绿地扩展到户外空间的规划设计，从局部地块转向整体系统，把体育、文化、娱乐、自然、教育等方面的游憩活动综合平衡"[45]。吴承照教授所分析的"游憩"是一种纯粹的日常生活需要。然而，当"游憩"产业化之后，性质就完全不同了，游憩产业已经成为世界经济发展的重要方向，是现今发展最迅速的经济部门之一。当前，对园林绿地产生巨大影响的并非吴承照先生分析的"游憩"，而是游憩产业。游憩产业在很大程度上改变着园林的功能和形态。

一方面风景园林出现"业态"内容。游憩产业本质是为了发展经济，园林一旦参与到这一产业链中，不可避免地吸收了一些商业内容。虽然，国家颁布的《公园设计规范》明确限定了园林绿地中商业设施的比例和对其分布位置的要求。然而，越来越多的商业街、星级酒店、休闲会所进入园林绿地，而且还占据着最好的观景点。有的城市甚至借公园改造的名义，在公园内加入商业设施。园林绿地难以被批准用于商业用途，便采用"商业＋绿化"的模式，在园林绿地周围大量布置商业设施，以园林环境带动商业项目。大量商业设施不仅有碍园林绿地的公共性，破坏了园林绿地应有的安静、自然的环境，还使园林设计语言在诸多口号、理念的包装下趋于时装化、建筑化。

同时，主题公园大量涌现。由于文化渗透到产品服务中，带来巨大的文化附加值，品牌价值、无形价值大大超过产品成本价值，催生了一种特殊的"公园"形式：主题公园。当前，中国各地的主题公园到了"泛滥"程度。据悉曹雪芹笔下的《红楼梦》大观园在华东就一下子冒出了7座，吴承恩笔下的《西游记》游乐宫全国竟有近40座，各类民族文化村、宫等主题公园更是数不胜数。无锡、武汉、河北、成都、山东等地投资开发了"水泊梁山"。继深圳之后，广州、杭州、长沙、上海等地也投资建设"世界之窗"。[46]上海几乎每个郊县都有3～5家，在上海至无锡不过150 km长的沪宁线两侧，就有20家左右的这类主题公园[47]。

主题公园不仅数量庞大,而且规模巨大。目前人造景观的开发建设投资超过亿元人民币的占 75％以上;圈地少则数公顷,多则数百公顷、有的超过 1 000 hm²。已建成的这类主题公园投资亿元、占地百公顷以上的超级项目全国有 20 多处;投资在亿元以下、千万元以上、占地可观的大项目更是星罗棋布。如成都世界乐园投资 2.3 亿元、占地 33.3 hm²;长沙世界之窗投资 3 亿元、占地 40 hm²;山东莱阳华夏酒都投资 3 亿元、占地 80 hm²。

许多主题公园从用地性质来看,已经不能算严格意义上的园林绿地,主题公园的泛滥不仅带来了风景园林的硬质化,也加剧了非主题公园类型园林的主题化现象,如今新建的综合性公园一般都带有主题性质。

(4)外来影响 经济全球化的过程早已开始,尤其是 1980 年代以后,特别是进入 1990 年代,世界经济全球化的进程大大加快了。1990 年代以前,"民族的形式"依然根深蒂固地影响着风景园林的面貌,之后的园林作品中外来的成分明显增加。

一是西方现代园林的影响。从设计风格的影响观察,随着信息时代的到来,"使人们更加轻而易举地随意摘取当今世界即时发生的以及历史上曾经出现过的所有样式"[47]。西方现代园林的各种风格在中国几乎都能找到实例,至少从作品的外在表象上看是如此。西方现代园林初期的典型特征是功能至上。到了当代,使用的重要性似乎受到了强烈的质疑,甚至退居到艺术性和生态性之后,有些园林流派是纯艺术或纯技术的园林。1960 年代以来,当代风景园林猛然进入到一个探索、反叛、多元化发展的时代,各种文化、理念、艺术思潮迅速占领了风景园林设计的高地,许多景观设计师贴上各种主义的标签,来宣扬自身的设计理念,与此同时由于技术和材料的发展,景观设计师可以借助的手段比以往更为复杂,无论从光影、色彩、音响、质感等材质方面,还是从地形、水体、植物、建筑、构筑物的形体方面,都创造了更丰富、更具视觉刺激感的园林。当代园林流派大致走向五个方向:

继承功能主义的园林,如解构主义园林(图 6.5)等;

反叛功能主义的园林,如后现代主义园林等;

中立于功能主义之外的、利用技术回归自然的园林,如生态主义

图 6.5 解构主义园林

园林、高技派园林、新材料园林等;

中立于功能主义之外的、重视艺术的园林,如雕塑艺术园林、大地艺术园林(图6.6)、极简主义园林(图6.7)、超现实主义园林、极多主义园林等;

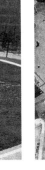

图 6.6　大地艺术园林　　　　图 6.7　极简主义园林

中立于功能主义之外的、立足继承文化的园林,如后工业景观的园林、批评性地方主义园林、历史文脉主义园林等[48]。

这些风景园林设计语言对中国的风景园林来说纯粹是"舶来品",国内多数设计师并不了解它们的生成背景、运用方法,所以往往被当作一种装饰的手段来模仿。从园林审美的角度考察,现代主义理论的基础是形式追随功能,强调理性、纯粹、秩序,少即是多。后现代主义理论强调建筑的复杂性与矛盾性,但最终演化为历史符号和图案的简单拼贴,多反而变成了少。目前全球化的环境与能源危机使得设计回归功能与理性本体,并关注生态与可持续发展问题[49]。这些思潮的变迁直接影响着中国当代的风景园林设计语言,改变着传统的园林美学,逐步向理性美学与伦理化美学转变。王向荣等认为:"今天,艺术的概念已经发生了相当大的变化,美已经不再是艺术的目的和评判艺术的标准,艺术形式层出不穷……""既然我们能够理解美不再是评判艺术的标准,我们也能够理解景观不再意味着如画,景观可以成为某种艺术思想的载体,它可以表现出多样的形式……"[50]。

理性美学起源于1920年代的现代主义运动,是由工业革命及其后果决定的。现代主义建筑在工业化和都市化的强烈冲击下,在批判传统与道德观念的重建中产生,有一定的社会主义理想和符合大机器生产的功

图 6.8　现代制造工艺展现一种理性的美

能主义理想。它最深刻的代表是柯布西耶的建筑实践和理论,它反常规、反传统,具有颠覆性和创造性,其人道主义立场、功能主义和机器美学的理论深远地影响了现代主义建筑进程。现代主义运动导致手工特征的消失,出于经济的需要,廉价和机械特征迫使设计师抛弃了手工特征的精湛技艺,赋予了产品另一种美学价值——理性美学(图 6.8)。秩序是理性美学的基础,来源于 17 世纪自然哲学体系,笛卡尔、伽利略、牛顿都将宇宙视为一个有序支配的无序的体系,追求潜在的秩序和实验科学的功能,超越了纯经验主义思想从而建立了基础秩序体系,现代主义依赖这一体系,将整个宇宙作为哲学系统,以知识和系统规律为基础,形成了现代美学明晰准确的特点,拒绝容忍那些近似的或定义模糊的东西,把无限丰富的种类减少到一定数量的典型形式,形成了简洁与纯粹的现代特征,产生了理性美学。理性美学更能适用于创造公众均好性场所的现代景观设计的需求,适应于中国城市景观中的场所设计。现代主义景观设计在 1950 年代的"哈佛革命"后形成,将功能作为设计的起点,从而使景观摆脱了某种美丽的图案或风景画式的先验主义,得以与场地和时代的现实状况相适应,赋予了景观设计以理性和更大的创作自由。

　　美学的变化仍在继续,后现代主义不仅没有使美学退回到古典符号的简单拼贴,今天却呈现出与古典美学越走越远的趋势。可持续发展的理念使得美学概念又一次发生了改变,形成了一种新的美学——伦理化美学。今天,景观及建筑学趋向于把解决人与自然的伦理关系作为设计基础,从而使设计考虑到景观建筑及其内外所有事务的全体性责任,并以此作为基础。这就使美的产生过程发生了变化,美来自内而不是外。也就是说,"我们必须深刻地探寻创立了某一事物与物质世界之间的美学联系的深层内部结构,再利用我们的发现,利用这种美学去赋予事物以形式"。[51]

　　伦理化美学把自然中的生态过程和生态现象看成是一种美学对象(图 6.9),从而产生了生态美。曾经危险的湿地在今天被认为是自然界最美丽的地方之一,这一态度变化来源于人们对于自然的伦理观念的变化。伦理化美学把景观营建中资源再生的过程也看成一种美学对象。与可持续设计所提倡的一样,减法的设计是伦理化美学的重要特征,这使人们重新认识到了极简主义理性美学中

图 6.9　伦理美崇尚纯自然的美

"最少介入"理念的价值。遵循伦理化美学的景观设计对解决当前中国面临的环境与能源危机具有现实意义,把传统景观审美过渡到伦理化美学的层面上,并与现代理性美学相结合,从而改变人们的认识,形成新的景观美学。

　　审美标准的改变同时也引发了一些问题,主要集中在两个方面:一是传统与现代的关系;二是风景园林是否还是一门艺术。这两个问题给中国当代风景园林带来了不容忽视的冲击。

　　理性美学和伦理化美学明显针对传统"美"的评判标准,有意将现代和传统对立起来,有意排斥传统的"如画"的构图法则,这在美学上否定了传统园林。

　　"美"的概念被置换,将审美倾向直接作为美学标准,并以个体意识替代群体意识。

　　弱化了风景园林作为一门空间、时间艺术的特征。被无限放大的"生态""节约"的理念,忽略了风景园林自身的艺术性。林潇指出:"一件好的景观设计作品,应该在满足生态和使用功能的同时,也是一件美的艺术作品。"[52]

　　二是城市化妆运动。俞孔坚教授认为时下流行的词语如"景观大道""城市亮化工程"代表了中国各城市曾经经历或正在经历的一场"城市美化运动"[53],更准确地说是"城市化妆运动"。其典型特征是唯视觉形式美而设计,为参观者或观众而美化,唯城市建设决策者或设计师的审美取向为美,强调纪念性与展示性,而结果是造成城市景观的非人化、异化。俞孔坚教授指出,"城市美化"是美国专栏作家马尔福德·罗宾逊(Charles Mulford Robinson)于 1903 年提出来的。1893 年芝加哥为举办

世博会用"美化"手段整治城市脏、乱、差取得较好效果。于是他想出这个专用词并写进文章。谁也想不到以后来便形成了"城市美化运动"。中国的"景观大道""城市亮化工程"就是"城市化妆运动"的典型表现。"景观大道"粗暴地划破了城市原有的细腻的肌理,破坏了社区的结构。几十年古老的街道被宽广大道替代,有时还在道路的交叉口设立巨大的雕塑,这是所谓的"对景"。同时,"城市亮化工程"使原本古朴的街区充斥着霓虹灯和各种装饰物,这一切导致了历史地段场所性和认同感的丧失。在城市化妆运动下诞生了一批为视觉形式而设计的园林绿地,这类园林随着生态园林、节约型园林和地域性园林理论的建立和普及,慢慢地在消退。

图6.10 国内某城市某境外公司作品

三是境外景观设计公司的涌入。随着中国步入全球经济一体化的进程加快,国际同行业间的有形壁垒也正在逐步消失,在千载难逢的机遇之下,众多知名境外设计公司纷纷抢占中国园林市场,并且凭借其成熟的市场运作模式和专业化管理及设计经验,迅速扩大自己的市场份额。由于西方发达国家的城市化水平已达到了70%以上,这些著名的境外景观设计公司在长期的城市建设参与过程中已经积累了相当丰富的设计经验,故在国内一些大型的国际性项目中频频中标,占据了国内园林界的高端市场,这无疑给中国本土的园林设计行业带来了巨大的冲击。各类"洋"派景观以其迥异多变的形式和精细的设计施工给国人带来了强烈的感官享受和心理冲击,从而也使"洋"设计在无形中具有了较高的认可度(图6.10)。[54]

境外公司在中国的作品一定程度上促进了风景园林的发展,比如美国易道(EDAW)公司是较早介入中国规划与景观设计市场的境外公司,做出了自己的探索,有着观念上的诉求,其设计的苏州金鸡湖项目获得了巨大的成功,成为中国当代城市景观参照的模板。"普遍的境外景观设计公司在中国的实践,缺乏针对中国问题的批判和观念上的思考,更多的切入点在于现实环境的设计和城市美化的角度,这与多数城市管理者的理念趋同,加之丰富的环境设计经验,促成了境外景观设计公司在中国商业上的成功。"[55]但同时应该看到并非所有的"洋"设计都能给人带来美好的视觉和心理享受。造价高昂、可操作性差、收费高是许多境外景观设计公司普遍存在的问题。更为严重的是,一些境外公司不顾当地的自然环境及地域文化,大搞各种版本的"欧陆风情",有时甚至在各地套用相同的图纸。

6.6　本章小结

从 1949 年起,新中国风景园林事业走过了近 70 年,获得了前所未有的发展,虽然过程是曲折的。国家的行业政策、社会经济等因素都深刻地影响着风景园林的发展方向。从本土化的角度观察,除去破坏阶段,前三个时期设计语言风格统一,明显显现出本土的特点,基本呈现出"薄洋厚中"面貌,三者有着一定的连续性。三个阶段主要是探索如何继承传统园林,但侧重点有所不同:

恢复、建设时期侧重于全面继承传统园林,虽然设计师已认识到传统园林的线形结构不利于大规模的公共游览,但设计师仍希望通过"园中园"的方式解决这一矛盾。

调整时期侧重于继承传统园林的理水技法,不仅继承"一池三山"的原型,还强调以水面的向心性加强全园的整体感。该阶段作品逐步显现出现代公园开敞的特点,在"民族的形式"的号召下,园林建筑描摹传统园林,较为复古。

蓬勃发展时期继承了调整时期的做法,进一步摆脱传统园林的结构特征,园林建筑显示出现代建筑的特征。抽象式园林开始出现,园林设计师开始注重平面布局图形的美感。该阶段,主题式园林开始流行,出现了新的"园中园"。

巩固前进时期还可细分为两个阶段,以 2000 年为分界线,1990 年代对传统园林有过一次探索,如太子湾公园,发展了"传统山水园＋西方自然式风景园"的模式。2000 年之后的风景园林设计语言便呈现出纷乱的现象,在设计语言运用方面设计师普遍缺乏思考,因而有了本书绪论中提到的"失语"现象,故而需要探索当代风景园林的本土化策略。

参考文献

[1] 赵纪军. 新中国园林政策与建设 60 年回眸(二)苏联经验[J]. 风景园林,2009(2):98-102.

[2] 柳尚华. 中国风景园林当代五十年 1949—1999[M]. 北京:中国建筑工业出版社,1999.

[3] 汪菊渊. 城市绿化、园林建设的回顾与展望[J]. 中国园林,1992(1):17-25.

[4] 林广思. 回顾与展望——中国 LA 学科教育研讨(2)[J]. 中国园林,2005(10):73-78.

[5] 汪菊渊. 园林学[G]//中国大百科全书出版社编辑部. 中国大百科全书/建筑园林城市规划. 北京:中国大百科全书出版社,1988.

[6] 陈有民. 纪念造园组(园林专业)创建五十周年[J]. 中国园林,2002(1):4-5.

[7] 陈植. 论"绿化"[C].//陈植造园文集. 北京:中国建筑工业出版社,1988.

[8] 林广思. 回顾与展望——中国 LA 学科教育研讨(1)[J]. 中国园林,2005(9):1-8.

[9] 中国农业百科全书总编辑委员会观赏园艺卷编辑委员会,中国农业百科全书编辑部. 中国农业百科全书·观赏园艺卷[M]. 北京:中国农业出版社,1996.

[10] 杜安,林广思. 俄罗斯风景园林专业教育概况[J]. 风景园林,2008(2):48-52.

[11] 程世抚. 关于绿地系统的三个问题[J]. 建筑学报,1957(7):11-13,38.

[12] [苏]别洛乌索夫·B. H. 等. 苏联城市规划设计手册[M]. 詹可生,王仲夫,等译. 北京:中国建筑工业出版社,1984.

[13] 北京建设史书编辑委员会编辑部. 建国以来的北京城市建设资料(五):房屋建筑(下册)[M]. 1992.

[14] 华揽洪. 重建中国——城市规划三十年(1949—1979)[M]. 李颖,译. 北京:生活·读书·新知三联书店,2006.

[15] 李敏. 中国现代公园——发展与评价[M]. 北京:北京科学技术出版社,1987.

[16] 赵纪军. 现代与传统对话——苏联文化休息公园设计理论对中国现代公园发展的影响[J]. 风景园林,2008(2):53-56.

[17] 同济大学,重庆建筑工程学院,武汉城市建设学院. 城市园林绿地规划[M]. 北京:中国建筑工业出版社,1982.

[18] 赵纪军. 新中国园林政策与建设 60 年回眸(一)——"中而新"[J]. 风景园林,2009(1):102-105.

[19] 邹德侬. 中国现代建筑史[M]. 天津:天津科学技术出版社,2001.

[20] 应若. 谈建筑中"社会主义内容,民族形式"的口号[J]. 建筑学报,1981(2):60-63.

[21] 周维权. 中国古典园林史[M]. 北京:清华大学出版社,1999.

[22] 北京市园林局.北京市陶然亭公园规划设计[J].建筑学报,1959(4):28.

[23] 袁镜身.关于创作新的建筑风格的几个问题[J].建筑学报,1959(1):38-40.

[24] 张永朱.十年来的园林修缮[G]//北京市园林局.北京市园林工作经验汇编(1949—1959).1960:61.

[25] 杨鸿勋.北京紫竹院公园南大门设计[J].建筑学报,1977(3):45.

[26] 铁铮.陈俊愉院士提出"文态"新概念——重提大地园林化,重视与弘扬文态建设[J].浙江林业,2002(3):1.

[27] 李敏.从田园城市到大地园林化——人类聚居环境绿色空间规划思想的发展[J].建筑学报,1995(6):10-14.

[28] 杭州市园林管理局.园林结合生产好,西湖风景面貌新[J].建筑学报,1976(1):44-48.

[29] 北京中山公园管理处园艺班.园林结合生产大有可为[J].建筑学报,1974(6):30-33.

[30] 北京北海景山公园管理处,云南林学院园林系.园林绿化结合生产[M].北京:中国建筑工业出版社,1979.

[31] 陶然亭公园志编纂委员会.陶然亭公园志[M].北京:北京林业出版社,1999.

[32] 《上海园林志》编纂委员会.上海园林志[M].上海:上海社会科学院出版社,2000.

[33] 国家园林城市标准[J].中国园林,2000(3):6-7.

[34] 仇保兴.开展节约型园林绿化促进城市可持续发展——在全国节约型园林绿化现场会上的讲话[R].2006.

[35] 俞孔坚.节约型城市园林绿地理论与实践[J].风景园林,2007(1):55-64.

[36] 俞孔坚,刘向军.走出传统禁锢的土地艺术:田[J].中国园林,2004(2):13-16.

[37] 朱建宁.促进人与自然和谐发展的节约型园林[J].中国园林,2009(2):78-82.

[38] 文桦.生态园林和谐城市的一条"自然之道"——访中国著名园林专家程绪珂[J].风景园林,2009(3):13-15.

[39] 王秉洛,谢凝高."20世纪我国工程科技最伟大的成就"中国风景园林学会推选项目[J].中国园林,2001(2):89-91.

[40] 刘秀晨.60年园林绿化回首[J].中国园林,2009(10):18-20.

[41] 王浩,徐英.城市绿地系统规划布局特色分析——以宿迁、临沂、盐城城市绿地系统规划为例[J].中国园林,2006(6):56-60.

[42] 吴承照,曾琳.以街旁绿地为载体再生传统民俗文化的途径——上海苏州河畔九子公园[J].城市规划学刊,2006(5):99-102.

[43] 汤茂林.文化景观的内涵及其研究进展[J].地理科学进展,2000(11):70-79.

[44] 林菁,王向荣.风景园林与文化[J].中国园林,2009(9):19-23.

[45] 吴承照.从风景园林到游憩规划设计[J].中国园林,1998(5):10-13.

[46] 朱建达.人造景观建设"当醒"[J].中国园林,1999(2):67-68.

[47] 刘晓都,孟岩,王辉.用"当代性"来思考和制造"中国式"[J].时代建筑,2006 (3):22-27.

[48] 李飞.1960 年代以来的当代园林流派[J].城市规划学刊,2005(3):95-102.

[49] 孔祥伟.关于中国当代景观现代性的探讨[J].景观设计,2006(2):10-13.

[50] 王向荣,林箐.现代景观的价值取向[J].中国园林,2003(1):4-11.

[51] Kieran S,Timberlake J.走向伦理化的美学[J].世界建筑,2005(4):25-27.

[52] 林潇.景观设计和艺术的讨论——兼与王向荣老师商榷[J].中国园林,2003 (4):62-63.

[53] 俞孔坚,李迪华.城市景观之路[M].北京:中国建筑工业出版社,2003.

[54] 相西如.挑战·机遇·对策——对境外设计机构大量涌入国内景观设计市场 的理性审视[J].技术与市场:园林工程,2005(3):15-16.

[55] 孔祥伟.论过去十年中的中国当代景观设计探索[J].景观设计学,2002(2): 18-22.

7 中国近现代风景园林发展主导线索分析(1840—2009 年)
——以公园为考察中心

　　在 1840 年以前的数千年中,中国发展出了极为完整和成熟的园林体系,但主要为帝王、王公、贵族、地主、富商、士大夫等少数人所享,缺乏真正意义上的公共园林。1840 年不仅是中国社会发展的重要转折点,也是中国造园史由古代到近代的转折,公园的出现便是明显的标志。由自建的第一个公园(齐齐哈尔龙沙公园,1904 年)算起,中国近现代公园的发展历史已逾百年。但中国公园并没有遵循西方公园的模式发展,而是始终与中国的社会现实相关,在不同的历史时期被掺入了各种意识形态内容,额外地承担了西方公园所不具备的诸多功能。如果将当代中西方公园进行横向比较,中国公园的空间形态、功能和主题均显得复杂而沉重,这不得不使人产生疑虑:中国公园(不包括具有政治含义的纪念性公园)是否偏离了公园应有的属性? 通过中国近现代公园建设的意识形态变迁考察,对这一问题从根源、现象和对策三个方面进行深层次的思考。

7.1　中国近现代公园建设的意识形态变迁规律

　　第 5、6 章的考察表明,中国近现代公园属于列斐伏尔(H. Lefebvre)笔下典型的"充斥着意识形态"[1]的空间,其产生和发展充分体现了不同历史阶段的意识形态差异和冲突。中国近现代公园充当意识形态的载体,在特定的历史条件下具有积极的意义,如普及了知识、促进了觉醒和丰富了生活,但也存在过重大的问题和教训。纵观整个变迁历程,一条主线贯穿全程:公园的真正主体——民众始终处于客体地位,与西方公园有着极大的区别。这促使笔者在总结意识形态变迁规律的基础上(图 7.1),以一个风景园林师的眼光,结合公园的原初属性,对中国近现代公园的属性进行深层思考。

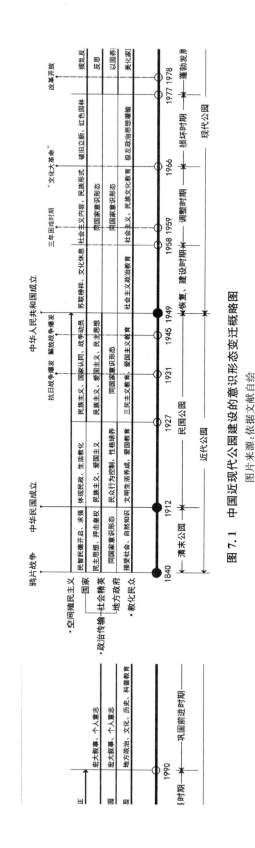

图 7.1 中国近现代公园建设的意识形态变迁概略图

图片来源：依据文献自绘

　　第一,意识形态内容取决于具体的社会环境和制度环境。西方的近代公园本身就是一个民主的产物,而中国的近代公园则是在半殖民地半封建社会的历史条件下引入的,两者产生之初的社会环境和制度环境迥异。在近代中国公共空间与公共领域缺失的历史条件下,公园聚集人群的特性使中国近代公园成为意识形态表达的载体和培植政治认同的工具,长期处于国家和精英团体的掌控之下,没有能够按照常规的路径发展,最终导致公园承载意识形态成为中国公园规划设计的一种传统与常态。由于意识形态受制于具体的社会环境和制度环境,作为意识形态载体的中国近代公园从产生之初便与国内重大的政治、社会、经济变革捆绑在一起,映射着中国各历史时期主流意识形态的变迁。

　　第二,国家意识形态灌输和精英意识形态主张交替出现。清末时,清王朝设立公园目的在于教化国民,学习西方文明,以图"求强",维系其统治。而进步精英则利用公园抨击皇权、宣传民主思想与反击外国殖民主义。北洋政府期间,军阀混战,政局不稳,精英在公园里的发声强于国家,利用公园促进民众民族主义和爱国精神的形成。国民政府期间,政府充分调动公园的各种元素传输政治符号,培植民众对政府的认同感,公园承载的国家意识形态内容多于各类精英团体的意志主张。新中国建立至"文革"结束,公园全面体现国家意识形态,精英与国家保持高度一致。改革开放后,国家不再向公园植入意识形态内容,而精英一方面主动在公园的规划设计中关照国家意识形态,另一方面其个人意志开始活跃。

　　第三,塑造理想公园和理想国民始终存在于变迁过程中。无论在哪个时期,精英始终表达着对理想公园的诉求。从李希文的《理想的学校公园》(1911)、陈植的《都市与公园论》(1928)、中山公园、文化休息公园、"结合生产"的公园、红色公园到无所不包、无所不能的当代公园,无不反映社会精英的"公园理想"。这些理想公园的共同点是以公园为媒介塑造理想国民,尽管各历史阶段理想国民的内涵和目标因国家和精英的意志而相去甚远。但"寓教于乐""游学一体化"的公园设计模式却因此而贯穿、主导整个中国近现代公园的规划设计史,至今仍是公园规划设计实践必不可少的要素。

7.2　公园的原初属性与功能

　　城市公园的产生有着特定的社会背景和动因[2]。18世纪产业革命带来了一系列环境及社会问题,如城市规模扩大、自然环境恶化、环境污染加剧及工业化体制对人们的身心造成压迫等。这些问题致使人们特别是工人阶级产生了亲近自然和休息娱乐的需求。政治力量又将满足工人阶级的这一需求视作一种民主的体现。当时兴起的功利理论认为"所有的行动都应该以使最多数人获得最大的幸福为目标"。民主思想和功利理论的影响促使民主政治领袖们开始考虑创建城市公园,并将公园运动作为该时期社会改革运动的内容之一。此外,新的科学理论证明了植物有利于人的身体健康,这一研究结论也引起了人们对公园的关注。

1830—1840年蔓延于欧洲大陆的大霍乱直接导致了世界上第一个公园——英国伯肯海德公园(Birkenhead Park,1847年)的产生。受其影响,1873年在美国诞生了真正对后世城市公园建设产生深远影响的纽约中央公园。该公园的设计者奥姆斯特德(Frederick Law Olmsted)将其描绘成城市中能将大量的人近距离集结到一起的唯一的场所。置身其中,"不管是穷人或是富人,年轻人或老年人……每个人的存在都使他人感到快乐"[3]。他还写道:"中央公园是上帝提供给成百上千疲愈的产业工人的一件精美的手工艺品,他们没有经济条件在夏天去乡村度假,在怀特山消遣上一两个月时间,但是在中央公园里却可以达到同样的效果而且容易做得到。"[4]19世纪中叶,美国纽约中央公园委员会报告认为,公园是提供给不同阶层的人们充分享受空间和美景的"最优之娱乐"场所,强调景致的奇特美丽和游人的平等待遇[2]。中央公园在建设时,一些捐助者千方百计要在公园中树碑立传,奥姆斯特德的合作者沃克斯(Calvert Vaux)联合艺术界人士写了一份报告,说明公园是为娱乐、舒适而建,不应该是一个阴森森的树碑立传之地[5]。欧美早期公园诞生的社会动因和公园的实践与认知都充分说明了自然属性、公平性、民主性及休闲性是公园设计的基本原则,公园的功能是为了改善城市环境和"缓解近现代工业社会制度化体制对人们构成的身心压抑,以利于身心健康"[6]。近170年来,欧美的城市公园尽管在形式和规模上已经发展出了多种类型,但在属性和功能上并未发生多少变化,那些老公园也只是在"适时更新"时适度增加了一些与时代特征、公园类型相适应的活动内容和设施。

从19世纪自建公园时起,中国公园的定义随着时代的变化不断更新。当前具有代表性的定义有两条:一是《大辞海》语词卷2对近代公园的定义,即"供公众游览休息的园林"[7];二是国内现行的《公园设计规范》(CJJ48-92)将公园定义为"供公众游览、观赏、休憩、开展科学文化及锻炼身体等活动,有较完善的设施和良好的绿化环境的公共绿地"[8]。这些定义表明中国的当代城市公园是为公众提供游憩功能并以植被为主要存在形态的开放空间,这与欧美公园的原初属性和功能基本接近,只是因学科、行业规范的不同而存在文字表述上的差异。

7.3 中国近现代公园属性的偏离

对比西方近代公园的原初功能及其近 170 年来恪守的原则,发现中国近现代公园因承载了过多意识形态内容而在公园的属性上有所偏离。

第一,基本职能错位。在中国近现代公园的发展历程中,作为教化场所和"类公共领域"的两大职能始终强于其基本职能——游憩功能。国家、政府、精英过分强化了公园的意识形态功能,传统中国人追求的"知山乐水""天人合一"等崇尚自然的游乐精神则被忽略。大部分民众去公园不过是想形神俱惫时,"得一游目骋怀之处,博取片时愉快"[9]。为了验证这一点,笔者于 2014 年设计了一个实验,利用相关分析法对南京主城区以公园为主的 18 个开放空间进行满意度影响因子分析,结果显示与满意度显著相关的因子为吸引力、整洁、美观、实用和安全,而历史文化因子却不在其列[10]。这在某种程度上反映了市民对于公园中那些说教式的教育并不在意,他们更关心的是公园里优质的日常游憩环境。当公园被政治团体作为讨论内部事务的场地时,由开放空间转化为了"类公共领域"。称其为"类",是因为公园并未真正成为普通民众表达公共舆论、批判公众事务的场所。作为国家、地方政府和精英意志传达的载体时,本应容纳丰富多样的户外生活、承载个体叙事的公园却转化为开展宏大叙事的舞台。公园基本职能的错位在殖民主义与民族主义冲突的时期确实起到了积极的作用,但总体来说挤压了民众的精神和娱乐空间,甚至还产生了公园里的社会冲突现象:公园提倡者的预期与民众期望的冲突、各种势力之间的冲突。

第二,使用主体被忽略。在改革开放以前的公园中,中国近现代公园的主体——民众总是处于精英们的塑造之下。民众被安排为政治思想、国家认同和政府意志传输的受众。但对于多数民众而言,公园是自由的场所,去公园不一定是接受文化和政治教育,放松、休闲才是真正的目的;而另一部分底层人士则希望借公园恢复体力或谋得一丝生计。两者都与建设、管理公园的精英人士和政府的意志存在很大差距。进入巩固前进时期后,民众在精英们主观的宏观前提假设和行而上学的"系统"思维、逻辑下,从公园主体的位置上被剥离了出去。自上而下制定的方案以先入为主的功能和用途划定束缚了民众公共活动的丰富性和多样性,形而上学的尺度和形式被用于塑造奇观、彰显政绩或满足设计师理念与技巧的表达。在当前公园规划设计的文本或管理部门的项目公示中,"将×××打造为集×××等多种功能于一体的×××",已成为一种放之四海而皆准的八股文式的表述模板。真实的主体却处于履行规划设计意图的被动客体地位[11]。近年来国内风景园林界兴起了使用后评价研究,其主题词显示了对使用主体的关注,但其操作是在研究者预设的条件下进行的,并不反映主体最直接的意愿。显然,公园主体只是一个因逻辑关系而必须存在的抽象概念,在公园的规划设计与管理过程中长期处于缺位的状态。

第三,民主决策缺失。强调平等待遇的西方公园在近代中国社会精英眼中是一种象征民主的事物,更是输送民主思想的载体。在实践中,公园也确实在一定程度上起到了培养民众民主精神和民主习惯的作用。但就公园属性而言,这种培养模式却有失民主:首先,民众在公园中参与的是社会精英精选的议题,大部分是政治团体内部的事务;其次,参与民主活动的民众多为有稳定收入,也比较有闲暇的中等阶层,绝大多数工人和农民是较少逛公园的;最后,公园中民主活动映射的是公园背后的社会精英组织和公权力之间的较量,并不体现民众的意愿。在近代中国公共空间、公共领域缺失的前提下,公园作为一种类公共领域而存在或许是历史的选择。但纵观上述各历史时期,公园功能的决定权自始至终没能由民众自己来掌握。即便是在今日,管理者、专业技术人员也只在理论上承认公众参与的重要性,在实际操作中市民未能真正参与公园规划设计、建设与管理的决策过程。唯一的公众参与渠道——"项目公示"提供的不过是一种事后的、间接的参与形式,这在谢里·阿恩斯坦(Sherry Arnstein)的"公众参与阶梯"中属于"象征性参与"。这不得不说是民主决策的缺失,也是与西方公园相比中国公园现代化进程中薄弱的一环。

第四,设计与自然脱离。意识形态的表达需要落实到具体的承载物。从形态上来说,强调营造自然风景的公园尊重自然、保护自然,较少人工的因素,因而缺乏表现意识形态的手段,正如西方的公园重视自然环境的塑造和生态环境的保护,极少将公园的形态用于传递某种信息。相比之下,中国近现代公园大到空间布局,小到构成要素无不展现教化、政治的内容,归结起来有三种形式:一是空间布局的象形化,如 1925 年开放的京兆公园"画地为图、以石代山、以草代水、以花木辨其国土,以旗帜志其国名"[12],再如北京奥林匹克森林公园中的"龙形水系"取"水不在深,有龙则灵"的文化含义,向世界展现了中国的龙图腾;二是构成要素的建筑化,如各历史时期的公园中充斥着各类商业、文化、娱乐建筑;三是园林小品的雕塑化,将意识形态内容转换成符号、图形和文字,以直接、模拟、抽象、隐喻和象征等手法[13],通过对植物模纹、雕塑、墙体、柱体及铺装的镌刻、雕琢加以展现。这无疑将公园设计的兴趣点引向了硬质景观或设施,而忽视了对自然美的追求、对动植物的保护及人们回归自然的愿望。

7.4 本章小结

通过对中国近现代公园建设的意识形态变迁的整理和爬梳,揭示了中国近现代公园偏离了其本质属性的客观事实,同时也表明这种属性的偏差与中国近现代特定的社会环境和制度环境有关。但如今,鸦片战争到1970年代之间的历史语境早已远去,公园失去了职能越位的必要性。公共领域的发展使国家和精英也无须再以公园来塑造理想国民,更不应使其成为精英个人意志主张的载体。而现今的人们面对激烈的社会竞争和生存压力,生活得并不轻松,慢性疲劳、亚健康和心理问题日渐突出。缓解这些问题正是建立公园的原初价值所在。

随着中国市民社会的发展,学界对日常生活研究的兴起,公园的管理者、设计者对公园原初属性的回归应有充分的认知:

一是回归日常生活,即公园"权利的大众化、市民化"[14]。公园的规划设计应转变宏大叙事的姿态,回归对市民日常生活的关照:空间尺度贴近市民生活,使用功能体现市民意愿,文化建设反映市民文化。公园建设的决策程序打破当前政府部门包办一切社会生活的模式,广泛吸收市民全程参与、监督,最大限度地使公园与市民的日常游憩直接相关。

二是回归自然,少一点虚妄和设计之意[15]。自然景色令公园成为城市生活中不可缺少的"解毒剂"。在奥姆斯特德看来,人眼摄入过多的人工制造物的景象会影响人的心智和神经,以至整个人体系统,而自然的景观可以把人从严酷、拘束不堪的城市生活中解脱出来,它能清洗和愉悦人的眼睛,由眼至脑、由脑至心[16]。简而言之,住在城里仍可领略优美的自然风光、换换空气、提提精神,这就是城市中设立公园的理由,也是美国纽约中央公园恪守百年的信条。

参考文献

[1] 吴宁.列斐伏尔的城市空间社会学理论及其中国意义[J].社会,2008(2)：112-127,222.

[2] 江俊浩.从国外公园发展历程看我国公园系统化建设[J].华中建筑,2008,(11)：159-163.

[3] 加文 A,贝伦斯 G.城市公园与开放空间规划设计[M].李明,胡迅,译.北京：中国建筑工业出版社,2007：3.

[4] Rybczynski W,陈伟新,Gallagher M.纽约中央公园 150 年演进历程[J].国外城市规划,2004(2)：65-70.

[5] 汤影梅.纽约中央公园[J].中国园林,1994(4)：38-41.

[6] 陈蕴茜.论清末民国旅游娱乐空间的变化——以公园为中心的考察[J].史林,2004(5)：93-100,124.

[7] 夏征农,陈至立主编,大辞海编辑委员会编纂.大辞海语词卷 2[M].上海辞书出版社,2011：1119

[8] 北京市园林局.公园设计规范(CJJ48-92)[S].北京：建筑工业出版社,1992：28.

[9] 李德英.公园里的社会冲突——以近代成都城市公园为例[J].史林,2003(1)：1-11,123.

[10] 张帆,邱冰,万长江.城市开放空间满意度的影响因子研究——以南京主城区为分析对象[J].现代城市研究,2014(8)：49-55.

[11] 陈锋.城市广场公共空间市民社会[J].城市规划,2003(9)：56-62.

[12] 王炜.近代北京公园开放与公共空间的拓展[J].北京社会科学,2008(2)：52-57.

[13] 邱冰,张帆.略评中国当代园林设计中的"失语"现象[J].建筑学报,2010(6)：18-22.

[14] 张鸿雁.城市空间的社会与"城市文化资本"论——城市公共空间市民属性研究[J].城市问题,2005(5)：2-8.

[15] 张帆,邱冰."拟像"视角下城市"千景一面"的深层解读[J].城市问题,2013(11)：14-18.

[16] 陈英瑾.人与自然的共存——纽约中央公园设计的第二自然主题[J].世界建筑,2003(4)：86-89.

8 中国现代风景园林设计语言的演化
（1949—2009 年）

由于篇幅所限,仅对各发展阶段有代表性的作品进行分析,找出其中规律性的内容,研究中国现代风景园林设计语言的演化规律,各阶段设计语言本土化程度生成方式,典型的词汇及语法等。

8.1 恢复、建设时期(1949—1957 年)

8.1.1 典型作品

1) 改造作品 上海市利用新中国成立前建的高尔夫球场规划建设了西郊公园,利用官僚资本家的私人花园扩建了桂林公园、复兴公园等。北京的卧佛寺、潭柘寺、戒台寺、八大处、碧云寺等寺庙园林经过整修后,向群众开放。天津接收了原租界在内的公园 6 处,将其全部向群众开放。南京在原玄武湖公园的基础上,于 1954 年开始大规模改造,还将明故宫午门遗址改建成午朝门小游园。

(1) 上海复兴公园:上海复兴公园最初为"顾家宅花园"。1909 年法国人将顾家宅花园改建为公园,扩展土地,设置花、树坛,垒砌假山,修建亭廊,取名"顾家宅公园",也称"法国公园"。1945 年抗日战争胜利后,"法国公园"改名为"复兴公园",面向广大市民开放。新中国成立后,政府又在公园内新建、扩建各类游乐服务设施,但基本维持原貌。复兴公园属区级综合性公园,面积 9 hm²。复兴公园实为一座法国式公园,基调为规则式园林布局,偏西南部递变呈自然式。全园共分 3 个区:规则式景区、自然式景区和活动区。规则式景区位于公园北半部,由按轴线对称布置的草坪花坛、林荫路和喷泉构成(图 8.1);自然式景区位于公园南半部,是以溪流、山石、荷塘、亭榭为主的传统园林景区(图 8.2);活动区位于公园中部,东侧有游泳池、电动玩具、文娱室;西侧有餐厅、小卖部、展览温室和儿童园。新中国成立前的复兴公园在形式上是法国园林与中国传统园

图 8.1　复兴公园中的规则式景区

图 8.2　复兴公园中的自然式景区

林的简单拼贴,通过大草坪予以过渡,功能上由于新中国成立后的改建融入了文化休息公园的内容,但基本维持了原有风格。新添加的建筑大多为1960年代建造,虽带有明显的传统色彩但与自然式景区原有的园林建筑有较大的差异,前者采用了新材料、新工艺,在吸收传统的基础上简化、创新。

(2)南京午朝门小游园:原址为南京明故宫午门遗址。明故宫系明洪武初年(1366—1367年)填燕雀湖所建,规模宏大,午朝门毁于清咸丰、同治年间的兵燹中。现仅有园内五龙桥尚系明代遗物。现有的许多石础、石刻为整理时出土,陈列于奉天门残基上供游人参观,1956年明故宫遗迹被列为省级文物保护单位[1]。午朝门公园位于南京市中山东路与通往机场的御道街丁字交叉处,面积3.34 hm²。附近机关、学校、工厂较多,为了给居民创造方便的游憩条件,同时结合文物保护,于1953年开始进行绿化,1956年正式开放。该公园在规划时突出保护"遗址",同时也陈列了少量明代石刻。根据这个特点,公园布局按午门、五龙桥、奉天门遗址格局作有明显轴线的整形构图形式,穿插明代浮雕、石刻。如石狮、石刻、石碑、柱础,方孝孺血迹碑等,以增添公园内容。在植物配置方面,主景午朝门用蔓生植物美化,以桧柏、雪松作为前景。公园周边植以银杏、桧柏等高大乔木,并和灌木分层配置形成绿墙,隔离车道噪音,造成一个比较安静的封闭空间,内部以草坪和爬地柏等矮生灌木衬托和保护故宫的巨大石柱础(图8.3)。这样既可保持环境的幽静,又可使游人在视

图8.3　午朝门公园内的石柱础

线不受阻挡的情况下,由石柱础的全貌联想到明故宫的雄伟,使游人在游园的同时受到历史的教育。

2) 新建作品　在此期内,北京市新建了陶然亭、东单、什刹海、官园、宣武、紫竹苑等公园。广州市新辟了动物园、黄花岗烈士陵园和二沙头体育公园等。上海市利用废弃荒芜场地建设了蓬莱、海伦公园等;利用破旧房屋拆迁地改建成淮海、南丹公园等;利用水洼和沼泽地,改造建设了杨浦公园;利用一处遭受火灾的棚户区遗址建成了交通公园等。南京市新建了绣球、太平、九华山(覆舟山)、栖霞山、燕子矶、头台洞、二台洞、三台洞等多处区级公园。哈尔滨市新建了哈尔滨公园(今为动物园)、斯大林公园、儿童公园、道外公园、香坊公园、水上体育公园和太阳岛公园等。其他城市新建的公园还有:天津市水上公园,沈阳市南湖、北陵公园,南宁市人民公园,贵阳市黔灵公园,武汉市解放、青山、汉阳公园和东湖听涛区,大连市老虎滩、友谊、金家街公园,郑州市碧沙岗公园,杭州市花港观鱼公园,南昌市人民公园,合肥市逍遥津公园,太原市迎泽公园等等。这些新建公园的规划设计主要受苏联文化休息公园理论影响,大都参照苏联公园的规划指标,按功能要求进行分区,参照绿地、道路广场、建筑和其他的用地比例要求进行详细设计。

(1) 北京陶然亭公园:以北京城南隅的燕京名胜陶然亭为中心修建的一座城市园林。陶然亭公园位于北京市南二环陶然桥西北侧,1952年建园,面积56.56 hm²,其中水面16.15 hm²,它是中华人民共和国成立后首都北京最早兴建的一座现代园林。陶然亭公园原址为燕京名胜,年代久远,史迹斑驳,有陶然亭、慈悲庵、抱冰堂和龙泉等人文资源。秀丽的园林风光,丰富的文化内涵,光辉的革命史迹,使公园具有良好的立地条件。在城市总体规划中,陶然亭与先农坛、天坛和龙潭共同组成文化休息公园,陶然亭被定位以山水风景为主的文化休息公园(图8.4),并适当安排一些一般性的文化娱乐活动设备。公园按文化休息公园模式分为5个区。成人游戏区有旱冰场、大型旋转滑梯、电动飞机等设施;儿童活动区设儿童阅览室、活动室、玩具器械和以红军长征为题材布置的障碍游戏设施;文娱活动区有俱乐部、文化剧场、露地舞池、展览室等;安静休息区湖面曲折,丘陵起伏,树林茂密,辟有标本园、月季园和钓鱼池;还有园务管理区。

陶然亭有以下特点:采用自然山水园的布局,尽量利用原地形,局部堆叠山石,布置山路;游人的活动内容(文化休息)是全园的构图中心;大草坪、宽阔的道路被引入园内;植物配置沿袭传统,建筑以针叶类植物衬托,这是北方皇家园林的特点。

图 8.4　陶然亭公园以山水风景为主

　　(2) 天津水上公园:以水景为特色,以水上活动为主要内容的综合性公园,面积约 200 hm²,其中水面积将近一半,是天津市最大的综合性公园。原址是一片取土烧砖的窑坑洼地,位于天津市区西南,距市中心约 5.5 km,1950 年起被辟建为公园,逐年充实,园林花木近 200 个品种。公园结合水潭洼地众多的特点,利用原有地形、地貌,因势随形,以挖作填,按照规划要求,填垫成地面和土山丘陵,构成南北大片陆地、东西两潭湖水,南部水湾蜿蜒曲折,湖中留岛,岛中设湖,湖中岛屿由桥梁与园路连接成一个整体(图 8.5)。

图 8.5　天津水上公园的人工湖

公园大致分为四大区。文体活动区设有组织游园活动和露天演出的文娱广场和儿童乐园、游泳场等,还有临水建筑的小卖部、冷饮部、茶室等设施。原有展览馆作为展览中心使用。游览休息区由翠亭洲、红莲岛、园中园等岛屿和植物区组成,位于公园中部。动物园区主要为科普与游憩场地,位于公园南部,既有其完整独立性(对外称天津动物园),又是水上公园的组成部分。后勤管理区由于面积大,采用集中与分散相结合的管理方式。

(3) 杭州市花港观鱼公园:西湖十景之一,位于西湖西南角,始建于1952 年,在原有花港的基础上,括进了附近的旧庄园、水田、坟地,逐步建成了面积为 18 hm² 的公园(图 8.6)。公园主要是为市民提供宁静的休息场所;同时平衡西湖南北片的风景内容,以减轻北片(灵隐、玉泉、岳坟、孤山一带)游人拥挤的局面;恢复和发展历史上形成的久为人民所喜爱的“花港观鱼”古迹,并扩大金鱼园,增设牡丹园,开辟花港,“大大超过以往的成就,把人民对于祖国园林的美好理想体现出来”[2]。公园原有地形,大体可从划分为东部、中部、西部三部分。根据原有地形的特点,将公园大体划分为草坪、鱼池、牡丹园、丛林、花港和疏林草地等 6 个景区。

图 8.6　花港观鱼的鱼池

(4) 广州兰圃:是一个培植兰花的专类性公园。公园原址是一片荒地,1951 年辟为小型植物标本园,1953 年改建成兰圃。除供游人赏兰游憩外,还可作植物学专业的学生和中小学生的实习课堂。面积 5 km²,为宽 85 m,长 500 m 的狭长方形。兰圃位于广州市越秀山西麓,广交会(国际贸易中心)之旁,北靠环市路,南对广州体育馆,地处闹市包围之中。园地周围,交通频繁,环境嘈杂,尘土飞扬,造园的基础条件较差。后经一番精心规划设计和经营,不但克服了地段的不利因素,且借传统造园方法,创造出了一处极富情趣的平地园林。除了在全园周边以竹丛蔽外隐内,还进行分区处理,通过这四个景色不同的景区组合、空间的开合,运用先抑后扬,再抑再扬的空间对比手法,构成含蓄隐秀的园林风格(图 8.7)。

图 8.7　兰圃公园中的竹篱茅舍

(5) 上海交通公园:原址是一块人口稠密的棚户区,1955 年在火灾后的废墟上建成公园,以后又遭破坏,重建后于 1978 年年底开放。公园位于上海火车站西南面,地处交通路附近而得名。公园面积 1.57 hm²,其南墙外是沪杭、沪宁铁路,东、西、北三面与工厂、民房毗连,北面正对徐家宅支路,是公园唯一的出入口通道。整个公园处于喧嚣的铁路、高大的厂房和杂乱无章的民房的层层包围之中。公园属区级小型公共绿地,主要的服务对象是附近的老人和青少年。公园布局简单新颖,一改上海一般公园的常规,不挖湖池、不掇假山、不叠山石,以绿化为主,只作局部的地形处理,因而节约了投资。园地平面呈狭长的"一"字形(图 8.8),南北窄、东西长,大门设于北面正中。以大门为界,规划为两个区,东面为青少年活动区,设置儿童游戏器械和休息廊。西面为安静休息区,满足老年人打拳、散步、休憩、看报、赏花等要求,设置休息廊、棚架、报廊、花坛、雕塑

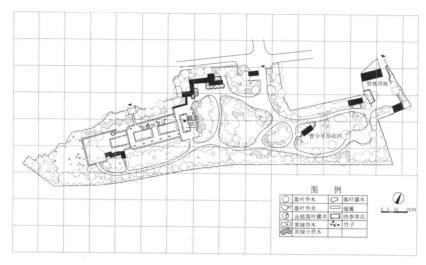

图 8.8　上海交通公园的平面布局

等。公园管理用地设在东端,有单独出入口,为交通公园和区绿地组、行道树养护组三个单位合用,占地较大。

（6）天津桂林路小游园:该园于 1957 年建成,位于市内旧居住区,地势平坦,略呈方形,西、北两边临街,东、南面紧靠二层住宅的山墙,面积 0.082 hm²。在小游园周围半径 300 m 范围内,主要是居民住宅,没有影剧院等娱乐场所,所临的成都道是迎宾干道,所以该园属于居住区内公共绿地,又负有装饰街景作用(图 8.9)。桂林路小游园为满足居民游憩活动的需要和美化街景的要求,采用开敞式布局,以自然式道路贯穿全园,并尽量保留好园地内原有的大树,把它组织到整体构图之中。全园有 62％的面积可供游人进入活动。在花坛区后面是一块有高大乔木覆盖着的空地,这里主要供老年人早晚打拳、做操和儿童游戏,并设置了专供学龄前儿童玩耍的一组大象造型滑梯和四件幼儿摇马。利用两座山墙之间的矮墙,布置成宣传栏。桂林路小游园是居民区中"见缝插绿"建成的小型园林(邮票绿地),有投资少、建设快,方便群众的特点。在设计中,由于充分利用旧料,采用了一部分城市绿化剔密的树木,造价比较低,投资 7 元/m²。建成后,春夏秋三季日游人量 2000 人左右,平均在园人数 76 人,平均每人活动面积为 10.9 m² 米,最高在园人数 147 人,使用率是相当高的。游人中儿童占 32％以上。该园在当时是一个深受群众欢迎的小游园。

图8.9 天津桂林路小游园沿街立面

8.1.2 设计语言抽样分析

1) 天津水上公园 总体上采用自然山水园的布局,入口及重要区域,建筑、场地按轴线布局,延续了皇家园林利用制高点建筑控制全园的手法,以眺园亭为全园制高点加强公园的整体性,植物配置遵循传统。天津水上公园依据原有地形地貌,因地制宜地使用自然山水园的布局,并合理利用轴线及制高点的方法,在园林规模过大的情况下加强了园林的整体性,是该阶段的一个代表性作品,设计语言分析见表8.1。

表8.1 天津水上公园设计语言分析表

句法分析	结构语言	空间原型	自然山水园模式,并有互含互否的关系(图8.10)
		景区布局	分区围绕水面按不同功能进行布局,功能区域与周边环境相关,比如文化娱乐区靠近城市道路,而休息区则处于公园内部
		视线结构	对景、借景为主;以轴线和制高点控制视线(图8.11)
		游览路线	自由流畅的套环式布局(图8.11)
	句法来源		整体结构来源于苏联文化休息公园;部分语句、语段来源于中国皇家园林
	句法特征	结构特征	秩序感较强的整体性结构
		秩序	运用长距离轴线控制空间;设置控制全园的制高点。轴线是当时苏联文化休息公园常用的句法;而利用制高点形成仰视和俯视效果是皇家园林常用的句法
		时态	一定程度上再现了皇家园林的句法

词法分析	典型词汇	物质性词汇	岛、堤、桥、大草坪、山石、亭(图 8.12)
		形式词汇	自由曲线、折线、对称几何图形(图 8.13)
	词汇来源		草坪、几何花坛等源自苏联文化休息公园;岛、堤、桥、大草坪、山石、亭等源自皇家园林
	词法特征	词形处理	部分词汇有一定程度的简化处理
		词组整合	具有控制性的典型词组,如高处的亭、深入水面的亭等
		词义	表现新中国人民丰富的文化生活;建筑与环境紧密相融

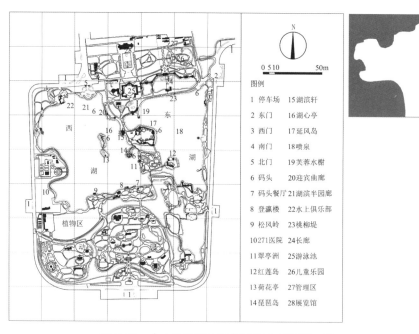

图 8.10　水上公园的空间原型与传统园林一致

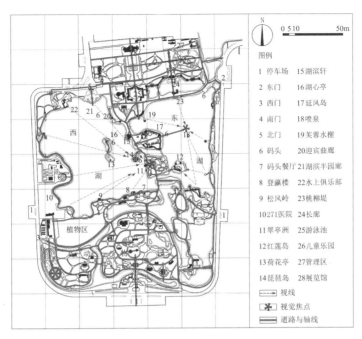

图 8.11 水上公园的道路、轴线、视线结构

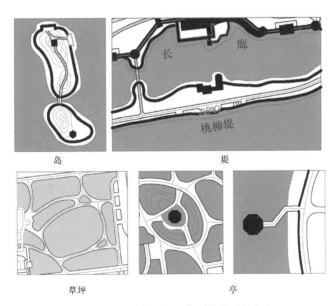

图 8.12 天津水上公园典型的物质性词汇

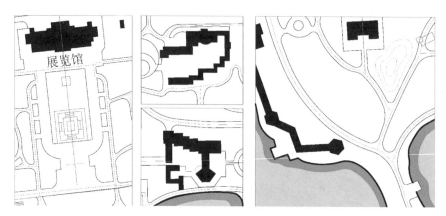

图 8.13　水上公园的形式词汇

2) 杭州市花港观鱼公园　充分利用原有地形地貌及文化资源,做适当改造整理,有意识地处理草坪等外来园林词汇与传统园林词汇之间的关系,采用并置对比的手法。传统园林部分由明显的"园中园"形态,大量使用传统园林手法,外来园林词汇也按传统园林手法加工。花港观鱼公园延续传统造园手法,吸纳西方现代公园设计理念,是这一时期的代表作。其功能定位、空间布局、建筑布局及水体处理等都充分体现了传统延续、中西结合的特点(图 8.14),设计语言分析见表 8.2。

表 8.2　花港观鱼公园设计语言分析表

句法分析	结构语言	空间原型	一池三山(图 8.14)
		景区布局	按场地原有地形、人文景点、植被等特点布局,内向性空间与外向性空间并置
		视线结构	对景、借景、漏景为主,接近传统园林的视线结构(图 8.15)
	句法来源	游览路线	自由流畅的套环式布局为主,局部仿照江南私家园林
			整体结构来源于场地自身及英国自然风景式园林,部分语句、语段来源于中国江南私家园林。由于花港观鱼公园没有文化娱乐设施,因此在空间句法上更贴近于风景园,不带有文化公园常有的纪念性和游乐园气氛

续　表

句法分析	句法特征	结构特征	秩序感较弱,结构特征接近于传统园林
		秩序	大量采用借景、对景和框景;利用大草坪、疏林草地的开敞与局部封闭空间形成强烈对比。比如草坪与金鱼池在空间上的对比,实际是"园中园"的处理方法
		时态	再现了江南私家园林的句法
		兼容性	恢复了历史景点,利用、整理了原有地形
词法分析	典型词汇	物质性词汇	大草坪、山石、亭、名贵花卉、雪松、鱼池(图 8.16)
		形式词汇	自由曲线,传统园林式的折线
	词汇来源	主要来源	主要来源于私家园林及英国风景园
		其他艺术的词汇	诗句——"花家山下流花港,花著鱼身鱼嘬花"
		场地词汇	花港景点、原有植被
	词法特征	词形处理	根据功能作了简化处理,比如堆假山地形时降低高度以减少土方;对外来词汇作本土化处理,比如在草坪上增加封闭的桂花林,以增加空间层次
		词组整合	植物与山石的搭配方式吸取"梅边之石宜古,松下之石宜拙,竹旁之石宜瘦"的国画要领
		词义	把人民对于祖国园林的美好理想体现出来

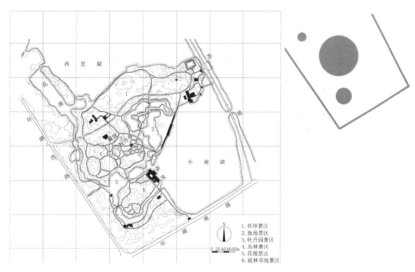

图 8.14　花港观鱼公园的空间原型

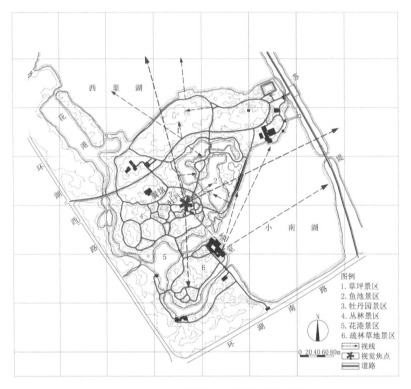

图 8.15　花港观鱼公园的道路、视线结构

图 8.16　花港观鱼公园的物质性词汇

　　3) 上海交通公园　上海交通公园的设计展现出了一些信息:园林小品、花坛等硬质景观的布局明显结合了周围环境边界的形状,用了对位的方法;文化休息公园的功能分区与传统造园手法相结合:以自然微地形作为分隔空间的要素,本身也作为对景存在。设计语言分析见表8.3。

表 8.3　上海交通公园设计语言分析表

		空间原型	无
句法分析	结构语言	景区布局	按文化休憩公园布局,动静分区
		视线结构	对景、挡景为主,接近传统园林的视线结构(图 8.17、图 8.18)
		游览路线	自由流畅的套环式布局(图 8.17)
	句法来源		整体结构来源于苏联文化休息公园;部分语句、语段来源于中国传统园林
	句法特征	结构特征	有一定秩序感,结构特征接近于传统园林
		秩序	大量采用对景、挡景;利用草坪、规则式花坛的开敞与局部封闭空间形成强烈对比。园林小品、花坛等硬质景观的布局明显结合了周围环境边界的形状,用了对位的方法。文化休息公园的功能分区与传统造园手法相结合:以自然微地形作为分隔空间的要素,本身也作为对景存在
		时态	部分地再现了传统园林的句法
词法分析	典型词汇	物质性词汇	草坪、地形、休息廊、棚架、报廊、花坛、雕塑(图 8.19)
		形式词汇	自由曲线、直线、矩形
	词汇来源	主要来源	传统园林
		其他艺术的词汇	雕塑
	词法特征	词形处理	对所用词汇做了简化处理,不挖湖池、不掇假山、不叠山石,以绿化为主,只作局部的地形处理
		词组整合	词汇之间以对位的方法在形状或视线方面加以整合
		词义	为老人和青少年服务;节约

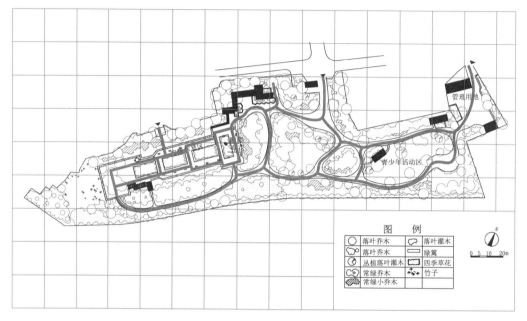

图 8.17　上海交通公园游览路线结构

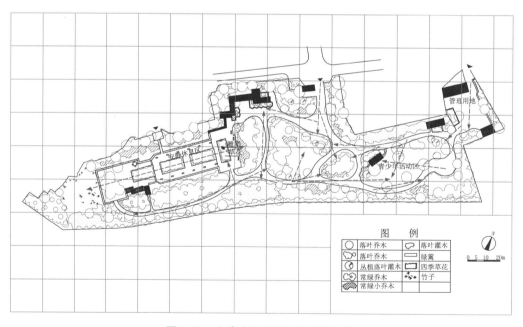

图 8.18　上海交通公园观赏视线结构

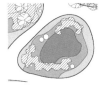  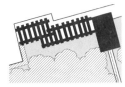

草坪　　　　　　　　地形　　　　　　　花坛　　　　　廊架

图8.19　上海交通公园的物质性词汇

8.1.3　设计语言特征总结

1) 设计特征　恢复、建设时期由于新中国风景园林事业刚起步,同时深受苏联模式的影响。风景园林建设以"普遍绿化"为主。公园建设主要是以开放或改造旧园林为主,即使是新建的公园也不是在此期间一步到位,而是陆陆续续地添加和完善。城市公园在总体规划布局上受苏联文化休息公园理论的影响较大,但是在地貌园景创作上还是普遍学习借鉴了传统园林。这阶段的设计作品恰到好处地平衡了各方面的要求。

功能分区和用地定额分配参照苏联文化休息公园,强调风景园林的社会主义属性,公园内举办各种展览,进行爱国主义、社会主义教育,普遍开展曲艺、音乐欣赏、电影演映、舞会和游乐会等。杭州花港观鱼公园,由于定位问题,未能完全按照苏联模式。设计师孙筱祥教授在《杭州花港观鱼公园规划设计》一文中谈到:"规划设计时,过多地从恢复发展花港观鱼古迹来考虑,对公园的文化教育设施考虑得不够。公共设施也太少。服务对象不够广泛。"[2]可见苏联模式的影响是深刻的。

形式上延续和简化了传统园林的视觉形象,并避免了传统园林中不适于现代生活的某些做法,同时还兼顾了造价的问题,比如花港观鱼公园节省土方,有意降低假山高度。

功能性的园林建筑不限于借鉴传统园林建筑,还吸纳民居的特色,以现代材料、结构,通过简化、变形等手法,创作出新的风格。

地形地貌处理普遍结合现状,有效利用现有资源,适当整理。采取"因地制宜""巧于因借"的方法,充分利用原有场地特点(原有建筑、遗址、植被地形等)及周边环境,形成风景园林特色。

空间处理普遍采用开敞和封闭相结合的方法,积极运用传统园林的理水、叠山、漏景、借景、框景等技法,形成丰富的景观层次。开敞空间一般为广场或大草坪,以西方现代园林手法处理(一般为英国自然风景式园林),适合人们举行大规模的文化活动;封闭空间常堆山、理水,用以安静游览。开敞与封闭形成对比,而两者之间则辅以疏林草地或地形过渡。

植物配置仍继承传统手法,并有所发挥,同时也运用西方花丛花坛形式,或为色彩配合,或为图案模样,以及整形植物、塑形植物等。大范围内以风景式自然植物群落为主,局部强调传统造园意境,比如花港观鱼公园在树种与山石的结合上,吸取了"梅边之石宜古,松下之石宜拙,竹旁之石宜瘦"的国画要领。

实用和艺术相结合,挖湖堆山往往和周围城市环境建设需求相结合,比如挖出的土方用于支援他处的工程建设。

基于以上的分析,可以做出这样的判断:在恢复、建设时期,设计师吸纳外来思想,却不僵化;延续传统造园手法,却不照搬,扬长避短;注重艺术与实用结合,从而创造出风格与内容都与时代特征相吻合的优秀的本土化园林作品。

2) 设计语言特征　功能分区明显采用文化休息公园的模式,道路系统清晰可辨。地形平坦处布置文化活动场地,地形复杂处则安排安静休息区或安静游览区,入口处仍采用挡景或对景的传统造园手法。

作品尽可能在结构语言上与传统园林保持连续性,在无法处理传统的线性结构与使用功能的矛盾时,采用动静分区,将静的部分设计成传统的线性结构,安排在有复杂地形的区域。附近安排开阔空间形成对比,同时地形正好作为背景。

超大型园林局部采取轴线控制及制高点控制的句法,如天津水上公园。

典型词汇来源于传统园林,山石、水体、亭廊树等仍为主要的物质性词汇,园林建筑小品形式虽延续传统园林,但有所简化。

8.2　调整时期(1958—1965 年)

8.2.1　典型作品

1) 上海长风公园　长风公园位于沪西普陀区曹杨新村以南,吴淞江以北,北靠金沙江路,东邻上海师范大学,西临大渡河路,距静安寺 6.42 km。该地原为吴淞江淤塞的河湾地带,港汊纵横,地势低洼,排水困难,大潮汛时,大部分地区被水淹,不能耕种。1957 年利用该地自然条件,挖湖堆

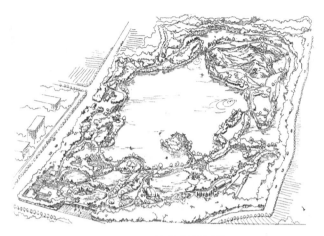

图 8.20　长风公园鸟瞰

山,建设一个全市性的以山水为主景,以划船为主要内容的游憩公园(图8.20),总面积 36.6 hm²。历时 2 年,于 1959 年国庆节竣工开放。公园的规划布局系模拟自然,因地制宜创造优美的自然山水环境,形成湖池、丘陵山壑、瀑布流泉等不同的景区,以满足上海居民游览的需要。

2)南京白鹭洲　白鹭洲公园在南京城东南角,秦淮河利涉桥南,面积 19 hm²,其中水面 4 hm²。园东为古城墙,南连长乐路,西接乌衣巷、石坝街。周围是稠密的居民区,公园主要服务对象是本区居民,属区级公园。公园始建于 1929 年,当时面积很小,仅占今烟雨轩、茅草亭所在范围,面积约 2000 m²。以后历经战争破坏,面目全非。1951 年结合秦淮河的整治,对公园进行了小规模的整修。1959 年拆除了其中的铁路,按规划挖湖堆山,筑墙植树,整修建筑,园容初具规模。"文化大革命"初期曾遭破坏,以后陆续修建充实,于 1976 年五·一节开放。全园以大水面为中心(图 8.21),以溪水和山丘将全园分成 5 个景区。露天舞台区在北入口附近,供集会、演出和放映露天电影等用。花卉区位于公园东北角,以展出温室花卉、露地花卉和盆景为主要内容,并利用古鹫峰寺展览文物和工艺品,其东面有花草生产区。竹篱茅舍景区紧靠古城墙,由土山茂林造成山林野趣,游人既可留连山景,又可于此登城眺望。中分岛景区岛上树木葱郁,石径曲折,山顶为全园制高点,建有圆亭一座,是眺览全园景色的场所。东园故址即烟雨轩、茶社、假山、鱼池、亭廊、拱桥等组合成的一处较精致的古典小园林,现在是全园游览中心。另有儿童乐园、二水轩景区、浣花居景区和文化休息区。

图 8.21　白鹭洲公园以自然山水园为主调

3) 广州流花湖公园　流花湖原是生产莲藕等水生植物的低洼地,污水横溢,蚊虫滋生,每逢雨季,白云山洪水倾泻而来,积涝成灾,波及西关一带。1957—1959 年为整治环境卫生、防洪排涝和增加游憩绿地而发动全市人民义务开挖成的人工湖(图 8.22),后建成公园,总面积50.5 hm²,其中水体面积 33 hm²,平时蓄水,雨季排洪,既能解决西关低地水患,又美化了市容,改善了市区卫生条件和小气候,使广州市西区得益匪浅。流花湖一带是广州市的新建区,该公园除供市民游憩外,还向国际友人开放。

流花湖公园遵循"先绿化后美化"的建园方针,在 1959 年春进行了全面绿化,栽植乔灌木、多年生宿根草本和绿篱植物共 30 万株。这些树种生长良好,现已郁闭成林,给流花湖打下了以棕榈和浓荫树为主的绿化基础,奠定了该园以亚热带风光为主题的基调。公园在二十多年中,陆续增添了各种园林建筑和服务设施。由于有了"先绿化"的良好基础,各项工程在绿树丛中建起,园林效果立竿见影,深受游人赞赏。

全园分成东、南、西、北 4 个区,它们均围绕在 4 个湖面组合的水景中。北区以青少年活动为主,区内有大型露天羽毛球场、乒乓球场及游船码头。东区有东北、东南两个入口,有数红阁饭店、音乐茶座庭院和儿童乐园,是一处优美的休息区。南区是文化休息活动区,有开阔的湖景,规划拟建烟雨楼。靠近南大门还有为儿童开辟的新的游乐场地。西区紧邻盆景园,还有"天涯海角""蓬莱瑶台"和"水中森林"待建诸景。四区由大小环路系统联系起来,构成整体。

图 8.22　流花湖公园鸟瞰

　　流花湖公园有以下特点:① 结合城市卫生工程与疏浚工程,按自然山水园模式布局;② 有岭南园林的特征;③ 建筑形式复古。

8.2.2　设计语言抽样分析

　　1) 上海长风公园　长风公园有以下特点:按自然山水园模式布局;尽管有"铁臂山"为地形,却未在制高点设置建筑物控制全园,而采用围绕水面布置建筑物形成向心格局,以加强公园的整体性;建筑物为传统园林建筑,形式复古。设计语言分析见表8.4。

表 8.4　上海长风公园设计语言分析表

句法分析	结构语言	空间原型	一池三山(图 8.23)
		景区布局	布局简明,没有园中园结构,主要以模拟自然山水为主,形成湖池、丘陵山壑、瀑布流泉等景区
		视线结构	中部视线开阔,围绕主水面布置的景点相互因借,形成内聚的结构;北部地形相对复杂,以铁臂山为制高点,视线发散(图 8.24)
		游览路线	自由流畅的套环式布局;局部曲折式道路(铁臂山)
	句法来源		功能布局来源于联文化休息公园;地貌处理方法及内向式空间布局来源于传统山水园

续　表

句法分析	句法特征	结构特征	秩序感较弱,结构模拟自然山水,未在制高点上设置建筑控制全局。长风公园虽然是在"民族的形式"的口号下建设的,但却未套用传统园林的线性结构
		秩序	围绕水面形成内向型空间
		时态	一定程度上再现了传统自然山水园的地形处理方法
词法分析	典型词汇	物质性词汇	岛、桥、廊、亭、草坪、山石、黑松、雕塑、草坪(图 8.25)
		形式词汇	自由曲线
	词汇来源	传统园林	
		词形处理	典型词汇使用传统园林的词汇,基本未作简化处理
	词法特征	词组整合	强化了园林建筑单体及其小环境的传统特色,建筑形式复古
		词义	乘长风、破巨浪,奋力争上游;民族的形式

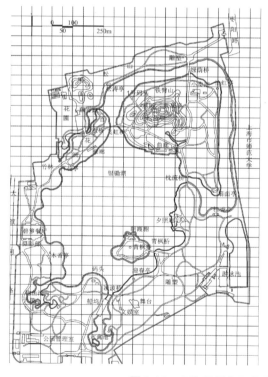

图 8.23　上海长风公园的空间原型

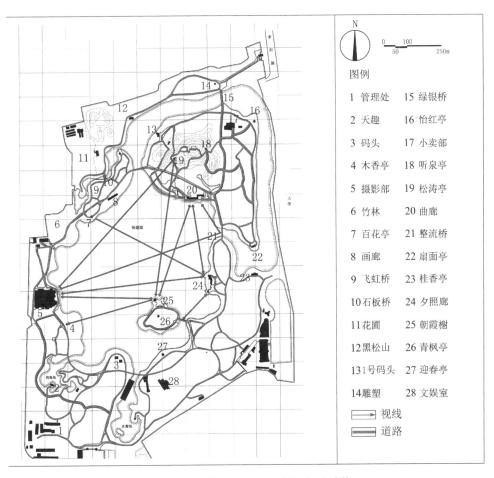

图 8.24　上海长风公园的道路、视线结构

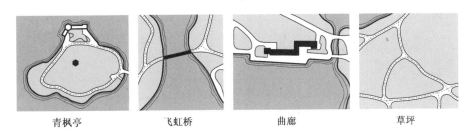

青枫亭　　　　飞虹桥　　　　曲廊　　　　草坪

图 8.25　上海长风公园的物质性词汇

2) 南京白鹭洲 白鹭洲公园有以下特点:根据用地的历史环境和现状特点,确定以中国自然山水园的风格和特色进行规划布局;建筑形式采用当地园林的传统风格,形式复古。设计语言分析见表8.5。

表8.5 南京白鹭洲公园设计语言分析表

句法分析	结构语言	空间原型	一池三山(图 8.26)
		景区布局	根据用地的历史环境和现状特点,以中国自然山水园的风格和特色进行规划布局。以大水面为中心,以溪水和山丘将全园分成 5 个景区
		视线结构	中部视线开阔,围绕主水面布置的景点相互因借,形成内聚的结构(图 8.27)
		游览路线	自由流畅的套环式布局;局部有曲折式道路和规则式道路
	句法来源		功能布局源于苏联文化休息公园;地貌处理方法及内向式空间布局源于传统山水园
	句法特征	结构特征	秩序感较弱,结构模拟自然山水,在制高点上设置建筑控制全局,但体量较小
		秩序	围绕水面形成内向型空间
		时态	一定程度上再现了传统自然山水园的地形和水面处理方法
词法分析	典型词汇	物质性词汇	桥、鱼池、亭廊、假山(图 8.28)
		形式词汇	自由曲线、折线
	词汇来源		传统园林及当地园林
	词法特征	词形处理	典型词汇使用传统园林的词汇,基本未作简化处理
		词组整合	延续了当地园林的传统特色,建筑形式复古
		词义	无

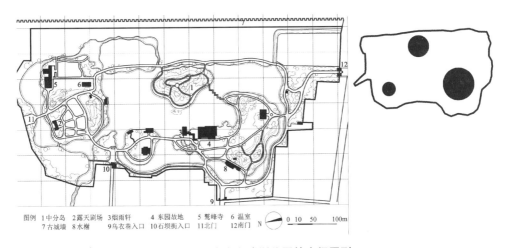

图例 1 中分岛 2 露天剧场 3 烟雨轩　4 东园故地　5 鹭峰寺 6 温室
　　　7 古城墙 8 水榭　9 乌衣巷入口 10 石坝街入口 11 北门　12 南门

图 8.26　南京白鹭洲公园的空间原型

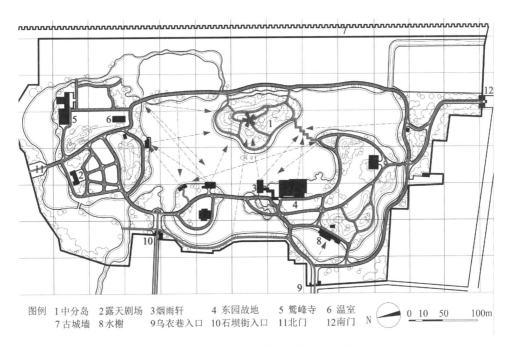

图例 1 中分岛 2 露天剧场 3 烟雨轩　　4 东园故地　5 鹭峰寺　6 温室
　　　7 古城墙 8 水榭　9 乌衣巷入口 10 石坝街入口 11 北门　　12 南门

图 8.27　南京白鹭洲公园的道路、视线结构

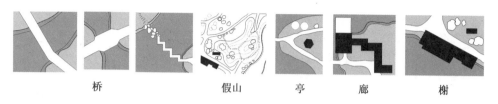

桥　　　　　　假山　　　亭　　　廊　　　榭

图 8.28　南京白鹭洲公园的物质性词汇

8.2.3　设计语言特征总结

1) 设计特征　调整时期由于政策摇摆不定,果树、菜园、养鱼池(经济用途)都进入了风景园林,风景园林的设计特征出现了截然不同的面貌。但这时期公园还是有一定的发展,较前一阶段有如下特点:

① 设计上仍然受苏联影响,但更强调"民族的形式",努力探索如何把祖国传统山水园形式应用于新公园创作中,不满足于前一阶段"简化"的传统园林,空间布局遵循山水园模式,建筑风格上趋于复古。

② 这阶段往往结合城市的卫生、疏浚工程挖湖堆山,根据立意、构思和生活内容要求,就低凿池,因阜掇山,在山水之间布置厅堂亭榭,树木花草,构成自然的生活境域。

③ 相比前一阶段的实用主义,调整时期的园林设计作品无论是视觉形象或建设过程,意识形态表现得更为明显,这一时期的各种口号以不同的形态出现在园林中。上海长风公园是这一时期的典型代表。

2) 设计语言特征　长风公园是调整时期代表作品,比恢复、建设时期更强调"民族的形式",有如下特点:

① 结合城市疏浚或卫生工程塑造公园自然山水地形地貌,如湖池、丘陵山壑、瀑布流泉等。

② 逐步削弱了对传统园林"线性结构"的依赖,只强调水面的向心特征,在理水技法上保持传统。

③ 建筑多以单体形态出现,不再依靠建筑围合封闭的小空间。

④ 强调在典型词汇上继承传统园林,比如园林建筑、湖石、桥体等组景效果,以此强调"民族的形式"。

8.3　蓬勃发展时期(1977—1989 年)

8.3.1　典型作品

1) 上海松江方塔园　方塔园在上海松江区,园址原有建自北宋的兴圣教寺塔——方塔、宋代石板桥、明代砖雕照壁及建园时迁入的清代大殿。1980—1982年完成第一期工程后,即对外开放,现仍在建设中。公园面积11.5 hm²,为文物古迹公园。方塔园的建设工程由同济大学冯纪忠教授负责总体规划(图8.29),上海市园林管理局设计室柳绿华参与规划并负责绿化设计。根据原有古迹与山体水系的整理,把全园划分为四个景区,形成不同的内向的空间组合与景色。方塔景区——是全园的主景区,由高低错落的平台与较宽阔的广场,将塔、明壁、清殿及古树组成起落、大小相间的空间。塔的周围用矮墙和土山围成封闭的院落。竹林区——在公园东部,在保持原有的大片竹林及河塘的基础上,设置了东北端的餐厅、东南端的诗会棋杜及茶室南端的水榭,以及林中休息亭等游憩

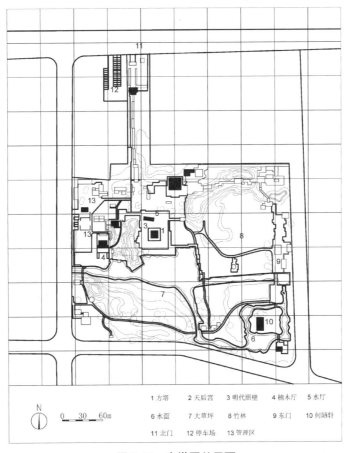

1 方塔	2 天后宫	3 明代照壁	4 楠木厅	5 水厅
6 水面	7 大草坪	8 竹林	9 东门	10 何陋轩
11 北门	12 停车场	13 管理区		

N
0　30　60m

图8.29　方塔园总平面

图 8.30　从草地看方塔

点。鹿苑草地——在公园西南部,在水面南岸,设置大片草地(图 8.30),放养鹿群,增加园林的生趣,取意于古时松江的"茸城"之称。园中园——在公园西部。布置有接待室、楠木厅和长廊、水榭,自成一园,作陈列展览之用。此外,公园西部还设有小卖部、摄影部等服务设施及管理区。公园以安静的观赏内容为主,不设置喧闹的娱乐活动设施。

上海方塔园有以下特点:① 公园保持了中国古典园林的特色,又运用新的造园手法,探索体现时代的新风格。例如中心区运用标高不同、大小不等的平台和广场组织以方塔为主体的不同空间。东北部的园路以高低、曲折、宽窄不同的堑道,创造几经曲折渐入佳境的气氛。② 西南部的大片草地与较宽的水面构成开敞的自然风景,与园内原有古建筑保持协调,新建房屋吸取古典建筑或江南民居的特征,如水榭、楠木厅、接待室和小卖部。③ 尝试新结构、新材料与传统形式相结合的做法,如北大门餐厅、小卖部及职工食堂,用小青瓦屋顶、钢屋架、混凝土预制板等,以表现新的园林建筑风格。

2) 合肥环城公园　环城公园总长 8.7 km,规划总用地 136.6 hm²,环形、带状。由城市干道及自然地形分成六个风格各异的景区:西山、银河、包河、环东、环北、环西。西山景区以山水见长,以秋景、动物雕塑群为特色;银河景区以"银河"水景为中心,以俯视景观为特色;包河景区系香花墩、北宋包孝肃公祠所在,有浓郁的历史人文特色;环东景区以规则式的广场、喷泉、大型城市雕塑为主要特色,环北景区以山林自然野趣为特色;环西景区规划为大型游乐中心,以游乐活动为主要特色。[3]环城公园从总体上看是大面积、长距离自然式的风景园(仅局部为规则式的),犹如一幅秀丽的山水画长卷。从园林风格上看,环北极少人工装点,朴实粗犷富有野趣;环南着意人工精雕细刻,秀丽典雅,南北各异其趣。但总的是以山水植物造园为主,人工雕琢为辅。从造园艺术上讲:环城公园是以历史人文、自然环境为依据,在继承中国古典造园艺术优秀传统的基础上,探索具有合肥特色的风景园林艺术的一个成功的尝试(图 8.31)。

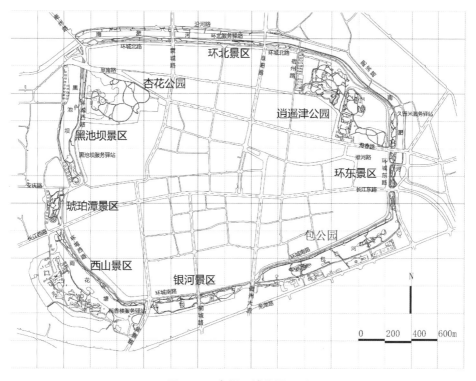

图 8.31　合肥环城公园平面

环城公园有以下特点:① 在环城公园造园艺术创作中,将传统园林以"园中园"的形态出现,与纯自然式的开敞空间分开。② "园中园"以传统建筑群落为主,植物作点缀;开敞空间中以大面积的自然丛落式的植物造景为主。③ 运用单体建筑(简化的传统园林建筑)合理布局组织观景点、游览路线、景区空间序列。

3) 大连儿童公园　大连儿童公园位于市区东部,周围为住宅区,总面积6.20 hm²,为广大青少年进行游戏娱乐、体育锻炼、科技活动和校外接受政治文化教育的场所(图 8.32)。全园分为少年游戏区、幼儿游戏区、大草坪、水上活动区和公园管理区 5 个区。

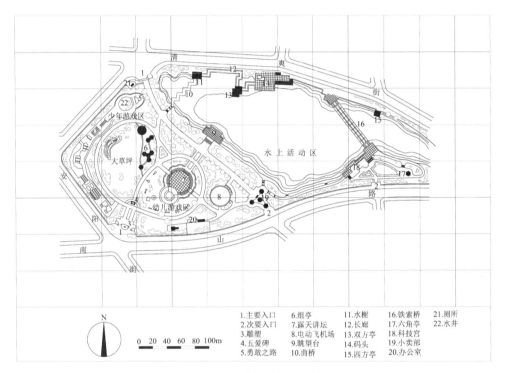

1.主要入口	6.组亭	11.水榭	16.铁索桥	21.厕所
2.次要入口	7.露天讲坛	12.长廊	17.六角亭	22.水井
3.雕塑	8.电动飞机场	13.双方亭	18.科技宫	
4.五爱碑	9.眺望台	14.码头	19.小卖部	
5.勇敢之路	10.曲桥	15.四方亭	20.办公室	

图 8.32　大连儿童公园平面布局

① 少年游戏区(供小学三年级至初中学生用):面积约5000 m²,呈转折带状布置于公园西部边缘。入口广场上设有"红军不怕远征难,万水千山只等闲"诗碑,用以激励少年儿童奋发有为、百折不挠的精神。场内设有匍匐行军、独木桥、峭壁、攀登高地、高架桥、伏虎、吊索桥和联合滑梯等十来种游戏活动内容,以满足少年儿童的需求和培养勇于攀登、不怕艰险的意志。布局上在中部以墙垣式的峭壁和山峦高地把本区划分为三大空间,保持了各个空间内活动的相对独立。

② 幼儿游戏区:游戏器械的外形以动物形象为主,按运动类型不同分摆动类、攀登类、旋转类、滑行类和颠簸类。有电动飞机、大象滑梯、长颈鹿浪木、蜗牛转盘、马头跷跷板等,分散布置在草坪上和树丛间。中部

设有 300 座位的露天讲演坛,供集会、演出之用。

③ 大草坪区:位于少年和幼儿游戏区之间,面积约 3500 m²,是一个开阔的空间。草坪一端利用弃土筑成一座起伏的小丘,上面散布山石,广植花草,并设有一组以老科学家带领小学生采集植物标本为题材的雕塑。另一端有 7 个造型简洁轻快的单柱亭散落在草坪边缘,串联成组亭,与小丘互相对应,构成一处优美的休息环境。

④ 水上活动区:水池原为城市防洪工程中积蓄雨水的缓冲贮水池,外形单调,水面缺少变化。为此在西部设曲桥,曲折蜿蜒,东架铁索桥,横卧碧波,把水池区划成大小不等的 4 个空间,造成大小、开合对比,增加景深,丰富园景,克服一览无余的缺点。开阔的水面可供划船、溜冰。两处较浅水面种植荷花,放养游鱼。临湖周围设有以长廊联系的水榭和四角双亭,挑出水面的眺望台,傍水的小科技宫等,鼎立湖边,隔水相望,互为对景。横跨湖面的铁索桥,桥底净空 10 m,桥头北端设红军强渡大渡河雕塑,另一端临近小科技宫。它们的位置、朝向、体形、体量不同,高低错落,虚实明暗相间,形成丰富多彩的湖面景观、游人可从各个角度欣赏到不同的画面。

⑤ 公园管理区:利用公园南部原有建筑加以扩建,作为管理区。

4) 上海江西中路小游园　该游园位于上海市中心地段,距南京东路100 m 左右。周围多为五六层的办公大楼,人口密度为 2500 人/hm² 左右。绿地三面临路,交通繁忙,有 3 条公共电、汽车线路经过,又是 49 路公共汽车的终点站,车来人往,环境嘈杂。园地原为基督教三益堂的内院,原地形高出两旁马路路面 0.7 m,上面有高大的银杏、雪松数株,半地下构筑物多达 17 处。1975 年改建为小游园,于 1977 年 3 月竣工开放。公园面积仅 0.26 hm²,规划的意图是在有限的用地上,通过小比例空间尺度,多层次变化、借景等手法和多功能兼用的设施安排,达到小中见大,以少胜多,扩大空间感和提高利用率的效果,使它在功能上负有供游憩、疏散人流和美化市容等任务,以满足多方面要求。

园地平面呈 L 形(图 8.33),东西长 77 m,宽 15 m;南北长 75 m,宽26～30 m,全园规划为三部分:

① 汉口路西端一块,面积 320 m²,东南部还嵌入公共汽车检票亭一座,用地狭小,把端部布置成不开放的树石小园,利用树丛遮蔽界墙,并借助邻院的绿阴和园内树木连成一体。靠东部开辟一个出入口,拾级而上,对景是一个方形棚架,坐落在群树丛中,环境恬静,是静坐的好地方,左顾可赏树石小景园,右望是一个穿过式棚架为第二个景区的框景门。

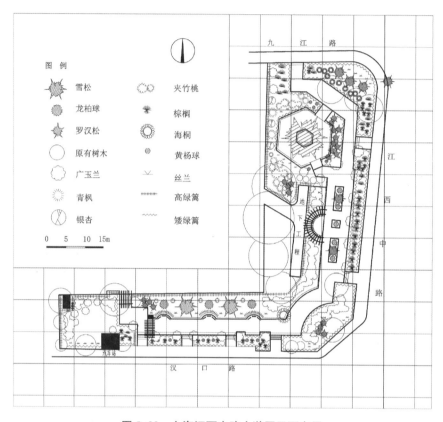

图 8.33　上海江西中路小游园平面布局

　　② 穿过棚架,是游园的主要部分。用游步道形式布置,沿线分布小广场、花树坛,棚架。每隔八九米开辟一个入口,吸引汽车终点站的行人入园。在步道北侧开设 3 个半圆凹形场地,内置坐凳供休憩。

　　③ 北部场地较宽,有保留的大雪松 1 株,以它为中心开辟直径为 15 m 的六角形小广场一处。雪松原地面略低于游步道设计高程,为确保老树健壮生长,广场地面下降 20 cm,保持了原标高。广场周围用茂密的灌木丛组成挡尘隔音的屏障,与西北角穿行步道分开,闹中取静,环境清幽,供游人锻炼和纳凉。

8.3.2　设计语言抽样分析

　　1) 大连儿童公园　大连儿童公园有以下特点:① 平面布局以轴线形成很强的秩序感;② 平面图本身已成为构图形式的对象,即便在正常视点相互看不到的景物，其平面图形也要求产生协调的几何关系，有运用母题①的倾向；③ 使用规则式折线、圆形、六角形、大尺度弧线等与传统园林明显区别的形式语言；④ 理水技法仍带有传统园林的特点；⑤ 园林建筑已脱离了传统园林建筑的形象，显现出现代建筑的特征；⑥ 主题化现象明显，以红军长征为主题，以此教育儿童，词形多数为革命主题的符号化图形，比如入口处大门立柱结合火炬的形式。设计语言分析见表 8.6。

表 8.6　大连儿童公园设计语言分析表

句法分析	结构语言	空间原型	无
		景区布局	文化休息公园的典型布局
		视线结构	视线开阔，关系简单（图 8.34）
		游览路线	几何形的套环式（图 8.34）
	句法来源		苏联文化休息公园；少量来自传统园林
	句法特征	结构特征	有很强的秩序感，轴线上的词汇在词形上讲究平面图形的协调，讲究鸟瞰效果。即便在正常视点相互看不到的景物其片面图形也要求有产生协调的几何关系（图 8.35）
		秩序	运用长距离轴线控制空间
		时态	理水技法仍带有传统园林的特点
		兼容性	较好地改善了原有水面过于单调的形式
词法分析	典型词汇	物质性词汇	桥、大草坪、亭、雕塑
		形式词汇	规则式折线、圆形、六角形、大尺度弧线（图 8.36）
	词汇来源		现代建筑、传统园林
	词法特征	词形处理	运用象征性符号；规则化、简洁化；有运用母题的倾向
		词组整合	形态之间有平行、垂直等关系
		词义	儿童从中接受政治文化教育。有主题化的现象，以红军长征为主题，以此教育儿童，词形多数为革命主题的符号化图形，比如入口处大门立柱结合火炬的形式

---

① 母题，指的是一个主题、人物、故事情节或字句样式，一再出现于某文学作品里，成为利于统一整个作品的有意义线索，也可能是一个意象或"原型"，由于一再出现，使整个作品有一脉络。此处是指视觉形式的母题，文学母题的概念仍适用。

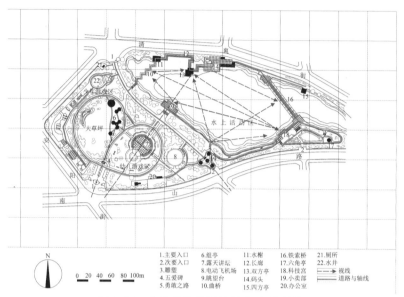

图 8.34　大连儿童公园的道路、视线结构

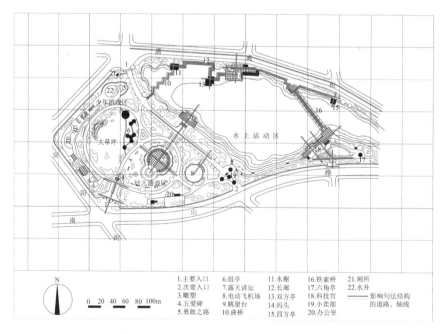

图 8.35　大连儿童公园的句法特征

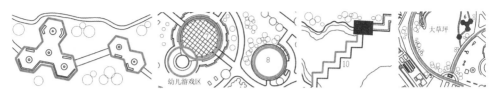

图8.36　大连儿童公园的形式词汇

2）上海江西中路小游园　江西中路小游园与大连儿童公园相比,除去主题之外,其余特点全部吻合,说明这是该时期风景园林设计风格的一种趋向。设计语言分析见表8.7。

表8.7　上海江西中路小游园设计语言分析表

句法分析	结构语言	空间原型	无
		景区布局	文化休息公园的布局
		视线结构	视线开阔,关系简单(图8.37)
		游览路线	条带式,与外围道路构成环路
	句法来源	苏联文化休息公园;西方现代园林	
	句法特征	结构特征	有很强的秩序感,轴线上的词汇在词形上讲究平面图形的协调,讲究鸟瞰效果。即便在正常视点相互看不到的景物,其片面图形也要求有产生协调的几何关系(图8.38)
		秩序	运用长距离轴线控制空间,与城市空间存在对位关系
		时态	空间划分仍带有传统园林的特点
		兼容性	保护了大树老树
词法分析	典型词汇	物质性词汇	桥、大草坪、亭、雕塑
		形式词汇	规则式折线、圆形、六角形、圆弧线(图8.39)
	词汇来源	现代建筑语汇	
	词法特征	词形处理	规则化、简洁化;有运用母题的倾向
		词组整合	形态之间有平行、垂直等关系
		词义	小中见大,以少胜多

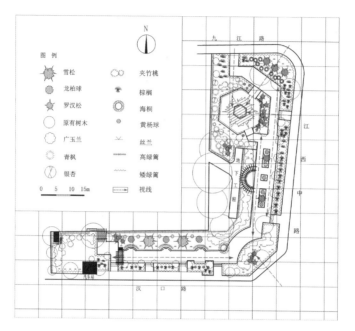

图 8.37　上海江西中路小游园的视线结构

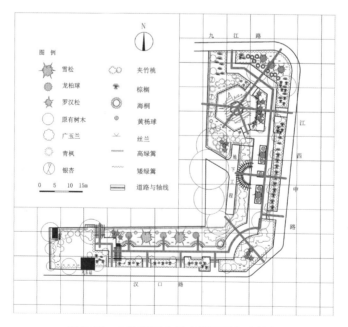

图 8.38　上海江西中路小游园的句法特征

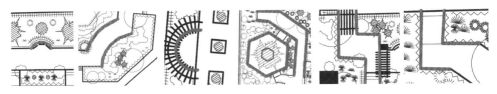

图 8.39　上海江西中路小游园的形式词汇

8.3.3　设计语言特征总结

1) 设计特征

(1) 随着市场经济的发展,商业设施、娱乐设施大量引入绿地,同时这时期对传统园林的兴趣主要集中在建筑上,因而这时期园林中建筑所占比例较大。1986 年召开的全国城市公园工作会议上,提出要以植物造景为主要手段来进行园林建设[4]。不少学者、专家也提出了批评和改正意见。吴翼(1984)提出"公园是否有必要把大面积土地、大量资金用于建设剧院、露天剧场、文艺馆、音乐台、各种展览馆、餐厅、咖啡厅"[5]的问题。余树勋(1986)指出"园林建设应少搞建筑物的问题"[6]。管宁生(1988)谈道:现代园林设计师不应"盲目地因循古代造园师的做法,把园林建筑作为园林建设的重心,在园内还大搞亭台楼阁,而要因时制宜地更新我们的观念,要用体现'自然美'为主旨的指导思想,替换古代的以体现'人工美'为主旨的园林艺术观,把'再现自然'作为现代园林的首要目标。"[7]

(2) 抽象园林开始出现。平面布局趋于简洁、流畅,开始运用一些抽象的几何图形,但园林建筑开始逐步脱离传统形象。部分园林绿地中的园林建筑开始尝试抽象、简洁的形式,开始尝试运用钢材等新材料。

(3) "主题"思想的广泛应用。20 世纪五六十年代各城市进行公园建设时,并没有主题的陈述,因为但是仍参照文化休息公园的模式。1970 年代,广州的公园建设突破了苏联模式,率先兴起了"园中园"的建设,如越秀公园。"园中园"被认为"一般面积都比较小,主题单纯,易于借鉴和发挥中国传统的园林艺术手法进行意境构思和形象创作,使园景显得精巧别致,富于新意"。主题思想开始盛行,影响至今。

(4) 植物造景已经开始关注其生态效益,以大面积的自然群落式的植物造景为主。

2) 设计语言特征　大连儿童公园和上海江西中路小游园可以被看作蓬勃发展时期的代表作品,反映出如下特点:

① 结构语言和传统园林已脱离了关系,轴线及平面图形的几何关系成为主导因素,建筑的构图手法越来越明显,平面图形趋于理性美、机械美。

② 典型词汇尤其是建筑与传统园林之间转化为符号关系,将传统园林中一些典型构件转化为可识别的符号,比如门窗、挂落、美人靠等(图4-23、图4-24)。建筑多采用平屋顶,更多地展现出现代建筑的特点。

③ 物质性词汇的特征以形式词汇来体现。

④ 主题构思的方法开始得到推广,有些公园采用"园中园",如广州越秀公园,并非为了在结构语言上继承传统园林,而是"园中园"便于发挥主题的功能。

8.4　巩固前进时期(1990—2009 年)

8.4.1　典型作品

1) 杭州太子湾公园　太子湾公园地处南山路,背倚南屏山,总面积17hm^2。太子湾山水园的总体构思,本着遵从西湖、别开生面、回归自然、返璞归真的宗旨,充分体现以绿为主,以植物造景为主的建园方针。太子湾公园成功地融合了中西造园的手法,是 1990—2000 年中国当代园林作品的典型代表(图 8.40)。

全园共分 6 个区,即入口区、琵琶洲景区、逍遥坡景区、望山坪景区、凝碧庄景区和公园管理区。用工程师的缜密思维从事造园实践,顺应现

图 8.40　太子湾公园如画的风景

代人崇尚自然的普遍心理,在继承传统的基础上,借鉴欧美园林文化,融中西造园艺术和回归自然的现代意识于一体,创造一种蕴含哲理、野逸自由、简朴壮阔而富有诗情画意和田园风韵的独特新风格。

太子湾公园有以下特点:

① "太子湾公园的总体布局和大章法,可以用符号 OSO 来概括,左边的圆圈代表引水河湾以东蕴含东方哲理的山水园,右边的圆圈代表引水河湾以西富有西方色彩的山水园,中间 S 代表东西方园林文化交融合流的引水河湾。"[8]

② 太子湾公园地形、水系应用得体,天然成趣;

③ 建筑不多,体量不大,材料简朴粗犷;

④ 在植物配置上富于层次,力求简洁,着意创造树成群、花成片、草成坪、林成荫的壮阔景观。

⑤ 风格上是中国现代风景园林的一个转折点,融汇了中西方园林的精华,在此之前的园林偏中式,而太子湾公园之后则出现了西方现代园林设计语言泛滥。

2) 苏州金鸡湖工业园区 苏州金鸡湖项目位于苏州东部,共占地约 500 hm²。苏州工业园区为了将金鸡湖及环湖地区建设成为中国最大的具有国际水准的现代城市湖泊公园,从 1998 年起,园区管委会开始组织进行金鸡湖地区景观规划。苏州工业园区管理委员会旨在创造一个高科技的商住混合型滨水社区,以满足国际化大企业的办公与生活标准。这片地区最终将容纳超过 60 万的居民。苏州工业园区管理委员会希望:金鸡湖区的景观空间分布和设计语言有别于传统的小型尺度的苏州古典园林,而成为表现丰富多彩的大自然的缩影,同时希望通过引进西方园林景观的精髓,开发一个全新的"新苏州"形象。1998 年 2 月,苏州工业园区管理委员会聘请美国易道(EDAW)公司作为项目的规划顾问,负责提供金鸡湖区的总体规划,包括滨湖区的用地功能分布以及开放空间的规划。

易道创造的是一个开放空间体系(图 8.41),旨在创造一个能够吸引未来投资环境的良好场所。并为湖区未来的生活方式提供一个可持续发展的背景框架。金鸡湖的规划设计创造了一个最受苏州老城居民以及游客喜爱的休闲娱乐与互动交流的现代城市滨水空间(图 8.42)。

易道规划的金鸡湖景观的核心在于其内含的二元性概念:一方面,表现苏州古城的历史文化内涵;另外一方面,帮助其实现建设一个现代化的国际都市的目标。景观设计在尊重苏州传统历史文脉的基础上,将旧城

图 8.41　苏州金鸡湖规划方案鸟瞰图

图 8.42　苏州金鸡湖实景

与新城、商业与休闲、生活与环境保护结合起来。

金鸡湖整个景观分为 8 个区，依次为"湖滨大道""城市广场""水巷邻里""望湖角""金姬墩""文化水廊""玲珑湾""波心岛"。

苏州金鸡湖项目获得 2003 年度美国景观设计师协会奖，同时也受到了苏州本地及周边城市人民的喜爱。易道公司在苏州金鸡湖项目上为滨水景观设计在城市开放空间之中进行了探索，在对人性化的解读和语言的运用方面做出了努力。

3）上海徐家汇公园　徐家汇公园是一座免费开放的现代城市公园，地处上海繁华的徐家汇商业圈，位于徐家汇广场东侧，北起衡山路、南至肇嘉浜路、西临天平路、东近宛平路，占地面积约 7.27 万 m^2。实施方案以加拿大 W. A. A 联合景观设计的设计方案为基础，吸纳了日本综合计

划研究所和徐汇区园林管理所分别设计的两个优秀方案的优点,方案特点主要体现在以下几个方面:

① 保留原址内的文化景观。一期原址是具有 70 年历史的大中华橡胶厂,它是中国民族工业的先驱,对中国的橡胶工业作出了重要贡献。公园设计保留了其高 40 多米的大烟囱,通过内部和外部的改造,不仅使大烟囱延续了民族橡胶工业的历史文脉,而且成为徐家汇地区一座标志性的景观建筑(图 8.43)。二期原址新中国成立前是百代唱片公司所在地,新中国成立后成为中国唱片公司的所在地,是中国唱片业的先锋,中国的国歌及《夜来香》等耳熟能详的歌曲就诞生在这座别墅里(图 8.44)。公园完好地保留了其 1920 年代建造的一幢三层法式别墅,并按照修旧如旧的原则对别墅进行了修缮,其南面的一株百年香樟也得到了很好的保护。

图 8.43　徐家汇公园中的烟囱为标志性景观

图 8.44 老建筑被完整地保留下来

② 以"上海的缩影"为构思。上海徐家汇公园整体布局呈上海版图状,公园湖设计成黄浦江形状,特别是"黄浦江"上架设了"徐浦""卢浦""南浦""杨浦"4 座"大桥",并在湖面第一个弯道处设计了豫园景观。徐家汇公园在二期区域,兴建了"老城厢"景区。老城厢是上海近现代史的典型历史风貌。公园以上海地图上的古城老城厢为设计蓝图,经过简化与微缩,以模纹花坛的形式构建了体现上海老城厢特色的下沉式景区。

③ 以生态理论为指导,以绿为主,以茂密的大乔木、各类花灌木、地被植物构成绿地的要素,绿化配置按照适地适树的原则,也引进了一些特色绿化景观,有挺拔茂密的竹林,四季常青的松林,有展示热带风情的海枣和椰子,也有季相明显的栾树林,沿湖还有桃李和垂柳,绿化品种丰富。

徐家汇公园的建成取得了良好的生态效益、社会效益和经济效益,既改善了徐家汇地区的生态环境,又为市民提供了一处休憩、游览以及开展文体活动的公共空间,也推动了徐家汇商业圈及周边区域的经济发展。

4) 中山岐江公园 中山岐江公园的场地原是中山著名的粤中造船厂,作为中山社会主义工业化发展的象征,它始于 1950 年代初,终于 1990 年代后期,几十年间,历经了新中国工业化艰辛而富有意义的历史进程。中山岐江公园在粤中造船厂旧址上建设,占地 11 hm²。俞孔坚教授和他的"土人"团队采用了一种不同于传统公园设计的全新理念,以产业旧址历史地段的再利用为主旨,对旧船厂进行了产业用地再生设计(图8.45)。

图 8.45　中山岐江公园鸟瞰

①保留:尊重场地自然与人文印迹。水体和部分驳岸都基本保留了原来的形式。全部古树都保留在场地中,为了保留江边十多株古榕,同时满足水利防洪对过水断面的要求,而开设支渠,形成榕树岛。两个分别反映不同时代的钢结构和水泥框架船坞被原地保留(图 8.46),一个红砖烟

图 8.46　船坞被保留作为装置小品

囱和两个水塔,也就地保留,并结合在场地设计之中。大型的龙门吊和变压器,大量的机器被结合在场地设计之中,成为丰富场所体验的重要景观元素。

② 改造:即在保留的基础上,对旧水塔、烟囱、龙门吊、船坞及其他各类机器的改造再利用。除一部分机器经艺术和工艺修饰而被完整地保留外,大部分机器经过了一定程度的改造,被选择性地保留了部分具有标识性的机体作为景观小品或装置,以唤起人们关于该场地的记忆。(图 8.47)。

图 8.47　水塔和机器以不同方式加以保留

③ 再生设计:原场地内的材料,包括钢材、乡土物种等,都可以通过加工和再设计,而体现为一种新的景观,满足新的功能。经过再生设计后的钢被用作铺地材料,乡土野草成为美丽的景观元素。甚至场地的社会主义和集体主义精神也通过诸如"红盒子"的设计而得以再现。

5) 沈阳建筑大学校园　沈阳建筑大学新校园总占地面积 80 hm²,一期建筑面积 30 hm²。在新校园的总体规划和建筑设计基础上,"土人"进行整体场地设计和景观规划设计,形成了以下的设计特点:

① 大量使用水稻和当地农作物、乡土野生植物(如蓼、杨树)为景观的基底,显现场地特色,形成独特的校园田园景观。在大面积均匀的稻田中,便捷的步道串联着一个个漂浮在稻田中央的四方的读书台,每个读书

台中都有一棵大树和一圈坐凳。

②遵从两点一线的最近距离法则,用直线道路连接宿舍、食堂、教室和实验室,形成穿越稻田和绿地及庭院的便捷路网。

③9个庭院的设计,每个庭院成为独具特色的空间,使用者可以通过庭院的平面和内容,感知所在的位置。连续的"之"线形步道通过两侧的白杨林行道树被强化,成为连接庭院内外空间的元素。

④通过旧物再利用,建立新旧校园之间的联系。把旧校园的门柱、石碾、地砖和树木结合到新校园环境之中。

⑤将农业与劳动教育融入一个建筑大学的校园,绿化劳动已成为校园的一道风景(图8.48),收获的稻米——"建大金米"目前已被作为学校的礼品,赠送来访者。

沈阳建筑大学校园使用农作物这一做法在一定程度上丰富了当代的园林设计语言,鼓励设计师更加自由地选择植物素材进行创作,教育市民应珍惜土地和"足下的文化",提醒政府决策者尊重环境,有较好的象征意义。农田景观的缺点是冬季略显萧条(图8.49)。

6)中关村软件园D-G1地块 中关村软件园位于北京的西北郊,是被誉为中国"硅谷"——中关村科技园的一个重要部分,已经有130多家软件企业在其中办公,软件园的中心是为这些企业服务的公共花园。D-G1地块位于软件园的核心,面积5.5hm²,是园区中面积最大、用地最为集中的绿地(图8.50)。2003年,多义景观规划设计事务所完成了该项目的方案设计、施工图设计和部分工种的施工监理。

图 8.48 师生在田间劳动

图 8.49 冬季作物收割后的景象

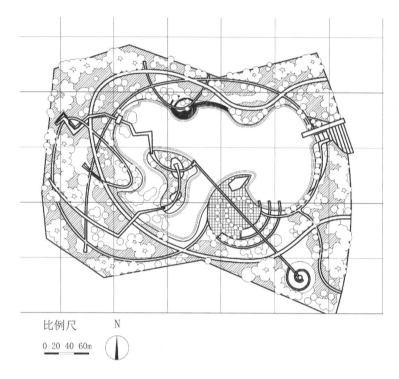

比例尺   N

0 20 40 60m

图 8.50　中关村软件园 D-G1 地块平面图

　　基址上原来的农田、植物和农居已被彻底清理,周围的建筑还没有建造,地块成为没有任何信息的空场。场地文脉的缺乏迫使设计师从花园所在环境的性质、功能和使用者的要求来获取灵感。"花园的设计主要体现 IT 企业园的特点,为职员提供休息、消遣和交流的舒适场所。花园要求有一定面积的水面,容纳软件园内部的再生水、收集雨水,并为园区内植物的灌溉提供水源。"[9]

　　设计立意以"数据"为主题,用多条线路来诠释这一概念,形成独特的空间结构。总体布局以 1.6hm² 的水面为核心,形成绿地的中心景观。绿地中运动的各种线形交织在一起,每条线代表不同的含义,其中三条线最为突出,即水线(图 8.51)、晶体线(图 8.52)和数据线,将湖中小岛与陆地联系起来。水线——由流水和金属格栅构成,代表研发人员的高智慧;晶体线——由玻璃铺装构建的光带线路形成晶莹的晶体线,将湖中岛、桥、水面、数码平台、草地、道路、螺旋山连接起来;数据线——由压花钢板和小料石构成。

图 8.51 水线

图 8.52 晶体线

　　园中各景观要素有机结合,相宜布置,并以浓郁、丰富的植物将各要素融为一体,共同统一于绿地环境之中。湖岸线以自由流畅的曲线构图,东西向形成深远的水景空间。驳岸形式多样,有卵石滩,有直接与水面相连的草地,有水生植物和耐湿乔灌木种植形成的自然生态驳岸,有花岗岩砌筑的整齐硬质驳岸,以及整齐有序的亲水台阶驳岸。湖岸线将入口平台、数码平台、船平台、流水平台、e 平台等数处场地串联在一起,形成丰富有致的湖岸景观线。花园雨水直接回补湖水、地下水,减轻市政管网的负担。建成的花园展现了艺术、企业精神、使用功能与生态效应的统一。

7) 中国厦门国际园艺博览会园博园规划　厦门市政府获得了 2007 年第六届中国国际园林花卉博览会的举办权。政府希望通过举办展览扩大城市知名度,改善城市环境,促进城市发展,带动旅游业。园博园选址在城市中心岛以外的杏林湾,一条海堤将杏林湾与主岛联系起来,发源于城市附近山区的溪流汇入其中,海湾与大海之间的堤坝使海湾内部形成了一个作为城市备用水源的水库。当地农民自发建了许多鱼塘。园博园规划面积 676 hm²,大部分位于深 2 m 左右的鱼塘上,基地上只有一条笔直的车行道路和一个简陋的小型温泉度假村(图 8.53)。

图 8.53　原始基地图

厦门园博园规划的基本指导思想是将城市事件作为城市发展的推动力,将公园与城市触合,将基地的不利条件转化为独特的景观形式。王向荣教授带领的多义景观设计团队的规划方案"为保存鱼塘作出了极大的努力(图 8.54)。设计方案极具趣味性,分析详尽,是一个与周边环境完美融合的典范"。[9]

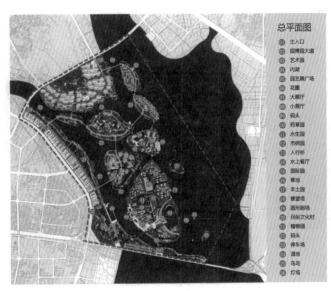

图 8.54　规划方案总平面图

　　首先，该方案合理利用了土地。将展览的内容集中在一定面积内，而其余土地作为城市建设用地。方案共规划了 9 个全岛 1 个半岛、1 条滨水带，将不同的功能区分布在不同的岛屿上。两个岛作为园博会期间的主要展区；一个岛作为附近大学城的教学植物园；另一个小岛作为生态岛，为海边鸟类提供不受干扰的栖息地；其余岛屿和陆地未来将发展成住宅、办公、酒店、会议中心、温泉度假村、商业和娱乐设施等。滨水区域的大部分空间被规划为公共开放空间，并连成了一个系统，大大增加了土地的利用率（图 8.55）。

现场肌理

被水域分割的场地肌理

在规划中予以保护的肌理

图 8.55　土地肌理的利用与保护

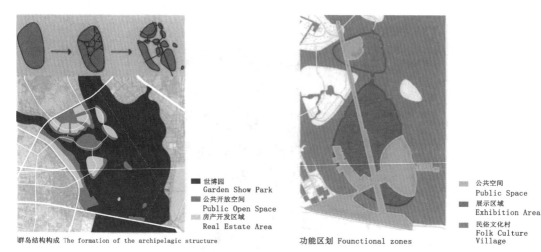

群岛结构构成 The formation of the archipelagic structure

功能区划 Founctional zones

■世博园
Garden Show Park
■公共开放空间
Public Open Space
■房产开发区域
Real Estate Area

■公共空间
Public Space
■展示区域
Exhibition Area
■民俗文化村
Folk Culture
Village

图 8.56 园博园空间结构示意图

第二,该方案巧妙保留了原有土地肌理。设计师认为土地肌理是一种有价值的文化景观。现有鱼塘的一部分转变为池塘和湖面,作为公园的景观要素;一部分进行填埋以建造设施。鱼塘在抽干水后可以通过有限的地形改造,变成下凹的展览空间。每一个鱼塘都可成为一个相对独立的展览区域,鱼塘之间的小路是各个展区的天然划分,也形成了网格状的道路系统。这种场地特征发展为景观规划的语言,不仅延续了文脉,大大节约了建造费用,还使园博园获得了独特的空间结构(图 8.56)。虽然,最终实施方案与原始方案有一定的差异,但厦门园博园规划方案可被视作文化景观、节约型园林及园博园规划的典范。

8.4.2 设计语言抽样分析

1) 苏州金鸡湖工业园区 苏州金鸡湖项目有如下特点:① 总体上是一个空间语言严谨、大尺度的、以精致见长的城市设计项目,风景园林是其中的一个环节,这对中国同类项目的影响是深远的。② 但其在整体的生态设计上有着缺憾,诸如需要高维护的植物的运用,较为单一的硬质水岸设计失去了丰富的水生态环境。设计语言分析见表8.8。

表8.8 苏州金鸡湖工业园区设计语言分析表

句法分析	结构语言	空间原型	西方古典园林
		景区布局	按功能、主题布局
		视线结构	视线开阔,以一览无余的视觉焦点、轴线组织视线
		游览路线	大尺度几何流线
	句法来源		西方现代园林、城市化妆运动
	句法特征	结构特征	有很强的秩序感,平面图形之间有很强的联系(图8.57)
		秩序	运用长距离轴线控制空间;一览无余的视觉焦点。
		时态	无
		兼容性	无
词法分析	典型词汇	物质性词汇	滨水广场、灯柱、大草坪、大型雕塑、石滩(或沙滩)、滨水步道、占据重要位置的大尺度栈桥(图8.58)
		形式词汇	大尺度几何曲线
	词汇来源	主要来源	西方现代园林
		其他艺术的词汇	现代建筑、当地民居建筑
		其他来源	历史符号和元素
	词法特征	词形处理	将地方符号融于装饰构件
		词组整合	以大尺度几何曲线统一词组
		词义	小中见大,以少胜多

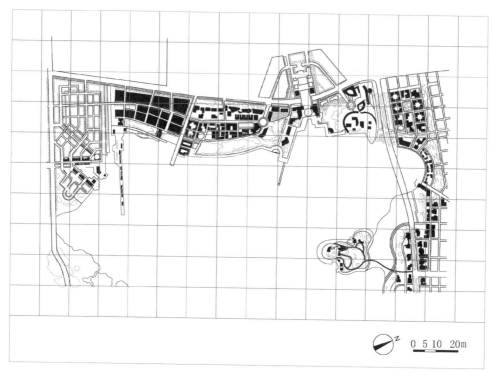

图 8.57　大尺度几何线条与城市轴线结合

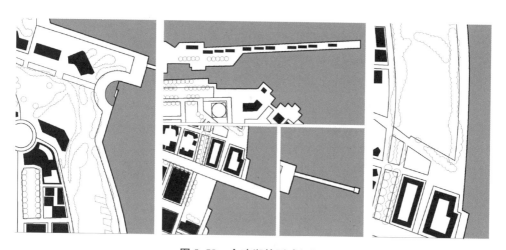

图 8.58　金鸡湖的形式词汇

2) 中山岐江公园　中山岐江公园是"土人"景观的成名作,也可以称作中国当代风景园林的一个标志性作品。从此开始,部分风景园林作品以生态园林、节约型园林、地域性园林为理念,开始崇尚伦理化美学、理性美学、机器美学。分析中山岐江公园的设计语言可以结合"土人"景观的另一个作品——浙江永宁公园。设计语言分析见表 8.9。

表 8.9　中山岐江公园设计语言分析表

句法分析	结构语言	空间原型	无
		景区布局	点、线、面三套系统叠合的布局
		视线结构	视线开阔,关系简洁
		游览路线	几何形的套环式,再加上打破套环式主路的各种轴线(图 8.59、8.60)
	句法来源		西方现代园林
	句法特征	结构特征	有较强的秩序感
		秩序	运用长距离轴线控制空间
		时态	保留了原有文化景观及植被
		兼容性	采用有机并置的方法处理新旧景观的关系
词法分析	典型词汇	物质性词汇	红色盒子、几乎原始状态的植被、钢架、台阶式的临水栈道、少量形式感极强的小品(比如柱阵)(图 8.61)
		形式词汇	斜线、方形
	词汇来源	主要来源	西方现代园林(解构主义＋极简主义)
		场地词汇	场地内已有的历史片段、植被等
	词法特征	词形处理	植被不处理;人工构筑物或小品加入代表中国的红色
		词组整合	原始的植被与极为精细的人工物形成强烈对比
		词义	生态、节约、白话

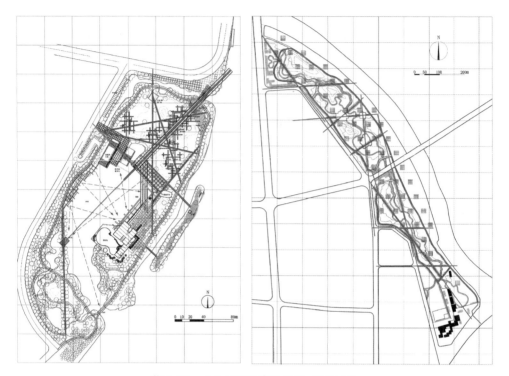

图 8.59　中山岐江公园的道路、视线结构

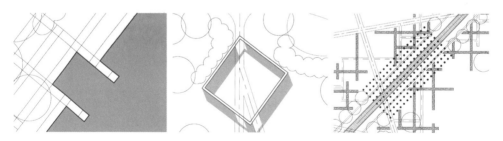

图 8.60　中山岐江公园的物质性词汇

　　3) 中关村软件园 D-G1 地块　中关村软件园 D-G1 地块的设计在中国当代风景园林作品中具有一定的代表性:① 场地文脉的缺乏使设计师从基地所在环境的性质、功能和使用者的要求来获取灵感,以设计主题展开构思,用一系列象征、隐喻的手法完成主题的内容;② 崇尚理性美学、机器美学和伦理化美学。设计语言分析见表 8.10。

表 8.10 中关村软件园 D-G1 地块设计语言分析表

句法分析	结构语言	空间原型	传统园林(图 8.61)
		景区布局	按场地原有地形、人文景点、植被等特点布局,内向性空间与外向性空间并置
		视线结构	视线开敞、关系简单(图 8.62)
		游览路线	流线型套环式布局为主
	句法来源		西方现代园林
	句法特征	结构特征	秩序感较弱,结构特征接近于传统园林
		秩序	大量采用借景、对景和框景;利用大草坪、疏林草地的开敞与局部封闭空间形成强烈对比。比如草坪与金鱼池在空间上的对比,实际是"园中园"的处理方法
		时态	再现了江南私家园林的句法
		兼容性	无
词法分析	典型词汇	物质性词汇	岛、桥和几乎不经处理的植被(图 8.63)
		形式词汇	大弧度曲线,传统园林式的折线
	词汇来源		西方现代园林;部分词汇来源于传统园林
	词法特征	词形处理	词形结合了部分传统园林词汇,比如曲桥,硬质景观词汇以理性、细腻、充满细节的形式出现
		词组整合	原始状态的植被与极为精细的人工物形成强烈对比
		词义	高科技、艺术、企业精神、生态

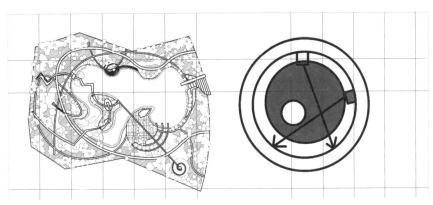

比例尺 N
0 20 40 60m

图 8.61 地块的空间原型

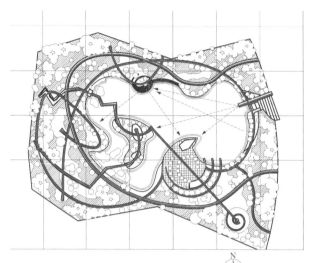

图8.62　地块道路、视线结构

图8.63　中关村软件园 D-G1 地块的物质性词汇

8.4.3　设计语言特征总结

1) 这一阶段的风景园林设计特征与前四个阶段相比复杂得多,无论构思及具体形式都体现出这一时期经济全球化造成的深刻影响。

(1) 构思特征　第一,设计构思求新求异。每一代人都能察觉他们所处时代的变迁,而这个时代的与众不同之处可能在于变化的速度越来越快。"求新、求异"正是这个时代的特征。近年来,园林绿地的投标方案越来越新、越来越奇,中规中矩的方案往往落选,原因之一在于不够"新"。"求新、求异"使这个时代充满了各种可能性,其中也包括水稻和向日葵等农作物可以成为中国当代风景园林设计中的创意元素。第二,设计构思主题化。从1990年代起,主题园林逐渐成形,出现主题多样化的状况。2000年开始,居住区、风景名胜区、城市公园等主要园林类型的主题化特征日益明显,主题的类型和表现手法也日益多样,"呈现出由内向—外向、单一—多元,抽象—具体、意境—物境的转变"[10]。主题类型大致可归纳为:游乐主题、历史文化主题、地域风俗主题、异国风情主题、运动主题及自然生态主题等。前面分析的上海徐家汇公园、中关村软件园 D-G1 地块都是以主题为构思主线的,完成设计素材和园林布局的衔接和转换。主题中的文字思维构筑了中国当代风景园林的主要实践活动。

(2)形式特征 这一阶段当代风景园林形式丰富多变,但仍可以大体总结出几种相对稳定的模式。

模式一——传统山水园+西方自然式风景园 这种模式基本延续前几个发展阶段的园林设计特征,但做出了一些调整:明确以植物造景为主,大幅缩小了建筑所占的比例;空间格局仍继承传统山水园的形态,但大幅度简化;吸收西方自然式风景园的手法,突出自然、线条流畅、简洁的特征。这一模式可以看作是一种承前启后的类型(图 8.64)。但由于植物造景所用材料强调大树、观赏花卉,因而造价较高。

模式二——西方大尺度城市景观语言+地方符号 模式一之后紧接着出现的是以西方大尺度城市景观语言为主,局部细节或小品雕塑具有地方符号特征的设计模式(图 8.65),以苏州金鸡湖为典型代表。随着城市新区的建设,绿地直接参与城市形象塑造,成为城市设计中公共空间系统的重要组成部分。典型特征是硬质场地集中且线条流畅,以几何形体为主,在城市轴线上设置尺度巨大的标志性雕塑或构筑物,硬质景观细部

图 8.64 模式一——传统山水园+西方自然式风景园

图 8.65　模式二——西方大尺度城市景观语言＋地方符号

设计精细,植物种植形式尺度大,呈几何式,强调纯林片植和大树点植,有意回避 20 世纪五六十年代的复层式种植及传统种植方式。模式 2 在新区绿地建设中被普遍运用。由于具"城市美化"的特征,造价和维护成本均较高。

　　模式三——纯自然＋建筑语言　尽量利用场地内原有植被,稍作整理,维持其纯自然状态,同时以极为精致、人工化的建筑语言与纯自然的植被形成强烈对比,凸显生态的伦理美及建筑语言的理性美(图 8.66)。土人景观的作品几乎都是这种类型,具有以下几个必备要素:几乎原始状态的植被;红色盒子或构架;台阶式的临水栈道;少量形式感极强、艺术化的小品(一般以白色或红色为主)。这种园林优点是植被不需要精心维护,原有生态系统较好地被保护下来;不足之处是,园林形态相对单一和模式化,丰富性不够。

图 8.66　模式三——纯自然＋建筑语言

　　模式四——平面图形＋雕塑语言　模式四是风景园林主题化即前面所分析的"文化展示",将风景园林作为表达某种主题思想的载体,具备这种功能的园林要素只有地面及雕塑。因此,这类风景园林平面往往是与主题相符的某种图形,雕塑则进一步将主题的表达细化、形象化(图8.67)。这种模式运用得当,能将地域的文化特色予以表现,但在整体层面上(城市之间、地区之间、绿地之间)衍生出文化主题泛滥、视觉形象雷同、工程造价增加和综合功能缺失等诸多问题。

图8.67　模式四——平面图形＋雕塑语言

　　模式五——完全拷贝西方园林语言　完全照抄西方园林语言,分两种情况。一类作品照抄西方现代园林;另一类则照抄西方古典园林。照抄西方古典园林导致了欧陆风情,俞孔坚教授对此有深刻的批判。另一方面随着西方现代主义、后现代主义、解构主义等各种流派及思潮的涌入,国内风景园林作品在拷贝西方不同国家著名设计师品牌作品。大尺度曲线的流行,造就了上海一批量产的"曲线绿地",对自然的模仿退化成单纯的构图技法。北杜伊斯堡遗址公园打开了中国"后工业时代园林"设计语言的流行局面,即便场地不是工业遗址,工业化、机械化的小品也同样得到推崇。周向频先生在评价上海的城市绿地时指出"……这些梦幻与其说是从这个城市的土地上生长出的绿色空间,还不如说是给这个经济繁荣的乐园又添上了一层好莱坞式的布景,恍如一幕幕城市话剧的舞台挂幕。如果人们没有足够的警惕,丧失或摒弃了深层次文化根基的上海城市绿地只能在海派文明强大商业势力的挤压下剩下一层皮,沦为拉斯维加斯式的城市布景"[11]。

照搬西方现代园林设计语言,还带来了另一个问题:园林的建筑化现象。以建筑为主或大量运用建筑设计的理念与手法,强调硬质空间、建筑物或构筑物等实体的营造。国内的风景园林设计师开始执迷于"构架""构筑物",风景园林中充斥着纯粹视觉意义上的观景塔、高架天桥、隔断墙体。针对这种现象,朱建宁教授曾指出:"拉·维莱特公园已经成为当代法国风景园林师批评园林建筑化设计语言的实例。而其在法国的影响力也远没有它在中国那么大。法国权威机构编写的《法国园林指南》,从无星级到四星级给该国550多座公园打分,拉·维莱特公园只得到了两星级[12]。"然而,这种建筑化的设计语言却受到当前国内很多设计师的推崇,并在不少项目中片面模仿其解构主义设计手法。

2) 设计语言特征　设计语言呈现多元化的面貌,除了前述的几种模式之外,许多作品同时具有多种设计手法、风格,难以准确分析其语言。西方现代园林尽管风格繁杂,但每种风格都较为纯粹,能准确找出其结构语言、词汇的来源,从而明确与传统的联系。而中国当代风景园林设计师本身在为形式而困惑,缺乏可供自由使用的语言及使用技巧,自然很难延续传统。由于当代风景园林项目规模大,而且城市新区的园林绿地往往和其他用地混在一起,因而结构语言普遍不再延续传统园林,典型词汇除了在类型上与传统园林还保留一些联系,词形轮廓上已经基本不再具有传统园林的特征。因当代信息发达,某种新奇的风景园林设计语言很容易流行,一般以词汇、语句流行居多,因为结构语言操作繁琐,涉及功能,不易模仿。所以,词汇、语句往往是设计单位的区分标志。

8.5　本章小结

除去破坏阶段,关于中国现代园林设计语言的演变(1949—2009 年)前三个时期设计语言风格统一,呈现出"薄洋厚中"面貌。在"洋为中用、古为今用""民族的形式"等框架下,有条件地吸收外来园林体系,积极探索如何创造符合时代特征、有本土特征的中国园林,但侧重点有所不同:

恢复、建设时期侧重于在结构语言和典型词汇上同时继承传统园林，虽然设计师已认识到传统园林的线性结构不利于大规模的公共游览，但仍希望通过"园中园"的方式解决这一矛盾。这时的"园中园"是一个微缩的传统园林。这其实是一种将中西风景园林结构语言并置的做法。这时期对传统园林的一些句法运用娴熟，比如天津水上公园由于面积过大，难以形成整体，借鉴皇家园林，利用制高点上的建筑控制全园。引入的苏联文化休息公园设计原理被绝对地贯彻，设计师从中体会到了这种以科学分类方式进行设计的好处，尤其是针对大型项目。天津水上公园的结构语言至今仍在使用，比如常州近几年新建的公园本质上都属于这个模式，只是加上了一些建筑化的词汇，如高架天桥等。

调整时期侧重于继承传统园林的理水技法，不仅继承"一池三山"的原型，还强调以水面的向心性加强全园的整体感。由于该阶段结构语言不再追随传统园林，结构语言逐步显现出现代公园开敞的特点，在"民族的形式"的号召下，作品的具体词汇几乎是描摹传统园林，因而从语形上看是复古的。

蓬勃发展时期继承了调整时期的做法，进一步摆脱传统园林的结构语言，典型词汇也显示出现代建筑的特征。结构语言开始逐步向建筑语汇靠近，讲究形与行之间的对位，即使彼此在空间上没有视觉上的关系。追求平面效果的做法逐步形成，这一步开始真正远离了传统园林。主题构思成为风景园林设计的特色，风景园林语形开始符号化，特别是园林建筑和小品。

巩固前进时期还可细分为两个阶段，以 2000 年为分界线，1990 年代对传统园林有过一次探索，如太子湾公园，发展了"传统山水园＋西方自然式风景园"的模式。2000 年之后的风景园林设计语言便呈现出纷乱的现象，在设计语言运用方面设计师普遍缺乏思考，因而有了本书绪论中提到的"失语"现象，从而需要探索当代风景园林的本土化策略。

参考文献

[1] 中国城市规划设计研究院. 中国新园林[M]. 北京:中国林业出版社,1985.

[2] 孙筱祥,胡绪渭. 杭州花港观鱼公园规划设计[J]. 建筑学报,1959(4):19-24.

[3] 劳诚. 合肥环城公园造园艺术浅析[J]. 城市规划,1987(4):47-52.

[4] 柳尚华. 中国风景园林当代五十年 1949—1999[M]. 北京:中国建筑工业出版

社,1999.

[5] 吴翼.城市园林绿化发展战略的探讨[J].中国园林,1984(1):2-7.

[6] 余树勋.浅议当前园林建设中的几个重大问题[J].中国园林,1986(04):39-42.

[7] 管宁生.浅谈现代园林观形成的趋势[J].中国园林,1988(1):56-57.

[8] 刘延捷.太子湾公园总体构思[J].风景名胜,1997(Z1):14-15.

[9] 王向荣.中关村软件园中心花园[J].景观设计学,2008(2):98

[10] 周向频.主题化园林的发展趋势与对策——中国当代园林设计的主题化特征解析[J].南京林业大学学报(人文社会科学版),2007(12):214-219.

[11] 周向频,杨璇.布景化的城市园林——略评上海近年城市公共绿地建设[J].城市规划汇刊,2004(03):43-48.

[12] 朱建宁.反思拉·维莱特公园设计[EB/OL].朱建宁的博客——园林专家博客,2008(11).

http://bbs.chla.com.cn/space/viewspacepost.aspx? postid=1141&spaceid=4.

9 设计意识层面的本土化策略

9.1 反思:中国当代风景园林本土化的若干误区

当前对风景园林本土化的认识存在若干误区,部分人士对传统园林的解读存在着误读的现象;另一部分人士则走向极端,将中国的文化直接等同于风景园林的本土特色,忽视文化承载力,强调对文化的展示,并将设计说明文字所描述的特色等同于现实中风景园林的特色。

9.1.1 对传统园林的误读

自从中国进入现代社会以来,西风东渐。传统文化在西方强势文化的冲击下,面临土崩瓦解的局面。不是曾经有人大肆鼓吹要"废除中医"吗? 作为中国传统文化精华之一的传统园林同样未能幸免。

1) 传统园林成为中国生态危机的"替罪羊" 近年来,伴随着中国工业化的进程,环境状况日趋恶化,特别是区域突发性环境事件不断,人们切身感受到了中国的环境问题已经到了成为公共危机的阶段,如太湖蓝藻事件。然而,有的学者不研究生态危机的根源,制定相关对策,却拿传统园林作为批判对象——"正是这种腐朽、虚假的园林艺术,与来自古罗马废墟的城市艺术相杂交,充塞着当代中国的城市,成为中国'城市化妆运动''园林城市运动'的化妆品……,使中国的大地景观面临严峻的危机边缘:生态完整性破坏、文化归属感的丧失、历史遗产的消失……"。毋庸置疑,园林绿地在保护和优化城市生态环境方面起着重要的作用,生态危机的制造者绝不是园林绿地本身,以生态危机问题批判传统园林是无根据的。

首先,传统园林绝非生态危机的根源。中国当代的生态危机是由全球化、快速城市化和唯物质主义等多种因素造成,比如中国作为廉价的原料市场,过度开采自然资源导致生态环境恶化;一些地方政府追求政绩,盲目扩大城市规模,贪大求洋,进行破坏性的建设导致城市环境恶化;尽管中央层面极度重视环保,但一些地方政府对保护当地环境并无积极性,致使环境法制形同虚设等。

其次，园林绿地的生态功能有限，并非万能。园林绿地在城市用地中所占比重有限。虽然园林绿地能在不同程度上改善城市的生态环境，优化人们的生活环境，保护原有的生态环境，但单纯地以园林绿地为手段从根本上解决生态危机也是不现实的。王绍增教授曾指出：“假如城市上风上游存在污染源，不进行具体的生态数据收集和净化机制的研究分析，以为在城市里画出某种由斑块、廊道、基底组成的图形，就能够解决市民的生态问题，不是很像道教‘符箓派’的图形崇拜吗？”[1]

再次，传统园林真正体现了以自然为本的理念。纵观世界各国的园林，没有哪一种园林如中国传统园林那样将自然提到前所未有的高度。当前西方现代园林，以生态学的理论为基础，但在西方的生态学家看来，这样做只是为了让人类更好地延续下去，自然仍然是人类的资源，是人类管控、操控和规划的对象。

最后，现实中的反例是设计师、决策者本人的问题，与传统园林本身无关。比如在平地上挖湖堆山，那是设计师无视“因高堆山，就低凿池”“因地制宜”这些原则的结果，不能因部分设计师的问题，而做出以偏概全的结论，彻底否定这门艺术。20 世纪五六十年代的公园大多是利用原有地形，略加整理，形成类似天然山水园的地貌效果，多余的土方就近支援他处的建设，“因地制宜”的原则运用得极为充分。

2) 传统园林成为乡土景观的对立面　把中国传统园林与中国优秀的乡土景观，与中国人的生存智慧对立起来，认为前者是代表帝王将相的“上层文化”，后者则是代表中国人民生存智慧的“下层文化”。这类观点的初衷是致力于创造属于普通市民的中国当代风景园林，是一种良好愿望。但以此将把中国传统园林与中国优秀的乡土景观作为一种对立的事物加以评判则略有偏颇。

第一，历史上一般只有社会上层人士才有条件进行造园活动，但并不能因此判断传统园林属于上层文化。传统园林的主人往往是帝王将相、达官贵人，但设计师、建造者都是工匠，处于社会最底层，即便是计成，其生时没有显赫的声名，身后更寂寂无闻。因此，不能孤立地认为过去为上层人所用的物质遗产仅仅只是上层文化的代表，彻底否定那也是劳动人民智慧的结晶。虽然部分传统园林存在奇山异石、奇花异草，但那既非传统园林的精华所在，也不是传统园林的典型特征。

第二，传统园林与乡土景观或地域性园林之间也没有矛盾，相反，传统园林恰恰是地域性园林的一种形式。历史上北方、江南、岭南三大园林风格鼎峙,其他地区的园林受到三大风格的影响,又出现各种亚风格。北方园林带有浓厚的政治和宗教色彩:一池三山,多是真山真水的自然风貌,园林规模宏大;建筑用重檐,红柱黄瓦,雕梁画栋,显示皇权的尊贵(图9.1)。江南园林多为士大夫和达官贵族所建,规模比较小,布局却精巧,建筑色彩素雅,以黑白为主色调,蕴含诗情画意的文人气息(图9.2)。岭南园林为岭南一带的商贾所建,多是与住宅结合为一体的宅院形式,规模小,建筑材料以青灰色的砖瓦为主,显得阴凉清淡,更加讲究点景、借景和意境的升华,具有江南园林和北方园林的特色,同时又带有西方文化的影子——园林的开放性,兼容性和多元性(图9.3)。北方、江南、岭南三大园林风格充分体现了中国古代的区域特色,与地域特征有着密切的联系。

图 9.1 北方园林

图 9.2 江南园林

图 9.3 岭南园林

9.1.2 对文化承载力的忽视

园林绿地里恰当地利用文化特色资源体现城市特色,有利于城市风貌的形成,没有文化内涵的作品是缺乏生命力的,但忽视了文化承载力,一味地苛求风景园林与文化关系会使其演变成一种僵化的模式,同样缺乏活力。

1) 言必称文化的风景园林规划设计 以文化带动经济,已经是城市经济发展的一种常用的策略,各地、各行业、各领域都在打"文化牌"。由于受到游憩产业及主题化设计思路的影响,文化成为风景园林实践必须考虑的要素。王向荣指出:"⋯⋯园林肩负起体现地方政治、几百年乃至上千年历史和文化等多方面的重任。这种观点直到今天还是相当数量的人们对园林的普遍看法,一些专业人士至今也并没有完全摆脱这一束缚"[2]。

笔者在期刊网上查阅了 1994—2009 年期间在《中国园林》上发表的105 篇介绍绿地规划设计项目概况的文章,统计结果显示其中 62 例与文化主题表达有关。打开各个城市政府规划、园林网站,介绍绿地项目如何深入挖掘城市文化的文章比比皆是,大有"言必称文化"的趋势。然而,这一思路却忽视或未意识到一个问题——绿地的文化承载力。

2) 文化承载力的分析 绿地的文化承载力指绿地容纳文化信息的能力,可以从三方面理解其含义:首先,所能承载的文化信息的最高层次;其次,以视觉形态表现城市文化的最大容量;最后,维持文化原真性的能力。这一概念假设绿地应充分体现城市文化,通过解析,论证绿地的文化承载力的客观存在和有限性。

(1) 文化的层次 文化资源从文化形成区域特色的角度可依次为国家特色、地区特色、场所特色三级;从影响力的角度可大致分为重要特色资源和一般性特色资源。文化信息的层次性要求绿地系统规划分级配置文化资源,从而有效避免因主题雷同重复而导致的绿地功能混淆不清的弊病。分级配置文化资源时,将具有国际、国内影响的特色资源整合在大型公园绿地中(如市级综合公园、重要专类园以及滨水风光带等);而那些只对局部(省内或市内)产生影响的特色资源可在中小型公园绿地(区级公园、街旁绿地等)中体现[3],以此可以明确、有层次地体现城市的文化特色。

(2) 承载容量的有限性 从目前的实践活动来看,绿地承载文化信息的方式,主要以科普宣传、景观展示和活动体验三种为主,科普宣传栏容纳文化信息的能力最强,但缺乏"景观特色";景观展示和活动体验各自具有局限性,而且两者的不恰当运用会导致绿地视觉面貌雷同及造价过高等弊病。科普宣传栏是向市民普及城市历史文化的有效工具。其优点是文字和图片的形式清晰易懂,内容可定期更换,建造成本低,占地面积少。但科普宣传栏主要服务于本地市民,形式充其量是一个招贴画廊,缺乏"景观特色"。景观展示主要依靠小品、雕塑、雕刻等手段表达风景园林的文化性,这种方法受限于硬质景观的数量,因为文化信息量与园林小品的数量及造价成正比。当前文化小品泛滥及工程造价过高的现象正是文化信息超载的外在表现。至于其艺术手段则只能在雕塑、雕刻和构成中徘徊,如不严格控制,绿地在视觉形态上将演化成充斥着各种雕塑及构成作品的专类园。因此,以景观的形式展示的文化,其信息量是有限的。伴随旅游业的快速发展,绿地规划吸收了游憩规划的思路,将传统和民俗文化体验、表演项目引入绿地,各地的主题公园、民俗体验园比比皆是。以活动项目体现文化特色的方式具有互动性和直观性等优点,但也存在着传统文化被商品化、庸俗化,民俗艺术降级为低级表演的可能性。

(3)文化信息的原真性 是指绿地以视觉形态表现文化时,文化信息应具有真实性;二是以活动体验为形式展示文化时,文化心理应具有延续性。文化信息的来源必须真实可靠,对文化信息真实性的要求将绿地的文化来源限定在城市文化特色资源范围内,但需要对其进行梳理和过滤,与时代的价值观相背离、对市民有误导倾向的文化信息应抵制和杜绝。传统文化心理能否延续,能否渗透在市民日常生活的肌理中,保持其原生态性、民间性与真实性,决定了绿地能否具有以活动体验的形式承载该文化的能力。将传统、民俗活动项目引入绿地,"风俗习惯被预先安排以消遣娱乐的形式介绍给旅游者,使得旅游者在当地逗留的时间越短,对当地的文化的理解被扭曲的程度越大。居民表演的扭曲本土文化习俗的活动越来越多,失去了其原有传统的意义"[4]。保持绿地内的文化信息的原真性可以有效地避免文化信息不经梳理和筛选,被简单地、饱和地配置到绿地中而造成主题泛滥的现象。

3)文化承载力的评价因子分析 绿地的文化承载力的评价为绿地规划前期的项目定位提供决策依据,其过程虽远不及当前流行的生态环境评价、视觉环境评价来得复杂,却也涉及诸多因素。

一是游览者的阅读能力,即游览者读取园林小品所含的文化信息的能力。这取决于城市经济的发达程度和文化活动的普及程度。要读懂被抽象变形为某种形态的历史信息,首先要对城市的历史文化有较深入的理解并且具备一定的艺术素养,否则无法理解"隐喻""夸张""拼贴"等诸如此类的艺术手法。

二是社会文化的承受力。文化的变化总是有限度的,超过这个限度,当地的居民的原生文化就难以承受,将会导致一系列的社会问题。作为绿地活动项目主题的传统和民俗文化能否经受得住将原本日常化的习俗内容程序化、商业化的变化,是绿地是否能以活动体验的方式承载该文化的决定因素。

三是城市文化特色资源的剩余量。除绿地规划之外,城市文化特色资源同样也是其他城市用地的城市设计、建筑设计和室内装饰的构思之源。因此,使用文化特色资源时,有必要对其目前和未来的使用情况进行列表整理,明确可用的内容,梳理其层次,以防止各类文化主题的误用和滥用。

四是绿地的性质和规模。大型公园绿地中(如市级综合公园、重要专类园以及滨水风光带等)由于其服务范围广、影响力大、游人数量多、硬质景观丰富,其文化承载力在一般情况下大于中小型公园绿地(区级公园、街旁绿地等)。需要指出的是某些专类园,如纪念性园林,其文化挖掘和表现力度较大。

五是绿地内外的历史文化资源。绿地的文化承载力和绿地规划范围内外的历史文化资源的关系主要取决于两者的空间位置及主次关系,可总结归纳为表9.1。

表9.1 绿地的文化承载力和规划范围内外的历史文化资源的关系

空间关系		绿地类型	承载力	绿地的作用
人文资源在绿地规划范围外	绿地串联人文资源	带状绿地	小	连接景点;构成系统的公共空间;局部可"点题"
	绿地从属人文资源	附属绿地	小或极小	优化环境,衬托人文资源
人文资源在绿地规划范围内	绿地包含人文资源	各类绿地	大	以现有人文资源为景观骨架,反映地方文脉和特点;优化环境

注:表中的绿地类型仍沿用了2002版《城市绿地分类标准》中的规定。

绿地内的历史遗迹、历史文物、古树名木、传说故事、历史事件等文化资源,是绿地的构成要素,能形成或实或虚的景观骨架,这必然加大绿地的文化承载力。相反,外围的文化资源为维护其真实性,反而会削弱绿地的文化承载力,这一点最容易被忽视,比如在文保单位的附属绿地里大做文化的文章,则是喧宾夺主,妨碍了真实的历史信息。

六是绿地的生态敏感度。绿地的生态敏感度限定了规划的发展方向、绿地的开发强度和硬质景观的比重。从尊重绿地原有的生态状况和坚持建设生态园林城市的角度考虑,绿地的生态敏感度与文化承载力成反比关系,湿地公园是最典型的例子。

9.1.3 将文字游戏等同于风景园林特色

当前,主题是风景园林设计中极为常用的词语,几乎可以如此判断:主题——言语构筑中国当代风景园林。然而,在中国当代风景园林中,主题的概念是混乱的,有时是指题材的物象,有时是指设计师处理某些题材的构思。因此,它有时也相当于"设计思想""设计构思""理念""概念""立意"等词语。它们都强调"意在笔先",被认为等同于风景园林的内容,决定风景园林的形式(即风景园林布局)。

1950 年代各城市进行公园建设时,并没有主题的陈述,因为当时的文化休息公园模式的立论基础是要把广泛的政治教育与劳动人民在绿地环境中的文化休息结合起来。其后,广州的公园建设突破了苏联模式,率先兴起了"园中园"的建设,主题思想才开始为风景园林界所关注,比如"园中园"被认为"一般面积都比较小,主题单纯,易于借鉴和发挥中国传统的园林艺术手法进行意境构思和形象创作,使园景显得精巧别致,富于新意"[5]。

设计师通过对题材(园林形式)、景点设置(园林布局)以及模棱两可的中介——"主题"的相关表述,完成了设计素材和园林布局的衔接和转换。同时,他们还可以打着"个性、特色和创新"的旗号,一边设定主题,一边选择题材,进行着与场所并无实质性联系的景点设计,并且在主题思想的预先设定下,获得了自圆其说的合法性。比如,因为邯郸素有"典故之乡""成语之乡"的美名,所以设计师在丛台公园改造中,"巧借成语、典故"来设计景观。各地情况是普遍如此,再如广州文化公园的"园中园",设计者结合广州的文化历史、风土人情、神话传说等内容,用壁画、雕塑、诗词、书法、建筑、植物等创作出一个个生趣盎然的庭园空间,综合表达了'广州好'这一主题思想。即使是传统园林的重建,比如上海秋霞园,设计师在"设计构思"中谈道:"复园规划仍以古朴、淡雅、自然为园林构图的要旨,并替重立意于'秋霞'进行组景、造景。"显然,这只是词语诗文的构筑的语言游戏,并未体现空间实质性的特色。

1990 年代以来,这种现象就非常普遍了,成为设计界一种主流的思想,在 1999 年昆明世界园艺博览会的中国园区的园林设计方案的陈述中多有体现。2003 年的奥林匹克森林公园及中心区景观规划设计的国际竞赛再步后尘。

言语构筑了中国当代风景园林设计的主流思想。设计师常常是在对象不明确或缺席的情况下,使用词语的"诗意"与幻想、理解原本客观的活生生的东西,去构思、创造和陈述园林中的客观物象。因此,思想走进了话语的囚笼,设计变成了空洞的与实际条件无关的想象。长此以往,希冀通过理性的规划和设计来改善和协调人类的聚居环境只可能成为一种臆想![6]林广思对中国当代风景园林设计作品主题化现象作出了精辟论述。

9.2 策略:传统园林与地域性园林并重

9.2.1 传统园林是中国现代风景园林发展的基础

中国园林传统是中国悠久历史文化传统的一部分,它充分体现了中华民族的智慧和技巧,反映了中国人对自然的认识与思考,它用独特的视角、手段去审视、呈现不断变化、无比丰富的大千世界。虽然在长期的发展中它的形式逐渐趋于稳定、程式化,但其精神内涵仍是独特、有启示性的。如果人们用开放视角审视传统,将能获得全新的理解,找到当代中国风景园林发展的坚实基础。[7]

1) 传统园林是一个开放、包容的体系　尽管不少观点认为中国传统园林思想陈旧,形式僵化,不适于今天的社会环境,只有文物保护价值而没有发展利用价值。这实际上是一种狭义的理解,没有认识到传统园林是一个开放、包容的体系。

首先,中国传统园林不是静止,而是变化发展的。中国园林体系建立在中国儒、道、佛的思想基础之上,推崇"中和",不求激烈的变革,但它不是完全不变,而是处在渐变之中,渐变积累到一定程度,则有突变。比如,艮岳突破秦汉以来宫苑"一池三山"的规范,把诗情画意移入园林,以典型、概括的山水为创作素材,在中国园林史上是一大转折。清末的私家园林在清末公共园林的影响下,出现了私园向公众开放的现象,也说明传统园林是变化发展的。

其次,中国传统园林不是封闭的,而是开放的。传统园林既有独立性而又不是凝固不变的体系,它能够与别的体系沟通与交流,能够吸引别人的长处来丰富自己。比如,中国传统园林就从山水诗词、山水绘画及其理论中获得很大的启发,还有许多外来艺术形式也对中国园林产生过深刻的影响。钱溪梅在《履园丛话》中说:"造园如作诗文,必使曲折有法、前后呼应,最忌堆砌,最忌错杂,方称佳构。"传统不只教会人们模仿,也教会人们创造。

第三,中国传统园林不是单一的,而是丰富的。其丰富性既指园林有许多类型,也指园林在历史不同时期所呈现出的不同内涵与形式特征。目前遗留下来的传统园林大部分是明清以后的作品,呈现出比较固定的特征。实际上传统园林在具体的造园手法上,也只强调大体法则,而不规定僵硬的条条框框,所谓有法无式,就是指在遵循大法则的前提下,完全可以自由发挥创造。中国园林在各阶段的发展丰富无比:既有感性,也有理性;既有写意,也有写实;既有自由,也有规整;既有人工,也有自然。

第四,中国园林的传统是独特的。中国传统园林有着极其鲜明的独特性,不仅表现在与中国人特定的欣赏心理和思维方式密切相连,而且包括它在漫长发展过程中形成的独特表现手法和建造技巧。它把空间创造同人与自然的关系结合起来,形成一整套独特的观念体系,具有浓郁的中国特色,是中国园林区别于世界其他园林的标志。

第五,中国园林的传统是恒久的。随着时间的推移,有些传统园林的内容、形式失去了继续存在的基础。但那些代表中国园林最根本的特质,与中国这个特定的自然地域与文化地域紧密相连的内容及形式仍有恒久的价值。它们仍与今天中国人的需要和情感相通,代表着一种积极向上与不断发展的精神。

2) 传统园林注重的是一种态度 中国的传统园林就其本质而言,是文化而非技术,是实现中国人性情的教化,是培养中国人的美学素养、文学素养和自然鉴赏力的教化。其价值要比某一门单一的技术,某些纯粹的谋生手段重要得多。元代画家倪瓒的《容膝斋图》(图 9.4),"一张典型山水画,上段远山,一片寒林,中段池水倪氏

图9.4 《容膝斋图》

总是留白的,近处几棵老树,树下有亭,极简的四根柱子,很细,几乎没有什么重量,顶为茅草,这也是典型的中国园林格局。"[8]《容膝斋图》的意思是如果人可以生活在如画所示的场景中,画家宁可让房子小到只能放下自己的膝盖。这正是古代造园师的一种情趣,一种态度。文徵明为拙政园做的那一组图至今仍镌刻在园内长廊墙上,与拙政园的壮大宽阔,屋宇错杂精致相比文徵明笔下的拙政园只是些朴野的竹篱、茅舍。

9.2.2 地域性园林是生态园林、节约型园林的理想形态

随着俞孔坚、王向荣、孔祥伟、朱建宁等专家教授多年来的研究,生态园林、节约型园林、地域性园林三者在文化及美学上已经获得了统一;三者的视觉形态最终以地域性园林为外在表现。

1) 核心理念的统一　地域性园林在理论上的核心是自然景观和文化景观的保护和延续。自然景观因存在地域分异的问题,是地域性园林的一种天然表述。文化景观是任何特定时间内形成某地基本特征的自然和人文因素的复合体,是附加在自然景观之上的各种人类活动形态。[9]。可见,"解读'文化景观'是理解地域上曾经和正在生活的人们如何生存和改造世界的一种途径"[10]。文化景观是一个宽泛的概念,完全没有人类涉足的自然景观已经很少了,大多数自然景观都可以纳入这一概念。因此,地域性园林关注的对象与节约型园林、生态园林是一致的。

朱建宁教授认为节约型园林应包含"节约资源和能源""改善生态与环境""促进人与自然的和谐"[11]这三个目标。俞孔坚教授认为通过生态设计来实现节约型城市园林绿地,"可以遵循地方性、保护与节约自然资源、让自然做功和显露自然 4 条基本的原理"[12]。显然,俞孔坚教授的节约型园林概念本身含有生态和地方性的内容。俞孔坚教授在解释北京土人景观规划设计研究所的奥林匹克公园设计方案以"田"为设计策略的缘由时,指出"田"方案"以对土地的爱和虔诚态度,设计一个可持续的景观,尊重自然,用最少的工程获得可持续的最大收益"[13]。

可见,生态园林、节约型园林、地域性园林都强调对场地内现有的资源——自然景观和文化景观的保护和利用,反对破坏式的建设,这一点是三者的交集所在。生态园林成功地延续了场地的生态环境,节约型园林尽可能"节约资源和能源",两者使设计场地必然反映地域的自然特色。

2) 设计手法的统一　在设计手法上,对场地内现有的资源的保护性

改造、保留也是三种园林共同的设计手法。生态园林强调原有场地生态系统的保护，主张"最少介入"，必然最大限度地反映地域的自然特色。节约型园林强调"以最少的用地、最少的用水、最少的财政拨款，选择对周围生态环境最少干扰的绿化模式"[14]，因而保护场地内的植被资源，尽量利用原有地形地貌，减少土方作业。地域性园林强调通过保护场地内的自然景观和人文景观来实现其关注的"场所精神"①。

3）美学原理的统一　美学上，三者都具有"理性美学"和"伦理美学"的特点。当代中国园林随着学科领域的不断拓展，越来越崇尚机器美学、理性美学和伦理化美学。现代主义对功能的强调赋予了产品一种美学价值——理性美学，形成了简洁与纯粹的现代特征。生态、节约、可持续等观念的普及使人们趋向于把解决人与自然的伦理关系作为设计基础，产生了伦理化美学。伦理化美学把自然中的生态过程和生态现象看成是一种美学对象，从而产生了生态美；把景观营建中资源再生的过程也看成一种美学对象，与可持续设计所提倡的一样，减法的设计是伦理化美学的重要特征，这使人们重新认识到了极简主义理性美学中"最少介入"理念的价值。这些美学对中国面临的环境与能源危机具有现实意义，因而三种园林在美学原理上获得了统一。

西方现代园林在发展过程中所出现的风格流派已经为生态园林、节约型园林、地域性园林提供了完整的理论、设计语言的参照系统和大量可供参考的成功作品。因此，以西方现代风景园林设计语言为参考，以某些特定的方式构建中国的地域性园林，不仅能使对西方风景园林的借用形式趋于理性化，更是中国现代风景园林设计语言本土化的重要策略。

9.3　方法：综合创新法

传统园林的延续和地域性园林的构建都遇到如何继承传统文化的问题。在此，不妨参考历史上关于"批判继承法"和"抽象继承法"的辩论。

要不要继承中国传统文化，如何继承中国传统文化，可以说是"五四"以来一直困扰着中国学人的问题。毛泽东在《新民主主义论》中提出对外

---

①　著名挪威城市建筑学家诺伯舒兹（Chris Tian Norberg - Schulz）曾在 1979 年，提出了"场所精神"（Geniusloci）的概念。在他的《场所精神——迈向建筑现象学》这本书中，诺伯舒兹提到早在古罗马时代便有"场所精神"这么一个说法。古罗马人认为，所有独立的本体，包括人与场所，都有"守护神灵"陪伴其一生，同时也决定其特性和本质。

来文化和传统文化要有所分析,取其精华,去其糟粕,要批判地继承,而不能无批判地兼收并蓄,是所谓的批判继承法[15]。所谓抽象继承法,则是冯友兰 1957 年提出的。对于文化遗产的继承,毛泽东的标准是精华与糟粕,冯友兰的标准是抽象与具体。从理论上看,应当说前者更具有合理性。因为一般来说,凡精华都应该取,凡糟粕都应该去;但不能说凡抽象都要继承,凡具体都要抛弃。因为抽象并不等于精华,具体也不一定都是糟粕。问题是从历史上看,讲批判继承,结果往往是只有批判,没有继承。讲抽象继承,又往往不加分析,对民主性的精华与封建性的糟粕的区分比较忽视。总的情况是 1950 年代至 1970 年代通行批判继承法,拒斥抽象继承法。1980 年代抽象继承法强势反弹,长期盛行的批判继承法则被搁置一边,很少提及。1990 年代有人重提批判继承法,指出抽象继承法的不足。

"'批判继承法'重在批判,这种方法运用的实际后果是传统文化在社会中几乎被人遗忘;'抽象继承法'则重在继承,其抽象性不过是达到继承的一种手段,这种方法的提倡为传统文化的研究和弘扬争得了一定的地位。"[16]抽象继承法"肯定有某种一般性的道德,也就是肯定人与人之间的共通性,肯定某些文化价值的超越性和普遍性。根本否定这一前提,所谓'继承'也就只能是一句空话。"[17]"真正的继承只能是以现代精神去改造传统命题,这种改造自然少不了'附着'的做法。同时还要以现代精神赋予这些命题以现代意义,这种赋予也并不完全排除贴标签的做法。而且,正是由于抽象继承法能够伸张语言的民族性、普适性和历史性,传统文化才能走进当代中国,即达到历史与现实的交融。而按照……批判继承法,传统的内容只能(绝大部分地)被拒于当代中国之外。"[16]

批判继承也好,抽象继承也好,归根结底都是为了继承。中共十六大报告强调,必须把大力弘扬和培育民族精神作为文化建设极为重要的任务,纳入精神文明建设和国民教育的全过程。为了在全球化进程中建设当代中国新文化,尽快在传统文化的研究和弘扬上取得共识,是中国学术界面临的重要而紧迫的课题。毛泽东在谈论文化问题时,多次表述了既继承历史遗产,又不兼收并蓄;既吸收外来文化,又不全盘西化的思想。张岱年提出将唯物、理想、解析综合于一,即"综合创新"。张岱年关于文化综合创新的主张,是一种极有价值的探索,也是一种颇有影响的学说。早在 1930 年代的文化讨论中,他就既反对"东方文化优越论",又反对"全盘西化论",主张兼取中西文化之长而创造新的中国文化。在 1980 年代的"文化热"中,他指出无论是"中体西用"还是"西体中用",无论是国粹主义还是全盘西化,都走不通,只有辩证的综合创造,才是中华民族文化复兴的坦途。

综合创新的大思路无疑是对的,并且为当代中国的文化建设指明了一个正确的方向。"辩证的综合创造"即文化综合创新论的主张,并运用毛泽东关于"古今中外"和"批判继承"的思想加以发挥,指出"综合创新论是经过现代人总结和概括地表述出来的。我们可以用'古为今用,洋为中用,批判继承,综合创新'四句话简要地表述这种文化观的基本内容,这就是我们对古今中西问题的比较全面的完整的回答"[18]。这一论断同样适用于中国当代园林中传统文化的继承问题,即传统园林和地域文化的继承。

9.4　态度:多元、包容

9.4.1　建立多元并存的风景园林审美标准

理性美学和伦理化美学对中国面临的环境与能源危机具有现实意义,而中国传统园林所倡导的美学由于表面上无助于解决这些实际问题,被部分学者作为批判对象,用于推进新美学。其实,传统园林美学并未过时,而伦理化美学和理性美学也有一定的适用范围,并非万能。

1) 传统园林美学并未过时　中国传统园林特点可以概括为四个方面:①本于自然、高于自然;②建筑美与自然美的融糅;③诗画的情趣;④意境的涵蕴。这些特点有着相应的审美标准:①追求的是一种感性的、写意的自然美;②追求风景式的画面;③追求"诗情画意";④寓情于景、情景交融。传统园林尤其是江南私家园林体现的是一种朴实的自然观点和朴素的自然气氛以及对艺术的追求,于今仍有很大的启发意义。

(1) 对自然美的追求　在世界艺术发展史上,中国人首先认识到自然美,欣赏自然美,并借助园林来表现自然美。中国人自认是自然式园林的鼻祖,中国园林也惯于以师法自然、顺应自然、源于自然而高于自然来阐释园林与自然之间的关系。以自然山水为景观特色、以自然崇拜为文化内涵的中国地域景观和文化属性,构成了中国园林的典型特征,在世界园林艺术中独树一帜。"自然山水已作为人们的审美对象存在。"[19]尽管中国传统园林对自然的认识显得表面化和程式化,但是传统园林朴实的自然观点和朴素的自然气氛,仍然对现代风景园林设计具有极大的启示。以自然山石、水体、植被等构成的自然空间,结合清风明月、树影婆娑、山涧林泉、烟雨迷蒙的自然景观,构成令人心旷神怡的园林气氛;利用光影、气流、温湿等气候因子,营造舒适宜人的物质空间和心理空间。在追求视觉效果的同时,还追求身体、心理上的美好感受(图9.5)。

图9.5 杭州西湖如同一张水墨画

(2) 对意境的追求 传统的审美理解具有非概念性和不可言传的特点。非概念性就是表现为超感性而又不离开感性,趋向概念而又无确定的概念。这是因为审美中的理解,是理性积淀在感性之中,理解溶化在想象和情感之中。中国传统园林集中体现了这一特点。例如拙政园的"听雨轩"取"留得残荷听雨声"之意,所要造就的是秋风落雨打残荷的一种情调。这种"景"只有感情失落或官场失意而又不愿同流合污的人才能体味到,而不是用眼看。传统园林的意境美使游览者只能领悟,难以言喻,这正是传统园林美的妙处,使审美理解比确定的概念认识要丰富广阔,可以使人反复捉摸、玩赏不已。

(3) 对艺术的追求 针对中国传统造园,18世纪的英国造园家威廉·钱伯斯(William Chambers,1723—1796)曾经提出过十分精辟的见解:"尽管自然是中国造园家巨大的原型,但是他们并不拘泥于自然的原型,而且艺术也绝不能以自然的原型出现;相反,他们认为大胆地展示自己的设计是很有必要的。按照他们的说法,自然并没有向我们提供太多可供使用的材料,土地、水体和植物,这就是自然的产物;实际上,这些元素的布局和形式可以千变万化,但是自然本身所具有的激动人心的变化却很少。因此要用艺术来弥补自然之不足,艺术用来产生变化,并进一步产生新颖和效果。"[20]钱伯斯的结论是造园家要使园林小天地中的自然元素多样化,园林应提供比自然的原始状态更加丰富的情感[21](图 9.6)。这一点恰恰证明传统园林美学包含着合理的因素。

图 9.6 原始状态的自然

2) 伦理化美学和理性美学有一定的适用范围 从大范围来说,伦理化美学和理性美学对中国面临的环境与能源危机的确具有很强的现实意义,前面也论证了两者奠定了当代地域性园林的美学基础。但也应看到伦理化美学和理性美学有一定的适用范围。被钢筋混凝土包围的城市中,伦理化美学所提倡的那种生态美受到欢迎,是因为长期处于硬质环境下的人们向往原始的、几乎不经处理的自然,但如果长期生活在这个环境下,也会乏味。比如,在居住区里保持基地原有的野草或种些粮食,这种环境初看很有创意、很有现代艺术的味道,但对于一年四季生活在其中的人们必然是乏味的,就像在农村造农业景观不受欢迎一样。简洁与纯粹是一种现代特征，因为现代主义本来就是在反对传统中发展起来的，反对装饰，强调"少就是多"，强调功能，而这种无差别、冰冷的理性美在西方早已受到质疑，但在中国当代风景园林中却受到欢迎，设计师执着于图纸上由尺规作图产生的机械美。设计师可曾想过，在到处是混凝土、玻璃、钢构成的硬线条的城市环境中有一片"如画"的、精致的绿地，有何不可？何况传统园林所营造出的精致化的空间为何不能为普通市民所享受？近几年，在"中国式居住"这个口号下诞生的"清华坊""第五园""九间堂"等楼盘打出了传统园林这张文化牌(图9.7)。它们大多借用了某种与古代文化传统有关的字眼，突显其异常强烈的精英文化的身份特征。"九间"已接近帝王的规格；而岭南四大园林之后的"第五"，无异于无数的世界第八奇迹。[22]这些"中国式"的楼盘几乎都是低密度住宅项目，是针对客户的精英文化身份。为何精英们有权享受传统园林文化，而普通市民只能在公园里"欣赏"由野花野草、玻璃和钢构筑的现代理性美(图9.8)？

常州的红梅公园原本就是一个传统风格的园林，当人们获知其即将被改造时，自发地去拍照留念。苏州市中心的大公园改造为苏州公园后，取消了荷池，表面显得整齐了些，现代了些，但是，市民反映强烈，怀念早先的大公园，为了寻找失去的美丽荷塘，许多市民只好自驾车去常熟曾园。这些都表明，市民并没有抛弃、反对传统园林美。

本书无意于讨论究竟哪种美学更好。延续传统时园林取其精华、弃其糟粕，引入西方现代园林美学则应避免极端，多考虑本土的人文环境。两者完全可以多元并存的状态存在，各取所需，各自发挥优势。

图9.7 以传统园林为主题的楼盘

图 9.8　强调理性美与生态美的现代开放空间

9.4.2　调整宏大叙事的心态

随着风景园林学科的拓展,风景园林越来越以一种宏大叙事姿态出现在世人面前,而这一点在一定程度上导致了对传统园林的排挤。宏大叙事本意是一种"完整的叙事",用麦吉尔的话说,就是无所不包的叙述,具有主题性、目的性、连贯性和统一性。文艺理论批评中,经常使用这个词语,史学借用这个词语,是受后现代主义思想的影响。宏大叙事在风景园林中的表现,便是认为风景园林无所不能,低碳、生态、避震减灾、文化、教育等。从学科发展的角度,无可厚非,但不能将宏大叙事的方式扩大化,拿整体套局部,作为绝对的评判标准。

风景园林毕竟仍是一门艺术,甚至是一门哲学,反映出人的思想和观念。风景园林这个行业最重要的,在于它是反映自然观的艺术,反映了人们对待自然的态度。风景园林不是纯粹的自然科学或社会科学,而是两者的结合。作为风景园林师,不能从根本上解决生态危机、环境问题,也解决不了人的生存问题、社会问题。过分夸大风景园林的作用,其实并不利于这个行业的健康发展。风景园林规模有大有小,功能各有不同,这一点在城市绿地系统规划文件中有详细的规定。风景园林的低碳、生态、避震减灾、文化、教育等功能不可能在所有园林中都得以完整的体现,一片几百平方米的街旁绿地,其生态、文化功能都十分有限,因此,不必处处以宏大叙事的标准予以衡量。

9.5　本章小结

　　本书在设计意识方面明确反思了若干误区,论述了传统园林是中国现代风景园林的发展基础及地域性园林是节约型园林和生态园林的理想形态的观点,不仅为传统园林的继承找到理论依据,还将节约型园林、生态园林和地域性园林三者统一起来,找到了西方现代风景园林设计语言在中国实现本土化的切入点——地域性园林。还提出应建立多元并存的园林审美标准,并阐述风景园林首先作为一门艺术存在。这些都为传统园林设计语言的延续方法及地域性园林设计语言的构建方法的研究做了理论铺垫。

参考文献

[1]　王绍增.消费社会与风景园林教育[J].中国园林,2009(2):25-30.

[2]　王向荣.现代景观设计在中国[J].技术与市场(园林工程),2005(3):12-14.

[3]　王浩,徐英.城市绿地系统规划布局特色分析——以宿迁、临沂、盐城城市绿地系统规划为例[J].中国园林,2006(6):56-60.

[4]　董文燕.旅游接待地的社会文化承载力研究[J].技术与市场,2007(5):96-97.

[5]　李敏.中国现代公园——发展与评价[M].北京:北京科学技术出版社,1987.

[6]　林广思."主题"——言语构筑的中国当代园林[J].新建筑,2005(4):64-66.

[7]　周向频.跨越园林新世纪——全球化趋势与中国园林的境遇及发展[J].城市规划汇刊,2001(2):31-35.

[8]　王澍.造园与造人[J].建筑师,2007(4):82-83.

[9]　汤茂林.文化景观的内涵及其研究进展[J].地理科学进展,2000(11):70-79.

[10]　林菁,王向荣.风景园林与文化[J].中国园林,2009(9):19-23.

[11]　朱建宁.促进人与自然和谐发展的节约型园林[J].中国园林,2009(2):78-82.

[12]　俞孔坚.节约型城市园林绿地理论与实践[J].风景园林,2007(1):55-64.

[13]　俞孔坚,刘向军.走出传统禁锢的土地艺术:田[J].中国园林,2004(2):13-16.

[14]　仇保兴.开展节约型园林绿化促进城市可持续发展——在全国节约型园林绿化现场会上的讲话[R].2006.

[15] 郭建宁.毛泽东的文化观与当代中国文化建设的几个问题[J].河北学刊,2003
(5):75-79.

[16] 朱宝信.论研究和弘扬传统文化的两种态度——朱德生、李登贵先生《从思想
世界降到现实世界》献疑[J].青海社会科学,2003(1):118-121.

[17] 郑家栋.断裂中的传统——信念与理性之间[M].北京:中国社会科学出版
社,2001.

[18] 方克立.现代新儒学与中国现代化[M].天津:天津人民出版社,1997.

[19] 杜顺宝.历史胜迹环境的再创造[C]//国际公园康乐协会亚太地区会议论文
集.杭州.1999:170-173.

[20] Chambers W. A. Dissertation on Oriental Gardening[M]. Montana:Kessinger
Publishing. LLC,2010

[21] 朱建宁.做一个神圣的风景园林师[J].中国园林,2008(1):38-42.

[22] 刘晓都,孟岩,王辉.用"当代性"来思考和制造"中国式"[J].时代建筑,2006
(3):22-27.

10 设计操作层面的本土化策略

10.1 传统园林设计语言的延续

在传统园林设计语言分析的基础上,结合现有的实践状况,提出传统园林设计语言的三种转译模式,使之能运用于现代风景园林设计,从而实现传统园林设计语言的延续。

10.1.1 传统园林设计语言继承的难点

1) 句法结构与现代风景园林功能的矛盾 中国传统园林围绕向心、互否、互含[1]的空间原型展开的"线性结构"与内向型空间布局都依靠大量的建筑或墙体得以形成,这与现代风景园林的功能有较大的矛盾。

首先,现代风景园林强调植物造景,建筑的量在总体布局上难以形成传统园林的这种"线性结构",也难以形成"山绕水、水又绕山,或是水包建筑,建筑又包着水"[2]的格局。长期以来的实践也证明了这一点,所以1970年代的"园中园"手法才会流行。

第二,现代风景园林为满足大多数人的使用需求,需要设置开敞性的空间,一方面便于开展各种活动;另一方面也是为了安全的需要,便于人群的疏散;有时,绿地的开敞性的空间在发生灾害时还会成为人们的紧急避难场所。这些功能与传统园林的"线性结构"都产生了矛盾:空间开敞,视线必然开放,难以形成传统园林的视线网络。

第三,现代风景园林的园路设置有一定的规范,一级园路一般要求流畅、安全,难以形成传统园林的曲折的游览线路结构。

因此,对于一般的公园来讲,在总体结构上套用传统园林的曲折的游览线路结构是不可行的。但同时,中国传统园林的松动结构是一个弹性极大的结构,需要游人去充分挤压和填补,这又为园林传统的继承留下了余地。

2) 设计方法与行业现状的矛盾 中国园林起源于创造一个处于真

实或模拟的自然中的生活环境或是与大自然对话的空间,基本设计方法是在现场真实时空中"相地"、构思和制作模型。中国传统园林的特征的形成与这种设计方法是分不开的。这种被王绍增先生称为"时空设计法"[3]的设计方法与中国目前的行业现状有较大的矛盾。

(1) 设计效率低下　在真实现场的时空环境中仔细地观察思考(所谓"相地"),通过想象来设计空间,布置景物,组织游线,是一种充分考虑了主客体的设计方法,易于创造人与环境交融的真实境域和着意安排的空间关系。然而,不用图纸,总设计师只得口传心授,或者自己动手,难以组合一支设计团队,难以分工合作。特别是现场逐步完善法,使得许多工作只能走一步看一步,做完上一步再启动下一步,进度缓慢。这一点与当前中国快速城市化的现状不符,不适应当下经济效益和速度效率的需求。相比之下,西方"主客体分离"的图面设计法虽然有把设计者引导到了孤立、静止、片面的倾向,但其高效的特点正符合现在的技术和社会条件,因此,一时找不到胜过图面设计法的方法。

(2) 难以量化　传统的设计方法,难以计算工程量、投资、报酬,难以进行经济招标,难以对工程进行科学的组织管理和经济核算,经济效率低下。如果将一个工程当作精品、艺术品来做,这也不是大问题;但是面对大量的社会工程,就成了大问题。

3) 知识转向的困境　中国传统文化从"知识质态"上讲,是一种"感悟型知识形态",是一种与西方"理念知识"迥然不同的知识形态。它从不像西方"理念知识"一样在现代学科体系的逻辑构架中分门别类地展开,并不以科学理性为基础,也不以逻辑实证为论证手段[4]。于是出现了用西方的焦点透视理论无法分析《清明上河图》的困境。中华传统文化在生活方式层面上并未发生根本性的断裂,中国人的风俗习惯、思维特征和行为方式等仍然有着自己的特殊性。但是在"知识学"层面上,中国当代风景园林产生了根本性的断裂,以至于我们不仅在西方五花八门的设计思潮面前,无所适从,往往扮演学舌的角色,而且在传统园林继承问题的研究方面也难以取得真正有效的进展。

10.1.2　传统园林设计语言的延续方法

延续传统园林所面临的困难使传统园林的继承长期成为一个口号和美好的愿望。其实,如果仔细分析,以上的矛盾并非完全不可调和。理性美学、伦理化美学、生态园林理论、节约型理论无形中为地域性园林研究与实践构筑了完整的理论体系,而这些理论在处理具体问题时都有一个前提,即场地本身有一定的资源,尊重场地既符合节约型园林的要求也符合生态园林的要求,也正是这个前提条件被用于批判传统园林。假设场地无任何资源,或场地是风景名胜区,那么当今提倡的机器美学、理性美学、伦理化美学是否还适用? 只要不在结构语言和堆山叠石等具体手法上完全照搬传统园林,在一片空地上延续传统园林的设计语言未必会产生不节约或不生态的问题。对于风景名胜区,传统园林的设计语言则比当前任何一种西方现代园林设计语言更符合中国人的文化基因和风俗习惯。传统园林设计语言的延续关键在于如何将其转译成现代园林的设计语言。

1) 图像式转译 图像式转译是对传统园林设计语言典型词汇、词组及语句的描摹或简化,复古主义、新古典主义或折中主义都属这个范畴。虽然复古主义、新古典主义或折中主义曾遭到批判,但并不代表这些设计方法完全没有利用的价值。在 1990 年代社会需求的刺激下,传统园林同样在蓬勃发展。除了在名胜古迹风景区中的必然性的发展外,在城市内部和某些游览区、度假村中也获得了独立的拓展[5]。

"图像式转译"的特性大致有四点。首先,布局经营手法基本延续传统园林布局经营、组景的特点,并依据现代园林的功能作相应的调整。私家园林的空间狭小,难以容纳大量游人;皇家园林虽尺度较大,但其审美情趣与文化取向也因时代变迁而不能适应。第二,设计哲学延续"山—水"文化。著名科学家钱学森提出的"山水城市"观念。他说:"……把中国园林构筑艺术应用到城市大区域建设,我称之为山水城市……要发扬中国园林建筑……把整个城市建成为一座超大型园林。"[6]吴良镛先生进一步指出:"紧紧把山—水作为城市构图要素的传统特点,如能将城市依山水而构图,把连片的大城市化成为若干组团,形成保持有机尺度的'山—水—城'群体,则城市将重现山水景观的活力。"[7]这里,山水文化不仅在园林中可以发展,还可能直接为城市的整体景观组织提供有效的思路。第三,书法、篆刻、诗词、楹联、匾额等传统造园的文学性要素仍然沿用,并增加更多的故事情节,使中国园林较之欧洲传统园林有了更多的审美层次,使得城市在人口密集、用地紧张的条件下拓展时,在尺度不大的园林范围内为游人提供可以多次解读的艺术空间,成为雅俗共赏、喜闻乐见的景色,成为游客驻足摄影的点睛之笔。第四,不具有批判性,即"图像式转译"是一种单纯的延续传统园林设计语言的方法,设计作品不持有批判的态度,是一种叙事或抒情的文体。

"图像式转译"包括两种类型。一是描摹式,即沿用传统园林语言的结构语言、语句、典型词汇和修辞方法,不做改动和简化,尽可能完全还原传统园林语言的特点(图10.1)。对于修复古典园林来说有着重要的意义。传统园林是很珍贵的遗产,应作为文物来看待和保护,不应随意改动,要忠实于原作。因此,描摹式的延续传统园林设计语言的方法仍有较大的运用前景。二是简化式,即简化传统园林语言的结构语言、语句、典型词汇,沿用其修辞方法,在体现现代感的同时,尽可能突出传统园林的韵味(图10.2)。这种方法不仅是为名胜古迹风景区量身定制外,特别适合处于城市这种敏感地段的园林,比如园林项目所处的位置为城市的历史文化街区或其周围分布有传统园林,另外对于一些特殊用途的风景园林,如展示型的风景园林同样适用。

图10.1　描摹式"图像式转译"

图10.2　简化式"图像式转译"

2) 图解式转译　按照皮尔斯(Charles Sanders Peirce)的看法,图解是其图像符号,即第一性中的第二个阶段。假如面对一个再现媒介,比如一张画,不关注其细节,而通过去分析其骨架结构来评估对象,那么就是在操作图解了[8]。如果对传统园林的阅读不是简单的肖像描摹,而是试图通过操作其结构来获得新的组织和行为方式,最终得到某种结果,便可称为图解式转译。"图解式转译"具有两个特征:第一,设计词汇与传统园林词汇在形态上没有直接或明显的联系,但当作品被图解为空间原型时,仍能看出两者在拓扑学上的关系;第二,图解操作使传统园林的延续获得了新的思路,不再受具体图像、符号的约束,能够从中引入一些批判性、实验性的因素。

"图解式转译"在形式上分为延续式、解构式与间接式三类。延续式基本延续传统园林结构语言的特点,在图解时进行一定程度的变形、反转、简化、压缩等操作,但它带给人们的视觉转换和气氛体验与传统园林仍保持相似之处。图解操作的对象可以是结构语言系统中的任何一种结构。比如,江南私家园林具有典型的内向性空间特征,如果将其结构反转,将内表面外翻,面对周遭式的景致,可以建立一个外看的传统园林,这种内外的拓扑反转,一种图解式的转化,为内在性的园林体验提供了一个介入公共性的巧妙手段。其实,这种反转式的操作在苏州沧浪亭中已经有所体现。2007 年厦门园博园中设计师花园之一——"竹园"(王向荣、林箐)便是一个延续传统园林的布局结构,简化游览线路结构与观赏视线结构的一个成功实例(图 10.3、图 10.4)。其空间句法包含了传统园林的大部分特征,同时也印证了传统园林的线型空间的营造依托于墙体。解构式打散、解构、重组传统园林的结构,只能在相对独立的片段中辨认传统园林的影子。这种方法目前在国内尚未有实例,法国的拉维莱特公园倒可以看成是这种解构式的"图解式转译"的实例。间接式操作的对象并非传统园林,而是与传统园林有着相似之处的其他传统艺术作品,比如中国画、砖雕壁画甚至传统戏曲等,传统园林只为空间构成提供必要的手段。

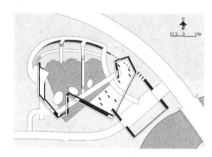 

图 10.3 "竹园"平面图   图 10.4 "竹园"实景

3) 文本式转译 将传统园林看作是一种可供读取的文本,新的园林设计演变成一种以某种已有的文本为起点又是对它的辨析、清理、改造和重构,用新的眼光去审视旧文本、嫁接、凝缩、摘引、题铭或借鉴旧文本。图像式转译和图解式转译是在分析传统园林设计语言的基础上,以"视觉语言"为核心的形式操作方法,寻找各种形式的组织规律,而文本式转译是对传统园林书写形式的转译。区别在于前两者是在操作文本的外在结构,而后者注重文本的书写形式,包括写作态度等本文的深层结构。

文本是涵括了语形、语义、语境、文体以及修辞诸概念的一个复杂而有机的系统,是特指作为风景园林的可阅读的整体形式(自然是广义理解的形式),也即是经过细致加工和高度整合的视觉信息符号系统(自然也是广义理解的符号)。一个成功的风景园林作品可以这样来理解:它就是一个优秀的园林文本,并非常具体地表现在——选择了恰当的文体、创造了特定的语境、表达了简明的语义、运用了生动的词汇、提炼了典型的语句、使用了恰到好处的修辞、整合了描绘到位的语段和章节。文本式转译相对于图像式、图解式,其特点显得更为复杂而抽象。

一方面,同一文本具有多种解释。面对同一处传统园林,不同的人能读出不同的内容来。设计师完全可以依据自己对传统园林的解释,进行新文本的创作。比如,王澍先生在《造园与造人》一文中指出:"中国文人造园代表了一种和我们今天所熟习的建筑学完全不同的一种建筑学,是特别本土,也是特别精神性的一种建筑活动。"在他看来,"造园所代表的这种不拘泥绳墨的活的文化,是要靠人靠学养、实验和识悟来传的""造园者、住园者是和园子一起成长演进的""主张讨论造园,就是在寻找返回家园之路,重建文化自信与本土的价值判断"。这种对传统园林的解读观点,影响了王澍的建筑态度及工作模式。"他的设计的出发点只有一个,那就是传统"[9],尽管王澍本人一直强调他的设计的两个出发点:一为场地,二为日常生活。

另一方面,保持书写形式的关联性。传统园林文本的书写形式并不局限于具有明显物质外表的句法、词汇,也包括隐喻等修辞方法,因此文本式转译不必在意作品是否具有传统园林的曲折的线性结构、是否具有典型的词汇特征,而是强调保持书写形式的关联性。王澍先生在谈到童寯先生研究传统园林的问题时,指出:"他去访园,所绘平面图,并非精确测量,不过约略尺寸,盖园林排挡不拘法式,全重主观,而富有生机弹性,非必衡以绳墨。"可以看出,童寯先生在意的是传统园林文本的书写形式,而非僵化的比例、模式。

对文本的解读可以从多种角度切入,在重构文本时又可以以多种方式进行,因此难以归纳出固定的类型,但基本的方法是有的。

一是重复书写:一种以旧文本为基础的重复、反复书写。风景园林设计师必须、被迫、不得不同时继承和背叛他之前的所有创作传统,继承和背叛已有的规则。真正的创造既是对过去传统的模仿又是对它们个性化的创造和变革,既以某种已有的文本为起点又是对它的辨析、清理、改造和重构。德里达(Jacques Derrida)将创作中这种既以已有的程式、法则以至话语文本为基础又超越它、对之进行个性化改造的行为称作"双重折叠"。一方面具有类型普适性和可重复性,另一方面又必须强调创造性、独特性、个别性。通过重塑旧的文化传统和作品,来再现当代的生活世界。

二是替补书写:一个词所表达的不是它自己,而是它的来源(从何而来),或者动作的结果(往何处去)。在替补中,一种事物借助另一事物显现自己,第二个事物又借助于第三个事物显现自己,事物环环相扣。这种思路为传统园林的延续拓展了方向。比如,将传统园林中一个传统窗格(A)尺度予以放大,放大后的形式(B)让人想起 A,但又不是 A,A 不在场。这在一定程度上驳斥了那些彻底否定传统符号的观点。

三是片段拼贴:有的学者认为,这个世界在事实上不是整体,而是混沌,世界的整体分离为碎片;任何一个碎片都与其他碎片相似。碎片,完全不同于部分,因为部分参与了整体并且属于整体,部分仍然象征着一个失去的或可能的整体,而碎片只是它本身,并不存在一个整体作为它的根据。片段并置的强大差异和冲击构成当代特殊的审美感受。上海的方塔园存有宋代方塔、明代照壁和迁来的天后宫等历史建筑,这些不同碎片在方塔园建造前存在,建造后依然是碎片,这正是设计师的高明之处:与古为新——不同于传统园林和西方现代风景园林的全新境界。

10.2 地域性园林设计语言的构建

10.2.1 地域性园林设计语言的构建模式

风景园林的设计工作多数情况下主要处理的是场地内的环境及场地内外环境的关系,因此,场地自身的条件很大程度上左右了设计语言中结构语言系统的选择。朱育帆教授将场地设计之前存在的物体(如建筑、遗迹、构筑物或植物等)称为"原置";而将设计之后新生成(改动或添加)的事物称为"新置"。场地内的"原置"可分三种情况:场地内无任何"原置",创作余地较大;场地内有部分"原置";场地内"原置"占据主要地位,并具有较明显的特点。针对以上三种情况,分别制定相应的语法规则。

1) 国际语言+地方词汇:句法、词法、结构语言取自西方现代风景园林设计语言,而词汇来自当地,换句话说,实现西方现代风景园林设计语言在中国的本土化。西方现代风景园林在发展过程中所出现的风格流派已经为地域性园林提供了完整的理论及设计语言的参照系统和大量可供参考的成功作品。因此，以西方现代风景园林设计语言为参考，以某些特定的方式构建中国的地域性园林使对西方风景园林的借用形式趋于理性化。

2）传统语言＋地方词汇：句法、词法、修辞方法参考传统园林的句法、词法、修辞方法，而词汇来自当地。这里的传统园林是指具有地方特色的传统园林，如北方的皇家园林、江南的私家园林、南方的岭南园林等。传统园林与地域相对应，比如北方以皇家园林设计语言的句法组织地域性词汇。

3）场地语言＋地方词汇：从场地本身的特征制定空间句法规则。结构语言、词法、结构语言取自西方现代风景园林设计语言，词汇来自当地。

三种模式依据场地特点而灵活采用，但无论哪种模式，词汇必须来自当地，否则必然削弱风景园林地域性特征，造成解读上的困难。

10.2.2 地域性园林设计语言的词汇来源

地域特征是个广而泛的概念，从研究风景园林设计与地域特征的角度出发，可以把地域特征分为气候、场所、背景、文化、社会五个组成部分。地域性景观是当地自然景观与人文景观的总和。地域性景观的自然要素是其存在的基础，它们共同构成了人类行为空间的主要载体，主要包括：地形地貌、地质水文、土壤、植被、动物、气候条件、光热条件、风向、自然演变规律。人文要素的内涵是人类利用自然的最合理方式，包括居民点、城市、绿洲、种植园等；也包括社会结构、历史文化、生活方式、传统习俗、宗教形式、民族风情、经济形态等。"地方性是风景园林的本质特征和可持续发展的根本，传统地域文化景观是地方性的具体体现和载体，是认识和理解地方性的重要途径"[10]。

地域性园林设计语言的构建关键在于具有地域特征的风景园林词汇的生成。而词汇来源于可见的视觉形态，比从文字资料中挖掘更具实际意义。地形地貌、地质水文、土壤、植被等固然是词汇的重要来源，而当地的传统地域文化景观则更是地域性词汇库。尽管社会结构、历史文化、传统习俗、民族风情及经济形态等的确会对地域性特征的生成产生影响，但这些影响其实早已在当地的传统地域文化景观中体现。因此，与其将问题复杂化，不如直接利用现有的成果。

1）地域自然景观　自然环境要素包括地质、地貌、水文等地理特征，气温、日照、降水等气候特征,植被、动物等生物特征,以及地区的自然资源特征等。人类的营建活动最初就是从如何最大限度地取自然之利,避自然之害,造就宜人的居住与活动场所开始的。人与自然的关系也是从古至今一切改造自然行为所要处理的核心问题。在人类改造自然的过程中,千变万化的环境特征映射到城市建筑和景观之上,对城市风貌特色的形成起到了关键的作用。

2) 传统地域文化景观　文化景观是任何特定时期内形成的构成某一地域特征的自然与人文因素的综合体,它随人类活动的作用而不断变化[11]。地域的传统文化景观有助于维持多样性和可持续发展的景观体系,使文化景观具有更好的识别性[12]。传统地域文化景观所具有的地方性特征深刻反映在生活、生产和生态环境等物质空间中并形成独特的图式语言[10],呈现出不同的物质空间形态和组合特征,构成独特的文化景观格局。这种格局具有典型性和模式化特点,成为文化景观表达的图式语言,主要体现在建筑与聚落、土地利用、水资源利用方式、地方性群落文化和地方性居住模式五个方面。其中,居住模式是传统地域文化景观中建筑与聚落、土地利用、水资源利用方式三者在空间组合上的综合体现。

（1）建筑与聚落:建筑与聚落是广泛认同的地方性传统文化景观的典型[13]。建筑与聚落是人为了在自然中长久生存而营造的安全据点,是人们对自然界独特的认识,并因此建立起的具有依托自然又抵御自然的对立统一体系。建筑与聚落生活空间的营造充分反映人们对自然和社会建立的独特知识体系,成为传统地域文化景观的典型代表和反映传统地域文化景观的直接图式。但在地方性的解读过程中,正因为建筑与聚落景观的直接性和代表性吸引了人们的注意力,从而忽视了传统地域文化景观的其他必备要素和特征。在地方性解读的四种图式语言中,建筑和聚落只是四个方面之一,而非全部。

（2）土地利用肌理:建筑与聚落是传统地域文化景观中的居住生活景观类型,而土地利用是在人的作用下产生的景观。土地利用是居民从事农业生产和农耕文明的直接反映,又是在农业生产过程中认识自然和利用自然的具体形式[10]。从整体人文生态系统理论来看,由于农业活动属于半自然、半技术生态系统类型,土地利用景观则综合表达出自然与文化景观的综合特征。同时,由于土地利用受到地形、水体、耕作方式、农业类型、人口规模等因素的具体影响,不同自然环境的土地利用类型不同,形成的土地利用形态也不同。从典型地区土地利用肌理对比来看,江南水乡的土地利用形成了边界极为不规则、类似于细胞结构的土地利用形态;珠江三角洲平原的土地利用则形成了形态极为规则的"基＋塘"结构;皖南徽州文化地区因地处低山丘陵,则形成了依势而走的"坝地＋梯田"相结合的土地利用形态;而在北方中原地区因属土地平坦的旱作农业,多呈现出以长方形为基本形态且规则分布的土地利用特征,土地利用形态单元较其他地区都要规整,具有较大的单元面积。这些差异直接揭示出地域文化景观的特征和其形成肌理。土地利用形态和肌理成为重要的传统地域文化景观的语言图式。

(3)水利用方式:在传统地域文化景观构成中,水不仅是重要的景观要素,而且支配并引导景观的形成和演变。因此,人类生活和生产过程中与水体的关系和水利用的特征成为地方性和传统地域文化景观的重要体现。在江南水乡中水体成为所有生产、生活的中心和轴线,从聚落与水的关系上可以看出,所有的建筑都沿河布局,形成线性分布并成为聚落的轴线和生活、活动的主要场所。皖南徽州的聚落大多位于水体的一侧,形成邻水的格局,村落并不以河流形成轴线,而是在河流的一侧形成聚团式的发展并形成聚落自己独特的发展轴线。在珠江三角洲,聚落往往形成与水体环绕的利用关系。依据中原大地因旱作平原的特征,地下水和雨水的利用成为主导因素,河流并不能成为控制聚落发展的关键和瓶颈因素,聚落形成了均匀分布且形态规则的聚团式发展格局。水在各地区引导景观形成和发展的动力机制是不同的,它根植于传统地域文化之中,成为反映地方性的重要特征和图式语言。

(4)居住模式:居住模式是长期历史过程中在地方性知识体系支撑下综合考虑周边自然环境、土地资源与利用、建筑与聚落形态以及水资源利用方式后形成的整体景观特征与格局。居住模式是传统地域文化景观的综合反映,也是地方性景观的内在体现。在江南水乡可以清楚地看到,沿水系分布的住宅组成的线性聚落—聚落两侧的农田—交织分布的鱼塘,构成典型的江南水乡居住模式。在珠江三角洲平原则形成了组团式块状聚落—形态规则的基(农田)塘(鱼塘)景观格局和居住模式[10]。在皖南丘陵山区则形成了背靠山,面向谷地,村前溪水流过,以及沿谷地延伸的"坝地＋梯田"组合而成的农田格局形成的山间居住模式。在中原广阔的大地形成了形态规则、分布均匀的组团式的居住模式。居住模式是在历史发展过程中形成的动态过程。随着社会经济发展和对自然认识的不断深入,居住模式不断改进适应自然和社会的变化,是地方性知识体系的综合体现;同时,随着地方性知识体系的扩展,形成了以地方性知识为主导的独特居住文化,两者相互影响,形成有机的统一体。

(5) 地方性植物群落:中国人的居住文化不仅体现在建筑及其空间营造和使用上,而且还体现在以居住和生产空间为中心形成的独特植物群落文化中。居住空间的房前屋后和庭院的植物在突出地方性群落文化的同时,彰显主人的个性和文化偏好与精神寄托。其中银杏、垂柳、竹子、梅花、栀子、芙蓉、桂花、蜡梅、美人蕉、荷花、菊花、牡丹等都成为居住文化中不可缺少的成分,揭示"高洁与富贵"的精神寄托和生活写照。而柿树、核桃、枇杷、棕榈、石榴、榕树、芭蕉等构成的庭院群落成为乡村景观的典型代表,彰显出农家庭院植物代表的"平静而满足"的心境和实用功能。在生产空间中的路边、田边、渠边和库塘边的植物与居住空间不同,以分枝高、树干直的高大乔木为主,既不影响农作物的光照和生长,又有效抵御风沙的侵害。我国北方的杨树、南方的水杉等都是此类植物的代表。另外,一些地区的公共性生产空间会形成诸如以榕树、皂荚、金合欢等为中心的集会空间,兼顾服务生产和生活的双重功能。

10.2.3 地域性园林设计语言的词法规则

排除生态、节约等因素,构建地域性园林无非两个目的:一是突出当地的地域特色,让外地游人能清晰地感知其地域特征;二是对当地人而言,延续地域文化和集体记忆。人们感知客观事物,开始只对某事物有个笼统的、不精确的综合印象,进而对各个组成部分进行分析比较,在理解各组成部分之间的关系和联系的基础上,构成新的综合,在头脑中形成一个完整的印象。这是知觉的分析与综合能力发展的一般过程。从这个角度来讲,外地游人只能对某一地区的特征保留一个综合印象;而本地人由于长期处于当地环境中,能对当地的特征持有完整、精确的印象,包括各种细节。针对这两种不同的情况,提出两种将地域特征转化为园林设计语汇的方法。

1) 印象式转换　印象是指接触过的客观事物在人的头脑里留下的迹象。人在观察客观事物时,如果不是长期接触,这一事物在人的头脑里留下的迹象是最主要或者最深刻的某种形象或感觉。这种综合的、直观的、初步的印象往往最能反映事物主要的特征,人们常说第一印象最重要,便是这个道理。根据这一分析,在将地域特征转换为具体设计语汇时,有意将地域特征中最容易引起人注意的特征放大,忽略对细部的描述,对于形成风景园林的地域特色能起到事半功倍的作用。印象式转换也可以称为写意式转换。一方面,避免了整体性的叙述,强调游人鉴赏作品过程中的感觉印象和体验。地域特征本来就是一个庞大的体系,若想以风景园林为媒介对某一地区的地域特征进行整体式的描述,难免顾此失彼。另一方面,地域景观的细节往往依附于一定的图形或传统工艺,全盘继承无异于照搬复制,缺乏时代特征和创新。而印象式转换不仅易于与现代风景园林设计语言融合,给抽象、简化、改换等手法创造了发挥作用的空间,同时使现代的施工技术、结构得以介入,完成地域特征与现代风景园林的结合。

印象式转换的操作对象较为适合将大尺度的带有地域特征的事物,比如民居、植物群落、地形等。形成的词汇适用于规模较大的风景园林项目,适合塑造园林的远看、鸟瞰效果。图10.5展示的是广东某生态园的实景图片,图中的园林建筑其特征来源于客家建筑,但设计师并未照搬客家建筑的细节,而是将客家建筑的特征以"印象式转化"的方法加以延续。设计师有意夸大了屋顶,以此加强游人的印象,因而混凝土、钢节点的运用丝毫不影响地域特征的表达,竹子的运用也充分体现出了园林建筑的特色。

2)精确式转换 与直观式、感悟性的"印象式转换"不同,"精确式转换"注重对地域性特征的细读,在转化过程中将代表地域特征的事物的形态构成、比例、色彩予以精确地转换为风景园林设计语言。精确式转换分为:符号式和替代式。在实际的操作中印象式转换、精确式转换往往结合使用,在作品的整体形象上以印象式转换为主,在部分细节上以精确式转换为主。

(1)符号式 将地域特征转化为一种符号,一种区域文化的标签,以形成可见、易读的"特色"。符号式转换是将地域特征转化为一种图形,再对图形进行各种操作的过程,所形成的符号应具有标识性。例如,上海徐家汇公园中的绿地以老城厢的地图为符号划分空间(图10.6)。符号式

图10.5 某生态园园林建筑的语汇来自客家建筑,是一种印象式转换

图 10.6　上海徐家汇公园中的绿地局部

转换强调对细节的继承、简化和一定程度的变异,以体现现代性和时代感,但不排斥对原有材质、工艺的沿用。

（2）替代式　代表地域特征的事物的形态构成、比例、色彩均保持原有特点,用现代材料、工艺予以替换。替代式转换强调对原有事物形态的本质特征解析,地域特征被抽象为基本的图式。替代式转换不强调被替换物本身的细节,但要求替代物与被替代物两者细节具有一定的关联性,能使人们结合景物的整体形象,从替换部件联想到被替换部件(图 10.7)。

图 10.7　深圳第五园的白墙压顶以工字钢替代瓦片

10.2.4 地域性园林设计语言的句法规则

本书从设计语言的角度将其理解为"旧语句"和"新语句"。场地内的"原置"比作旧语句,那么"新置"则为新语句。如将场地内"原置"所占比例越高,意味着旧语句对新文本(设计后的场地)的影响可能越大。针对以上三种情况,分别制定句法规则,第一种情况以西方现代风景园林的句法规则为主;第二种情况以"三置"法为句法规则;第三种情况从场地本身提取句法规则。

1)西方现代风景园林的句法规则 限于写作篇幅,西方现代风景园林的句法规则的分析可参考第4章末尾的实例分析,在此不再详细阐述。

2)新旧景观的"三置"法 清华大学的朱育帆教授提出了由"并置""转置"和"介置"构成的"三置论"[14]设计理论体系学说,主要用于处理场地内原有的文化景观与新景观的关系,本质上是一种处理新旧语句的句法规则。

(1)并置(Juxtaposition) 两个或两个以上的事物直接并列放置在一起。"并置"并非简单罗列,而是"新是新,旧是旧",新旧不予混淆,具有明显的可识别性。这一点类似于物质性历史遗产保护观念。在对待物质性历史遗产保护时有三种观念:修旧如新,即修复结果展现建筑建成时的面貌。这是长期以来中国古建筑保护与修缮基本思路。修旧如旧,即对于修缮的"新置"部分施以"旧做"的技术,以达到与"原置"统一和协调。随着西方相关理论的引入,对于历史信息"原真性"的再现受到空前的关注,以历史表现主义为主导的"修旧如旧"的观念也渐为接受。新旧并置,即在修补必要的损毁部分时采用不同于原置的处理方式,包括颜色不同,或肌理质感不同,或材料不同,或新旧感不同,新旧具有较强的可识别性。

风景园林设计语言中新旧语句的处理问题与这三种思路有着极为相似的特点:如果场地留有建筑、遗迹、构筑物或植物等物体,便存在着新旧语句的关系问题。抛开争议,并行观察这三种观念下产物的特性,不难看出与前两者的绝对和谐统一不同:"新旧并置"在一个场景中有意或默认采用矛盾冲突的方法,同样达到了统一和整体的效果。如果"新语句"的存在是依照"旧语句"的基本逻辑,达到多样统一显得较为顺理成章;而多数情况下"新旧并置"的产生更多是与"旧语句"逻辑不相符合的情况。当"新语句"植入"旧语句"中时,会生成新的秩序,它是由两者共同逻辑作用下所产生的新的平衡。

　　并置的魅力很大程度上源于"旧语句"中所隐含的历史信息,这些信息与代表现在的"新语句"产生一种时空的距离感。这种多层次和多维度的多元复合整体效果是任何单一元素所无法企及的。因此,基于责任感,设计师对于原生环境应尽最大限度的尊重。这些历史(时间)信息在设计师笔下一旦失去就无法弥补,而这种真实的时空的距离感的营造又是超出任何设计师的模拟和复制能力的。

　　并置的类型可以从微观层面依据新旧设计语言之间关联程度的强弱分为关联型并置与非关联型并置两种。从宏观结构的层面依据新生场地"句法"与"旧语句"句法之间的关联程度分为有机并置与无机并置两种。

　　"非关联型并置"从语法上强调了新旧语句的对比关系,降低了与"旧语句"的协同性。建筑设计中对并置的运用尤其是非关联型并置非常常见,尤其在旧建筑改造的类型中几乎成为某种定式,如风靡一时的 Loft Design 显示了建筑师更多地强调与原置材料反差较大的新材料的应用意识。"关联并置"有意强调了新旧语句在文脉上的某种联系。风景园林设计中尤其要注重对关联型并置的运用,相对于建筑设计,风景园林设计更需要追寻场地文脉的系统性。在文化底蕴深厚的设计场所,以关联型并置为宜。

　　"无机并置"中"旧语句"犹如景观雕塑,其秩序被简化为新生秩序中的某个单元(图 10.8)。而"有机并置"不同,通过新旧语句被完全整合为新结构秩序中的不可分割的一部分,从而形成了有机的整体性关系(图 10.9)。

　　(2)转置(Transpose)　通过转换、改变或强化原有的组织秩序从而生成新的设计逻辑的句法规则。设计基址中"原置"的状态不尽相同,

图 10.8　无机并置:美国西雅图油库公园

图 10.9　有机并置:德国杜伊斯堡公园

"并置"并非是有效激活场地空间唯一或必须的设计方法。"原置"景观和格局不佳通常是导致场地改造或重建的直接因素之一,如仍以运用"并置"句法以延续场地文脉,难以取得预期的效果。而"转置"通过对原置表皮的重置以提升视觉感受,使得景观面貌焕然一新;同时,通过对原置结构的转型,使得设计不同于简单的翻新,而是使场地句法获得了整体上的更新。在这些条件下,"转置"成为一种理想的句法。"转置"具备较大的普适性,因为设计前后一般会伴随着结构逻辑的转型,如经过上述的"并置",其结果通常具有"转置"的特性。因此,为了避免导致方法论上的某些混淆,必须区别作为方法的"转置"与作为结果的"转置"。

与"并置"不同的是:"转置"之后"旧语句"不具备直接的可视性,因为"旧语句"作了某种修辞处理,只有在通过对比之后才能辨别出"新语句(经转置处理的)"与"旧语句"之间句法上存在的逻辑关系,这种关系表现为或改变或强化或转换的特性。也就是说"转置"之后所见都是"新语句","旧语句"的句法(内在结构)实际上深刻地影响着"新语句"的句法特征。因此,两者舍其一都不能称之为"转置"。

转置的类型可以原置局部或表皮处理为视角分为"加法转置"与"减法转置"两种;从对原置结构的转换程度分为"同型转置"和"异型转置"。对于原置,"加法转置"采用的是遮罩或包装的方式(图 10.10);而"减法转置"则相反,通过移除局部原置体或剔凿表皮来达到同样置新的目的(图 10.11)。同型转置是指在尊重原置设计结构总体原则的基础上根据具体场地条件加以转换和强化处理生成新设计逻辑的转置类型。异型转置则是指颠覆或基本颠覆场地原有空间逻辑进行完全转型的转置方式。

图 10.10　加法转置:清华大学核能与新能源技术研究院中心区景观改造

图 10.11　中山岐江公园中的水塔分别作了加减法转置处理

（3）介置（Mediation）　使设计场地内外环境协调共存的句法规则。风景园林师需要考虑两个层面的问题：设计场地内部环境之间的关系和场地与其周边环境之间的关系。如果场地只是所处环境中一个内向性的片段，如宅园或其他边界围合程度很高的类型，除考虑内外交通组织之外可以相对独立。即使外部环境可能会对内部格局产生影响，但作用也有限。如果场地相对于其环境具备外向延展性很强的特点，如城市公共空间，那么就应更多地关注场地与其环境的协调关系。"介置"正是基于这种条件提出的句法规则，它具有其特殊的意义，也是最难以把控的类型。前文所述的"并置"和"转置"是针对内部环境的层面，"介置"主要用于解决外向型空间与其环境协调的问题，从这个意义上讲，它与"转置"和"并置"并不处在同一个操作层面。"介置"带有强烈的组织色彩，即组织和协调场地内外的诸多矛盾，在设计场地内外诸多要素之间取得最佳的平衡，创造一种句法结构，使得场地与其环境在设计语言上成为一个和谐的整体。

外向型场地的内部有无"原置"，对于"介置"的类型选择并无大的影响，越是条件复杂的城市地段意义越小，因为整体上不在乎再多一些元素。而设计场地周边环境的复杂程度及对场地的影响力直接决定了"新置"是以低调还是高调的方式介入。

"基调介置"可以使"新置"变为整合整体环境的一种基调,同时本身又体现出中性、低调和厚重的文化性特点。但"介置"低调的隐性与个性的彰显之间并不绝对冲突和割裂,面对各种激烈冲突的城市要素之间的协调问题,力主成为基调的"介置"法往往是最佳的解决方式。

"主调介置":某些场地周边环境对整体环境的控制力较弱,这时场地本身倒是可能呈现出主导空间的潜质,倡导张扬个性的"主调介置"是一种必要的选择,它强化了环境的整体性。无论是基调还是主调,"介置"都是对所处环境的一种良性反应,目的是达到整体性的和谐。

无论是"并置"还是"转置"都强调的是对"原置"的利用与发展,但实际情况中必然存在这样一种状态:场地内无"原置"。朱育帆教授的"三置论"体系中没有涵盖内向型设计场地内无"原置"的情况,原因是缺少限制性因子则创作余地相当宽泛,理论导向的意义不大,这明确了"并置""转置"和"介置"作为句法规则的适用范围。

3)场地的空间句法   场地内"原置"占据主要地位,并具有较明显的特点,比如场地内的地形、土地利用肌理、水利用方式等具有明显的特征,"原置"对项目的结构语言特征产生决定性的影响,这时,可从场地内提取空间句法,具体分为"原创"和"借用"两种。

(1)原创:句法完全取自场地本身,比如巴塞罗那植物园。巴塞罗那植物园的结构语言完全从地段的物理特征——地形中产生(图10.12)。设计师寻求的不是武断的硬性设计,而是最充分地利用自然提供的潜力,并根据它的限制条件来设计[15]。设计师没有大量开挖山体与回填、营建广场和空地,而是依照地形轮廓设计了一套三角形网格体系。三角形网格体系随地形坡度伸展或收缩,地形平缓处网格开敞,地形较陡处网格收缩,似一张渔网完全依附于原地形上[16]。三角形人工化网格体系形成的句法规则下,词汇的排列则依据句法以此展开:入口建筑、小广场、花坛、道路、挡墙、座椅(图10.13)。

(2)借用:用西方现代园林的句法(而非句子),前提是两者场地的特征相似,包括形状与尺度。例如,借用巴塞罗那植物园方案处理地形的句法时,应针对类似地形,因为这种句法的特点在于尊重地形、节省土方,且其价值只有处理对象尺度较大时才会显现。如果在平坦或尺度较小的地形上进行模仿,则毫无意义。

图 10.12　巴塞罗那植物园的道路系统来源于地形本身

图 10.13　巴塞罗那植物园实景

10.2.5　地域性园林设计语言的修辞规则

1) 吸取地方施工工艺　在加工词汇时,运用当地的材料及地方具有特色的施工工艺,能使词汇有效地融入地域特征,并能加强词汇之间的联系。这种做法在建筑设计领域十分流行,证明其具有以下优点:

首先,地方施工工艺在材质处理、细节处理上具有历史文脉的特征,使作品能渗透出一股当地原生态的味道。对当地人们来说,容易取得认同感;对外地游人来说,则容易产生深刻印象。

第二,地方施工工艺一般能较好地适应当地的气候、地理等方面要求,也能使作品在较长时期内得到较好的保存。

第三,使用地方施工工艺,能有效地保护传统工艺,使其得以延续。

因此,地方施工工艺作为一种修辞手段能取得事半功倍的效果。

2) 吸收地方视觉艺术　地方视觉艺术可用于加工和修饰词汇、句子。比如剪纸被运用于塑造小品,扭秧歌的舞姿与现代雕塑结合。戏曲的结构转化为风景园林设计语言句子的结构。例如,李渔曾要求戏曲创作"水穷山尽之处,偏宜突起波澜,或先惊而后喜,或始疑而终信,或喜极、信极而反致惊疑。务使一折之中,七情俱备,始为到底不懈之笔,愈远愈大之才"[17]。这种结构在风景园林中也是存在类似的情况。

10.3 本土化作品(老公园)的保护与改造

公园是当代风景园林最典型的一种类型。因此,此处只论述公园,其他类型的园林绿地可以此为参照。建于 1949—1989 年的公园距今逾 20 年的历史,可称为老公园,且大多数面临被改造的命运。当前,各地正掀起老公园改造热潮,如上海为迎接世博会同时改造 35 座老公园。由前述内容可知,1949—1989 年中国风景园林作品风格比较统一,设计语言的本土化程度较高,如杭州花港观鱼、上海方塔园、杭州太子湾公园、南京情侣园等作品。因此,对于本土化风景园林作品的保护与改造,也是实现中国当代风景园林设计语言本土化的重要策略。民国期间建立的园林一般均可作为文物保护,在此不做讨论。

10.3.1 意义——设计语言与城市记忆双重保护

本土化风景园林作品的保护与改造,比一般意义上的风景园林改造要复杂一些,不但面临着功能提升、生态保育、景观优化和历史传承等实际问题,还需着重考虑设计语言及城市记忆的保护。

1) 设计语言的实物资料 这些本土化风景园林作品的设计语言是一个时期风景园林行业政策、规划思路、美学理念、文化特征等方面的表层展现,是研究中国现代风景园林设计发展的重要的实物资料。风景园林作为一门空间的艺术,图纸、文字表达的信息终究不能与实际的空间体验相比,因此,研究设计语言最佳的途径是进入现场做实地研究。

2) 城市记忆的物质载体 "城市记忆"是当今城市规划界和建筑界的一个热门词汇。从景观的角度来看,"城市记忆是人们对城市中体现城市历史文化特点的空间视觉形式要素以及各要素之间的组合规律认同后产生的集体记忆"[18]。"城市记忆"来源于城市的地理环境、自然资源、风景资源、人文环境、旧区风貌、建筑文物、轴线特征、城市轮廓线、空间节点、典型性建筑、重要的公共场所、构筑物、纪念碑及环境雕塑等方方面面。

近几十年,城市呈爆炸式发展,"建筑成了一种创造孤独形象的游戏"[19],不再寻求彼此之间的联系,城市结构趋向巨型化、高速化和同质化。同时,旧城区普遍出现了功能性、结构性衰退,新城区又不断膨胀,城市更新一度演变为"拆旧建新"。当"城市记忆"的构成元素损坏乃至毁灭后,城市便开始"失忆":面貌趋同,失去各自原有的文化氛围。

风景园林作为"城市记忆"的物质载体之一——重要的公共场所,在城市发展、行业发展及个体记忆三个层面上记录着"城市记忆"。首先,老公园往往依据旧城区当时的规划而建,大多地处重要地段,在一定程度上反映了城市发展的脉络和建设水平。第二,老公园是一个时期风景园林事业的缩影,是研究当时的行业政策、规划思路及设计语言的实物资料。第三,老公园是市民生活的真实写照,许多老公园已成为市民生活不可或缺的部分。

一方面通过对老公园及其所在环境的保护与再生寻回正在消失的"城市记忆";另一方面是对老公园自身价值的挖掘与重建,赋予其作为"城市记忆"的构成元素应有的文化品格与美学特征。

10.3.2 切入点——城市记忆

老公园除非被国家或地方列为文物保护,否则会随着时间的推移出现功能性、物质性衰退的现象,必然面临被改造的问题,因此,单纯以设计语言为切入点改造老公园会面临两个问题:首先,设计语言是比较专业化、抽象的内容,难以作为规划设计的目标与甲方及市民进行有效的沟通;其次,由于老公园功能衰退,往往需要优化调整结构,因此不顾其发展,片面强调设计语言的保护是不现实的。以城市记忆为切入点则可以较好地解决这个问题,理由如下:

"城市记忆"较为形象,容易理解,并经过媒体杂志的宣传,已具有一定的普及率。当代不少公园,比如上海徐家汇公园、中山岐江公园的建设等便是在保护"城市记忆"的理念下完成的,城市管理者对此也有较高的认同感。

保护和延续老公园的城市记忆,在内容上基本等同于保护老公园的设计语言。那些形成记忆的元素一般都是设计语言中最主要的部分。

设计语言在操作上容易使人误解成是一种纯形式问题,而城市记忆则容易与功能提升、生态保育、景观优化和历史传承等实际问题在理论上统一起来。

10.3.3 方法与步骤

1) 基础研究 以"城市记忆"的概念为分类标准,对老公园的基础资料进行梳理和评价,研究老公园改造所面临的一系列生态、社会及使用者行为心理特点等问题。

（1）记忆的构成元素　"物"的记忆、"事"的记忆、"意"的记忆和"象"的记忆,四个构成元素分别对应设计语言中的形态语言、文脉、结构语言、语法规则。

"物"的记忆（形态语言）：包括为自然要素和人文要素两方面,其中自然要素包含地形、地貌、植被、水体和动物;人文要素则包含历史遗迹、典型建筑、重要场地和环境雕塑等内容。有记者在常州红梅公园封园改造前,对前来拍照留念的市民进行采访。"中央草坪动不动?""春晖茶吧搬走吗?""以后还能看见天鹅、鸳鸯吗?"市民的提问表明老公园的一草一木对许多市民来说都是一种珍贵的记忆。

"事"的记忆（文脉）：指公园形成和发展的过程中的社会背景、重要事件、历史典故,名称的由来等历史内容。例如,上海的长风公园,原址是一片低洼地,从1957年开始辟建为公园,总面积36hm²。第二年赶上了全国大跃进的形势。当时,毛泽东主席在《送瘟神二首》中写下了著名的诗句:"天连五岭银锄落,地动三河铁臂摇。"在公园建设中利用原有水塘洼地开辟的湖面,于是就取名为"银锄湖";挖湖取土在北岸堆起的一座小山,就取名为"铁臂山"。那时候全国到处都是一片乘长风、破巨浪,奋力争上游的口号声,"长风公园"这一名称,也反映了"大跃进"的声音[20]。

"意"的记忆（结构语言）：指老公园在一定的文化背景下,其空间形态在人们心中形成的"公众意象",即大多数城市居民心中拥有的共同印象。这种共同印象是公众的一种文化的认同,是在单个物质实体、一个共同的文化背景以及一种基本生理特征三者的相互作用过程中,希望可以达成一致的领域。"意"的本质是人们对城市产生的精神层面上的认同感。"意"的记忆包含:

人文环境:人口、民族、文化情调等。

风貌样式:建筑风格、种植风格等。

空间形态特征:布局结构、道路肌理、天际线等。

"象"的记忆（语法规则）：指老公园的空间构成形式,诸如:点、线、面的组合形式。人们日常所熟悉的城市空间是各种具有点、线、面的性质的物质通过一定的形式组合在一起的结果,空间的差异性最终可以归结为点、线、面的组合形式的差异性。"象"的本质是由空间构成形式引发对"意"的记忆,是"意"的具体化、细节化,是人们对城市环境及其形态要素所具有的美学特征认同,包含尺度分级模式、色彩构成模式、比例特征等因素。

(2)记忆的采集与分析　在至少为期一年的时间里对老公园进行深入地实地调查和资料收集,调查工作结合"物""事""意""象"的分类,从人、自然和历史三方面采集与分析"城市记忆"。

人——公园的使用者:通过行为观察、调查和访谈及摄影等方式,从使用者的角度调查城市记忆的有关资料。首先,进行行为观察。深入观察和记录老公园中游人的活动情况,即不同空间中人的活动,不同时间(一年四季、一天不同时段)内人的活动,不同年龄、职业等游客的活动,以及自发形成的、稳定的活动场地,并依据观察结果绘制人的行为轨迹图。其次,调查和访谈游客,了解他们的心理需求和对老公园景物的情感,尤其是他们特别希望保留的景物。上海已改造完工的公园做过一些调查工作,比如和平公园在改造前向游客发放了 1000 份征询意见表,在回收到的 900 余份意见表中,96％的市民要求保留园内的观赏动物[21]。大连市儿童公园改造前,市民表示希望不缩小园内的水池,设计师最终采纳了该意见,并保留了旧驳岸(图 10.14)。设计师的这一做法同时也保护了儿童公园设计语言中的典型语句。苏州市中心的大公园改造为苏州公园后,取消了荷池,表面显得整齐了些,现代了些,但是,市民反应强烈,怀念早先的大公园。为了寻找失去的美丽荷塘,许多市民只好自驾车去常熟曾园。[22]如果事前进行详细的调查和访谈,便可避免类似的失误。最后,聘请专业摄影摄像师,把老公园在四个季节中人与自然和谐的影像留好、留足。系统留存改造前公园的历史影像,作为保护性改造方案的参考依据。

自然——公园及其周边生态环境:老公园生长了几十年的大树和其他植物是在改造前必须彻底弄清的"自然的家底"。不仅要统计物种的多样性,还应将重要的植物登记在册,并通过标牌公之于众(不局限于古树名木)。不仅要调查和保护已经稳定的植物生态群落,还可以总结一批经年累月形成的植物景点[21](图 10.15)。

历史——公园形成和发展的过程:把公园内点滴的历史汇集好,记录整理公园内不同时期的"印迹"包括历史文物建筑、山石、植物和场所等,对其分类并进行价值评定,具体方法可参考城市文化资源保护的相关内容。另外,应比较研究老公园建成后各阶段的形态演变过程,为空间形态的调整提供依据。

图 10.14　大连儿童公园中被　　　图 10.15　南京玄武湖公园内的大树
　　　　　保留的水池　　　　　　　　　　　　构成了独特的景观

2）改造策略　不仅应指导每个改造项目科学合理、有序高效地应对普遍性问题,更须从城市的角度对所有老公园的改造统筹考虑,从城市和个体两个层面把握:总体层面上"连点成线、统筹规划";个体层面上"整合改良、分区控制"。

（1）连点成线、统筹规划　在城市总体层面上对所有老公园统筹考虑,使之与其他"城市记忆"的构成元素共同构建城市的整体风貌,具体分三个层面展开。

城市公共空间系统:与其他"城市记忆"构成元素（历史街区、历史地段、文物古迹等）统筹考虑,统一规划,共同构建体现城市历史文脉的公共空间系统,强化城市的风貌特色。例如《京杭大运河（无锡段）保护规划》中对锡惠公园（图 10.16）的保护利用,使锡惠公园的改造获得了更高层次的定位,凸显了老公园的历史文化价值。

图 10.16　锡惠公园是京杭大运河无锡段的制高点

城市绿地系统:第一,通过绿色廊道强化老公园之间的空间联系;第二,提升老公园在旧城区的功能,与新公园在功能和特色上形成互补,错位发展;第三,划定老公园的保护范围,包括城市界面和视线廊道的保护;第四,提出与绿地系统相适应的改造导则。老公园:在上述两点分析的基础上,依据老公园具体情况(区位、周边环境、历史沿革、现状特征、存在的问题等)的分析结果,分别制定改造细则,拉开差距,互为参照,凸显各自的场所特色。

(2) 整合改良、分区控制　作为个体的老公园类似于旧城更新中的历史地段,具有历史、文化价值,同时又存在着结构性、功能性衰退等问题,所以既不应推倒重来,也不能将其作为古董保存。"整合"为解决这一矛盾提供了思路。所谓的"整合"是对现成结构的把握、使用和改良,强调使用现成的以及已经存在的形式和结构,用现在的材料来工作,将其转化为新的、有用的东西。这种思想符合持续发展的环境主义思想以及场所理论。

整合改良的思想结合"城市记忆",将老公园划分为保护区、保留改建区、新建区和协调区 4 个区域进行控制,把握老公园功能分区、形态走向及改造强度分布等问题。

保护区:指含有历史遗址、文物、良好的植被资源以及多数游人希望保留的景点的区域,该区不做建设。保护区的合理划定是老公园延续"城市记忆"的关键。控制好历史遗址保护区及多数游人希望保留的景点的范围,并使其与周边环境有最佳的过渡、衔接关系,这是"城市记忆"中的核心部分。控制好老公园的自然环境、自然资源,特别是植被资源的利用,尽最大可能保留和维护其原貌,这是公园中"城市记忆"中的永恒部分。

保留改建区:指公园改造前游人较为稳定活动的区域,但其历史、文化价值不如保护区。改建方案应严格控制该区的改建强度,这是"城市记忆"延续中的更新部分。

新建区:指为提升老公园功能而新开发的区域,应与原有整体风貌统筹考虑,为形成新的"城市记忆"打好基础。

协调区:指在保护区、保留改建区两个区域与新建区之间建立的缓冲地带,强调视线缓冲和功能缓冲,保护公园原有视觉形象,包括主立面、天际线、视线通廊、鸟瞰总体印象等。

3) 设计手法　"整合改良、分区控制"在个体层面上提出了解决"保护与开发"这一对矛盾的策略,那么"物"的保护、"事"的展示、"意"的延续以及"象"的优化等具体设计手法为"寻回和延续城市的记忆"这一核心理念提供了实施途径。

(1)"物"的保护(形态语言) 对公园中的"物"实行分级分类保护,分别制定保护措施、划定保护范围。文物、历史景观按照城市历史文化资源保护的相关办法进行保护和展示。稳定的植物群落、大树实施生态保育,划定保育范围。市民希望保留的场地、景物(文物、历史景观除外)应予以保留,并设牌提醒游客自觉保护。

对于公园内破损的文物或历史景观采用修缮的方法,即"修复"和"修补"。"修复"针对文物景观而言,"修旧如旧",由专家进行论证;"修补"则运用于普通历史景观。修缮过程中应遵循保留真实的历史信息的原则,多数情况下应采用"修补",即整修和补足。在"修补"过程中尽量采用区别于被"修补"物体的材料,工艺和形式,新旧形式形成对比,既整修了历史景观又保留了历史信息的可识别性。

(2)"事"的展示 以背景音乐系统解说或设牌等方式向游客传递公园内历史"印迹"的文化内涵、营造时间、主题以及当时的社会背景,让游客全面了解公园原有的历史文脉。需要指出的是,不必为了展示"事"专门设置假古董、浮雕墙或者各类象征文化的小品,不应喧宾夺主,妨碍真实的历史信息。

(3)"意"的延续(结构语言) 在风格样式、空间布局和功能设置等方面的延续,归纳起来包括历史连续性、空间连续性和传统心理的延续三个方面,是对公园总体印象的控制。

历史连续性:保持老公园的历史连续性是在公园原有的风貌基础上从精神上或者说从抽象意义上延续它的特色,即在公园原有历史信息的基础上,将公园改造后新的信息通过某种手段、手法与历史信息连接起来。这两种信息都应该有相同的文化渊源,但新的信息应该反映当今时代的特点。历史信息的表层展现是在一定时间和特定的区域环境条件下,逐步形成的具有统一性和共性的程式或式样,称之为"风格"。公园的历史连续性的表层展现就是"风格式样"连续性。

空间连续性:不同的文化结构、经济结构、科技状况以及人们的生活风俗会形成当时的特定空间形态特征,历史连续性必然要求有相应的空间连续性。中国园林历来重视空间体验,这比恒定的造型更受关注。无论是苏州园林甚至是古镇的传统民居中的那些迂回曲折的道路、不断转换的视点、空间的划分、正负空间的对比、层次的递进以及尺度的微妙变化都比建筑或某个细节更具启发性。空间连续性要求继承公园空间布局、肌理、色彩分布、天际线等特征,拆除公园发展过程中加建的、影响整体风貌的建、构筑物。

传统心理的延续:人们原有的生活方式、价值观念、文化习俗与老公园的实体环境共同构成了老公园的特点,不仅要保护实体环境也要延续真实的生活方式和传统心理。在现代经济条件下,对老公园的改造再利用,往往热衷于新的视觉形式、文化主题和商业化设施,而对人们的传统心理的延续则不太注重。将老公园衰败的原因简单归结为缺乏商业、游乐设施,"错误地理解'公园'的休息和娱乐活动内容,认为在公园中增加小火车、飞轮转盘、过山车等等设施就是使公园景观现代化"[23],结果导致老公园丧失原有的文化历史气氛。

(4)"象"的优化(修辞的强化)　"意"的延续使改造后的公园保持人们对老公园昔日的大体印象,"象"的优化则进一步强化其特征,方法可基本沿用"三置论"。

调和(类聚):指设计总体内各部分追求接近性、类似性、连续性和规则性以构成完整的整体的手法。老公园空间形态调整、扩建、加建和添加各类设施的过程中,新景观的形式按老公园形式调和:立足于原有空间形态的特点,采用新的材料、工艺、技术按照原有尺度分级模式、色彩组合模式、植物种植模式获取新的形式,与原有历史景观既有区别,又保持共同的文化渊源。

并置(片段组合):在新景观总体量、总面积明显小于旧景观,并且新景观的分布比较散,旧景观历史比较悠久的情况下,可选择片段组合的方式,包括两种情况:新景观与旧景观形成对比,新景观以片段的形式存在;某一旧景观破损严重,只有某些部分可以保留,新添加的部分与其直接相接,形成对比,旧的部分以片段的形式存在。

转化:通过转化原有建、构筑物的存在方式,来达到尽可能保留原有的结构和形态的目的,这种思路适用于老公园中的非文物类历史景点,在保护中求发展,在发展中求创新。比如,江阴中山公园的中山纪念塔外部罩了一层与塔身形状一致的玻璃,既增加了体量,成为轴线上的终点,又保护了碑体,并强化了"中山公园"的命题(图 10.17)。

图 10.17 玻璃构架中的中山纪念塔

10.4 案例分析：园林建筑实践（1945—1989 年）中传统园林文本的转译

　　1945—1989 年的园林建筑设计实践与传统园林文本有着密切的关联，尽管各历史分期的指导思想和侧重点并不相同。受限于当时的历史条件，园林建筑实践者对传统的转译倾向于"显性"的方式，操作方式基本属于图像式转译与图解式转译，对传统园林文本的理解尚停留在外部的形态与结构层面。但从技术角度来看，手法十分巧妙，转译的对象不限于传统园林建筑本身，也包括了传统园林文本的表层结构。这对于当下的实践而言，具有较高的参考价值和启发意义。

10.4.1 转译的对象

　　转译对象取自传统园林文本中的两个方面："词形"与"句法"。"词形"是指园林空间中各构景要素的外部形态。"句法"是指园林空间中各构景要素之间的构成关系，即风景园林空间布局的结构。当时的实践者不仅吸收了传统园林建筑的外部形态（词形），同时也将传统园林空间布局的结构（句法）用于现代园林建筑的创作。

1）词形——传统园林建筑的外部形态　在设计园林建筑的外观造型时以转译传统园林建筑中亭、榭、廊、阁、轩、楼、台、舫、厅堂的"词形"为主，有时功能性较强的景区服务性建筑也从地方性的民居中寻求词形来源。

2）句法——传统园林空间布局的结构　包括传统园林空间原型中的"拓扑同构"关系与曲折、迂回、松动的"线性"空间结构。

10.4.2　转译的手法

转译手法归结为两种：一是将传统园林建筑的外部形态通过图像式转译作为现代园林建筑外观设计的创作依据；二是运用图解式转译将传统园林空间布局的结构作为现代园林建筑整体布局及个体平面布局的操作对象。

1）"词形"的图像式转译　在研究时间的区间内，对传统园林建筑外部形态的描摹或简化始终同时存在。当时的描摹型图像式转译虽然从结果上看与"复古"无异，但其实践范围主要是历史景点较多的风景名胜区，这与当前某些项目不考虑立地条件盲目套用传统园林建筑的做法存在本质差异。简化型图像式转译在意识上符合了现代性中"求新"的特点。从新中国成立初期开始，实践者便尝试以"新"的形态延续传统园林建筑。思路大致可归纳为三类（图 10.18）：一是去细节化，以传统园林建筑为主体，以现代建造技术和审美方式简化细节，如图 10.18（1）中简化的爬山廊；二是特征融入，以现代建筑为主体，融入传统园林建筑的部分特征，如图 10.18（2）中广州白云山凌香馆冰室体现了传统园林建筑与环境的关系及部分装饰符号；三是抽象模拟，以传统园林建筑为主体，用现代建筑材料与结构通过抽象、变化、重组等手法模拟反映传统园林建筑的结构及细部，如图 10.18（3）中桂林芦笛岩水榭由"旱船"变形而来。

0 1 2　　6m

(1)去细节化　　　　　　　　(2)特征融入　　　　　　　　(3)抽象模拟

图 10.18　简化型图像式转译的三种形式

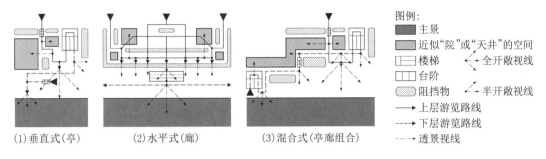

(1)垂直式(亭)　　(2)水平式(廊)　　(3)混合式(亭廊组合)

图例:
■ 主景
▨ 近似"院"或"天井"的空间
▭ 楼梯　　←— 全开敞视线
▭ 台阶
▨ 阻挡物　　←-- 半开敞视线
——→ 上层游览路线
----→ 下层游览路线
---→ 透景视线

图 10.19　建筑单体的平面布局融入传统园林线性空间结构的形式

2)"句法"的图解式转译　在操作层面上,似乎难以想象如何在功能简单、体量不大的园林建筑中展现传统园林文本的"句法"。当年的实践者充分利用了现代建筑结构的灵活性,从两个方面巧妙地在空间结构层面连接了现代园林建筑与传统园林空间。第一,在园林建筑整体布局上反映"向心、互否、互含"等三种拓扑关系。在大尺度园林中,园林建筑围绕水面,结合竖向,在整体上形成向心、对位的空间关系;局部形成高与低、垂直与水平、大与小的位置、形态或体量对比;建筑个体与地形、绿化或水面形成你中有我、我中有你的互含关系。第二,建筑单体的平面布局围绕主景(通常是水面)以曲折、迂回、松动的"线性"空间结构展开,具体分为"垂直式""水平式"及"混合式"(图 10.19)等三种形式:

"垂直式"主要对应点状建筑如观景亭(台、阁)、接待室等,将传统园林的线性空间通过楼梯、台阶在垂直方向予以展开,辅以墙体、挑台、植被控制视线。如图 10.20 中的景亭位于坡地上,其最上层地面与城市道路相接,与下方水面的驳岸存在 5.5 m 的高差。该处既可远眺,又可成为被观赏的视景,但所处环境尺度不大,适于布置点状建筑。设计者巧妙地利用地形高差、周边环境特征,将传统园林以水平方向为主的"线性"空间体验线路在垂直方向展开。第一,亭分三层,各层前后左右错开,逐层与山坡相连。第二,错开的部位辅以植被或山石,亭内设置漏墙、美人靠、楼梯,随着路线的流转不断变化视线的方向和空间的开合。第三,空间的体验始终围绕水面展开。第四,"显""隐"有致:从城市道路上观看,该亭隐没于城市环境,成为进入城市山林的入口;而在水面的观赏视域内,则是一处高地错落、体现丘陵地形特色的园林建筑。

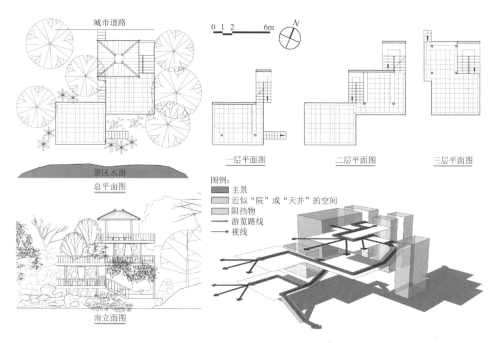

图 10.20 "垂直式"实例的图解分析

"水平式"应用于休息廊、茶室等可在水平方向延展的园林建筑,辅以墙体、柱体、植被控制视线。如图 10.21 中的廊架位于某景区尽端最高处,平接城市道路,既可鸟瞰景区,也是组织交通、休憩停留的节点。与图 10.20 中的景亭相比,该廊架显得相对简单,但仍可从中感受到设计者延续传统的意识:一是利用廊架的柱、墙、美人靠、花坛、屋架将简化后的"线性"空间结构在水平方向展开,形成视线转换及空间开合;二是利用廊架前后的场地连接城市与景区。

"混合式"结合了前两者的特点,应用于亭廊组合等复合型园林建筑。如图 10.22 中的轩东接城市道路,其最上层地面与下方水面驳岸相差 5 m。该轩借助于现代建筑框架结构的灵活性在垂直和水平方向更为精准地还原了传统园林的"线性"空间结构,令游人仿佛置身于一座小型的江南私家园林之中。

对传统园林文本线性结构的图解式操作不仅成功地延续了传统园林文本的显性特征,同时也实现了现代园林的空间功能,如"水平式"常结合入口或活动场地,而"垂直式"与"混合式"常结合地形解决交通组织、远眺

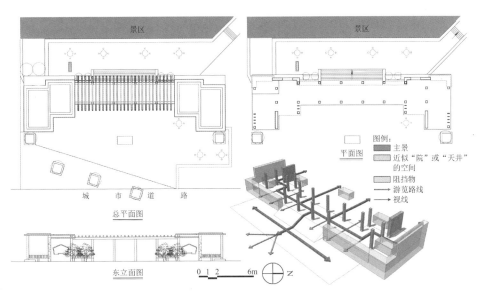

图 10.21　"水平式"实例的图解分析

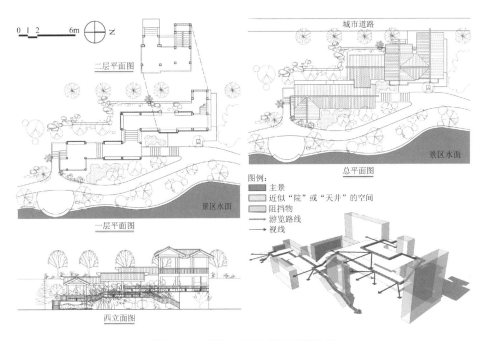

图 10.22　"混合式"实例的图解分析

观景等问题,一举多得。

1949—1989 年老一辈园林建筑设计工作者怀着对新中国风景园林事业的热情创作的这批优秀作品已经为中国传统园林的继承方案提出了接近理想的路径。尽管这批作品显示出设计者对传统园林文本的理解和操作处在"显性"层面,但其至少具有三个方面的价值:首先,为传统园林的继承与发展提供了参照物;第二,显示了在西方现代风景园林体系之外独立发展根植于本土的中国现代风景园林体系的可能性;第三,为当代建筑设计连接传统文化提供了有益的参考,特别是地域建筑设计[24]。

10.5 本章小结

继承、发扬中国传统园林的精髓,已是一个出现频次多到令人感到麻木的口号了,但长期以来却一直缺乏实质性的继承方案及实践成果。传统园林继承和地域性园林的构建除了在理论上明确其内容之外,在设计语言方面应提出完整的方法和技巧,使研究结果具有可操作性,可供大多数设计师借鉴、运用。如此才能真正营造出具有中国本土特色的风景园林作品。对老公园(本土化作品)的保护,其目的为保护设计语言,具体可从"城市记忆"的角度切入,更容易操作。1949—1989 年园林建筑设计实践中传统园林文本的现代转译成果亟待深入研究与妥善保护,不应随着行业的发展和受某些误区的影响而被遗忘。

参考文献

[1] 朱光亚. 拓扑同构与中国园林[J]. 文物世界,1999(4):20.

[2] 王庭蕙,王明浩. 中国园林的拓扑空间[J]. 建筑学报,1999(1):60-63.

[3] 王绍增. 论中西传统园林的不同设计方法:图面设计与时空设计[J]. 风景园林,2006(6):18-21.

[4] 肖薇,支宇. 从"知识学"高度再论中国文论的"失语"与"重建"——兼及所谓"后殖民主义"批评论者[J]. 社会科学研究,2001(6):134-138.

[5] 朱光亚,李开然. 在城市拓展中的传统园林艺术[J]. 新建筑,2000(4):5-8.

[6] 钱学森. 关于山水城市给顾孟潮的信. 见:宋启林,顾孟潮. 城市学与山水城市[M]. 北京:中国建筑工业出版社,1996.

[7] 吴良镛. 山水城市与 21 世纪中国城市发展纵横谈. 见:宋启林,顾孟潮. 城市学与山水城市[M]. 北京:中国建筑工业出版社,1996.

［8］ 吴洪德.中国园林的图解式转换——建筑师王欣的园林实践［J］.时代建筑，2007(5)：116-121.

［9］ 姜梅.意义性的建筑解构——解读王澍的《那一天》及"中国美术学院象山新校园"［J］.新建筑，2007(6)：113-119.

［10］ 王云才.传统地域文化景观之图式语言及其传承［J］.中国园林，2009(10)：74-76.

［11］ Sauer C O. The Morphology of Landscape［M］. CA：University of California Press，1974.

［12］ Antrop M. Why landscapes of the past are important for the future? ［J］. Landscape and Urban Planning，2005(70)：21-34.

［13］ 孙筱祥.风景园林从造园术、造园艺术、风景造园到风景园林和地球表层规划［J］.中国园林，2002(4)：7-12.

［14］ 朱育帆.文化传承与"三置论"——尊重传统面向未来的风景园林设计方法论［J］.中国园林，2007(11)：33-40.

［15］ 张晓春.卡洛斯·法拉塔建筑师事务所［J］.时代建筑，2004(6)：134-145.

［16］ 胡文芳.人工与自然的科学结合——体验巴塞罗那植物园［J］.中国园林，2005(3)：11-16.

［17］ 傅承洲.李渔的无声戏理论与话本的戏剧化特征［J］.深圳大学学报(人文社会科学版)，2009，26(1)：107-111.

［18］ 邱冰.城市历史地段景观设计［D］.无锡：江南大学，2004.

［19］ 克莱芒 P.城市设计概念与战略——历史连续性与空间连续性［J］.世界建筑，2001(6)：23-25.

［20］ 柳尚华.中国风景园林当代五十年 1949—1999［M］.北京：中国建筑工业出版社，1999.

［21］ 胡玎，王越.上海，是否应放慢改造老公园的脚步［J］.园林，2008(6)：32-33.

［22］ 周成玲.城市旧公园改造设计研究［D］.南京：南京林业大学，2008.

［23］ 姚亦锋.现代中国城市公园的问题以及景观规划［J］.首都师范大学学报(自然科学版)，2004，25(1)：60-64.

［24］ 孔俊婷，赵广宇.追寻·探索·嬗变·拓展——融合中国园林空间特质的地域建筑发展轨迹研究［J］.中国园林，2015(12)：65-68.

11 基于三个尺度的风景园林设计语言发展方向探讨

从立论基础来说,前 10 章阐述的是一种经典意义上的风景园林设计语言:以城市绿地特别是公园绿地为对象,以风景园林设计人员为主体,强调后者对前者的专业性掌控。研究过程及成果应用均依赖于风景园林学科领域人士的专业判断,具有典型的"自下而上"特征。风景园林设计语言本土化策略的建构也以这一设定为前提。但随着新时代生态文明建设理念的提出、国土空间规划体系的建构及国家部委职能的调整,风景园林学科、行业地位也随之发生跃迁。事实上,风景园林学科的研究与实践对象早已突破城市绿地的范畴。在某些特定语境下,风景园林实践所遵循的已不是传统意义上绿地或公园规划设计的那套设计语言规则。因此,有必要结合风景园林学科、行业的最新动向对风景园林设计语言研究与实践的未来发展进行专门讨论,使本书的研究具有进一步发展的可能性,而不是凝固在某一个时间范畴之内或一个专业而又封闭的领域里。突破绿地的限制,从生态、地理(人文)、城市三个尺度上进行讨论,涉及生态学、地理学及城乡规划等学科。为了方便表述,将"风景园林设计语言"暂且改为"景观语言",以避免"风景园林"的字面含义可能导致的狭义理解。

11.1 山水林田湖草:生态学意义上的景观语言

11.1.1 特性:系统完整性

党的十八大以来,生态文明建设理念以"坚持绿水青山就是金山银山""美丽中国""山水林田湖草"等"接地气"的表述方式融入了公共领域,保护生态系统已成为公众的常识。其中,"山水林田湖草共同体"的表述将生态系统完整性提到前所未有的高度。

1)"山水林田湖草"一体 2013 年 11 月,习近平总书记在《关于〈中共中央关于全面深化改革若干重大问题的决定〉的说明》中提出："人的命脉在田，田的命脉在水，水的命脉在山，山的命脉在土，土的命脉在树。用途管制和生态修复必须遵循自然规律"，"对山水林田湖进行统一保护、统一修复是十分必要的"。2016 年 10 月，财政部、原国土资源部、原环境保护部联合印发《关于推进山水林田湖生态保护修复工作的通知》。2017 年 7 月，中央全面深化改革领导小组第三十七次会议强调，建立国家公园体制，要在总结试点经验基础上，坚持生态保护第一、国家代表性、全民公益性的国家公园理念，坚持山水林田湖草是一个生命共同体，对相关自然保护地进行功能重组，理顺管理体制，创新运营机制，健全法律保障，强化监督管理，构建以国家公园为代表的自然保护地体系。党的十九大报告指出，"建设生态文明是中华民族永续发展的千年大计""统筹山水林田湖草系统治理，实行最严格的生态环境保护制度，形成绿色发展方式和生活方式，坚定走生产发展、生活富裕、生态良好的文明发展道路"。至此，生态系统完整性的概念已不再是一个专门领域中的专业词汇，随着"山水林田湖草生命共同体"这一理念正式进入公共领域，并且在原有学术定义的基础上，科学界定了人与自然的内在联系和内生关系，在对自然界的整体认知和人与生态环境关系的处理上为我们提供了重要的理论依据，成为当前和今后一段时期推进生态文明建设的重要方法论。

2）保护与治理统筹　我国近年来实施了一系列生态系统完整性保护的计划与措施：批准实施了生物物种资源、野生动植物、草原、水生生物资源、畜禽遗传资源、海洋保护专项规划，推动了生态系统保护修复工作；建立了以自然保护区为主体，风景名胜区、森林公园、自然保护小区、农业野生植物原生境保护点、湿地公园、地质公园、海洋特别保护区、种质资源保护区为补充的就地保护体系；实施了天然林资源保护、退耕还林、退牧还草、"三北"防护林建设、湿地保护与恢复以及水土流失综合治理等重点生态工程。但这些规划、措施与工程分属不同的部门与工作体系，导致了一些问题的出现，如生态系统要素分离，部门职责交叉重叠，地区分割，跨行政区域协作不够[1]等。而"山水林田湖草是一个生命共同体"理念提出意味着在生态系统、管理部门、保护与修复工程、保护与管理机制等方面均要统筹，要按照生态系统的整体性、系统性以及内在规律，推进生态的整体保护、系统修复、综合治理。

11.1.2　意义：生态系统的保护

1）"生态"不再流于纸面　传统资源生态环境科学工作一般从水、

土、气、生单方面展开,碎片化的研究与实践难以在系统层面顺应自然规律实现对生态环境整体保护和系统修复。"山水林田湖草"理念不仅融合了生态学、景观生态学等学科领域的特征,同时为其指明了国土尺度层面的实践对象与方法论。生态学意义上的景观极有可能随着国土空间规划体系、国家公园体制的建构进入风景园林学、城乡规划学的实践领域。画几块绿色,画几个箭头,就能标注"生态"的空间规划设计文本编辑模式面临终结。生态学、景观生态学领域的研究成果、方法及专业技术力量进入空间规划领域,形成多学科交叉、协作的局面成为必然趋势。

2)"生态"联系人与自然　生态系统完整性的概念也已不再是一个专门领域中的专业词汇,随着"山水林田湖草生命共同体"理念正式进入公共领域,并且在原有学术定义的基础上,科学界定了人与自然的内在联系和内生关系,在对自然界的整体认知和人与生态环境关系的处理上为我们提供了重要的理论依据,成为当前和今后一段时期推进生态文明建设的重要方法论。在空间规划领域,生态意义上的景观实践将产生两个方面的影响:

首先,研究的范围与前提将被置换。在生态系统中,农田、村庄、城镇、流域等不同尺度的生态系统具有不同的结构和功能特征。当城乡空间被视作生态系统的一部分时,其行政区划边界不再是空间规划研究范围的上限。城乡空间的发展必须考虑更大范围内生态安全阈值与生态重要性、敏感性、脆弱性。

第二,人与自然的关系将被重置。在新的规划体系下,"人"是生态系统中的一种要素,而非定义生态系统本身的主体;"山水林田湖草"是"人"赖以生存发展的基础,而非单向化的资源索取对象。

11.1.3　设计:科学性设计

从系统完整性的角度来说,城市建设必定对生态系统造成破坏:切割基质,硬化斑块,打断廊道,将建成区范围内原有生态系统逐步肢解为城市中绿色、蓝色的孤岛。相关实践分为两个方向:

1)景观生态规划即如何保护现存的生态系统,修复已被破坏的生态环境。传统生态学强调生态系统的平衡态、稳定性、均质性、确定性以及可预测性,而当代的景观生态学承认时间和空间上的缀块性(斑块性)或异质性,强调多尺度上空间格局和生态学过程相互作用以及等级结构和功能[2],在解决生态系统与城乡关系问题方面发展出了具体路径,如景观规划（景观生态学领域）、生态网络规划、生态基础设施规划、生态（保护）红线划定等。景观生态规划中景观语言编辑与操作只有按照自然生态系统运转的规律，凭借景观生态学理论与技术进行实践，才具有实际意义。图 11.1 展示了生态学家对生态系统中空间非均质性、尺度依赖性的观察方式。图中"景观"的形态含义与传统意义上园林美学或现代景观的机械美学均无关联。由于这种景观语言归属景观生态学，已超出风景园林的学科范畴，本书在此不赘述。

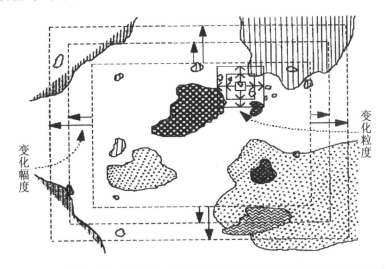

图 11.1　空间异质性、斑块性和空间格局及其对尺度（粒度和幅度）的依赖性

2）景观生态化设计　即借助于景观生态学原理设计一般意义上的景观，使其具有生态的表征、功能与属性。景观生态规划操作的是真正意义上的生态系统，具有专项规划的特征与法定化的属性，而景观生态化设计属于设计者对设计结果生态功能或属性的主观追求，并非自上而下的指标性要求。因此，景观生态化设计的语言同一般意义上风景园林或景观设计语言相似，具有设计层面的可操作性，只是其被赋予了生态含义及新的美学基础。景观生态化设计的语法规则至少可概括为四点：

一是书写规则强调最小干预，保留设计场地整体或局部的生态特征与过程，类似于低影响开发（Low Impact Development，LID）；

二是语法建构分为规划、设计两级，其中规划语法是指以斑块（Patch）、廊道（Corridor）、基质（Matrix）等词汇按照"景观格局"（句法）的原理构建空间格局的规则，而设计语法则是指选取具有自然生态系统外

在表征的景观素材在斑块、廊道或基质内按照"自然形式"进行构景的法则,比如自然界野生植被的大片应用;

三是语言操作以图式语言为对象,即将景观生态学原理与景观设计中(风景园林领域)图式化的分析与规划设计过程结合,衍生出具有景观生态学含义的图式语言以代替传统意义上的设计图形(图 11.2);

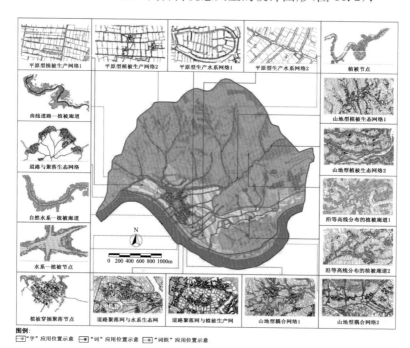

图例:
⊡—"字"应用位置示意 ⊡—"词"应用位置示意 ⊡—"词组"应用位置示意

图 11.2　景观生态化设计的图式语言应用举例

四是修辞手法为"模拟",即模拟自然或生态系统的外在表征,以一种显性的方式展示设计结果的生态特性。

在生态环境保护的语境下,强调"生态过程是一种美"的生态美学为景观生态化设计提供了某种合法性,尽管这种美学至今仍有研究者持保留态度。当设计对象的尺度规模不足以产生真正意义上的生态效益时,一般也无必要以景观格局指数对这种景观生态化设计结果进行科学模拟与验证。从客观结果来看,应用了景观生态学原理与理念的景观至少在表征上显示出了生态特征,具有积极的意义,例如上海后滩湿地公园以生态化设计语言向人们展示了不同于传统公园的另一种景观(图 11.3)。但此类项目实践需同时兼顾视觉、文化及生态效益,在

图 11.3　上海后滩湿地公园实景

操作层面是一个复杂的问题,是否能以景观语言进行描述是个值得进一步探讨的课题。

11.2　看得见的乡愁:地理学意义上的景观语言

11.2.1　特性:文化差异性

1) 景观中的"乡愁"　2013 年在北京举行的中央城镇化工作会议提出:"让居民望得见山、看得见水、记得住乡愁。"从国家层面来说,这是生态文明建设目标的一种亲民化的表述,既含有保护生态环境,也含有保护城市文化、乡土文化的意味;对农村而言,这一理念要求我们在构建平等、独立、互动的城乡一体化的同时,强调城乡差异化、重视乡村特殊的地位、提高乡村生产、生活、文化条件;对城镇而言,这是新型城镇化目标的一种表达,是从人居环境的角度对城镇居民个体情感的关照。抛开专业性的概念,如将"乡愁"落到个体情感层面,即为人们关于城乡空间的集体记忆。"看得见的乡愁"意即蕴含集体记忆的城乡空间。从创造空间的行为主体来看,"看得见的乡愁"可以衍生出两个方面的理解:一是保护由专业技术人员创造且已经融入人们集体记忆的城乡景观,即一种具有一定历史和人文意义的专业性实践成果;二是保护千百年来人们的自发性景观实践,即一种地理学意义上的景观。前者因美学价值或风格所映射的时代特征而易被研究者所认知,如老公园、风景名胜区等;但后者往往被忽视。本节的主要讨论对象是后者。

2) 记忆中的景观　集体记忆是具有一个特定文化内聚性和同一性

的群体对自己过去的共同记忆,具有双重性质:既是一种物质客体、物质现实,如空间、建筑、景观等;又是一种象征符号,或某种具有精神涵义的东西、某种附着于并被强加于物质现实之上的为群体共享的东西[3]。在这一前提下,景观因"人"而分类:第一类是国家记忆,即全国范围内形成一种对某种的共同认知;第二类是地方记忆,指市(地区级)、县(县级市)、乡(镇)、村等不同地理范围内集体成员对某一景观所持有的共同记忆;第三类是团体记忆,指工作、信仰、志趣或目标相同的群体以该群体的身份对某一景观所持有的共同记忆;第四类是社区记忆,即自然社区(生产、生活聚落)、专能社区(学校、机关等)对某一景观所持有的集体记忆。各类记忆之间因集体与记忆的对应关系形成了明确的界限,但每个集体的成员随时可以因记忆的内容而进行多个集体身份的切换:既是某地、某类景观的"我者",又是他地景观的"他者"。这不仅充分反映了地理景观的复杂性,同时界定了地理景观文化内部与外部认知的主体身份。

11.2.2 意义:文化二元结构的保护

1) 内部认同促进地方认同感的建构 集体记忆能够增强组织的凝聚力和组织成员的归属感[4]。集体记忆并非个人记忆的简单叠加。"谁的记忆""记忆什么"及"怎样记忆"的问题须置于共同体生活的社会环境下,只有在共同体依托的具体情境中[5],借助于社会交往、身体实践与社会框架对记忆对象进行回忆、识别、定位,结合时代的特点进行重构,最终形成"记忆"。在这一过程中,保持或延续记忆主体与景观(物质客体)之间的联系是关键。当联系消失或减弱时,需要集体成员或集体以外的人士对受众(记忆主体)进行"宣称",否则记忆主体难以意识到集体的共性、范围及个体的身份。从集体记忆保持及延续的过程来看,四类记忆均需不断地重构。

作为最接近个体记忆的社区记忆多处于一种松散与脆弱的状态:社区成员与该社区集体记忆的关系基本依靠成员通过每天的日常生活实践与物质客体、其他成员保持天然联系进行维系,以自然社区最为典型。然而,这种联系一旦被消解,该社区的集体记忆极有可能成为交际性的短时记忆,一种与同代人或最多不超过三四代人共享的记忆。例如,迁出历史街区原住民的做法不仅消除了记忆主体与物质空间之间的联系,也使街区改造失去了底限,因为聚落居民团体以外的人们一般难以判断改造后的聚落是否保留了原有特征。上海新天地、田子坊已经改变了人们对里

图 11.4 标准化设计的民居样式

弄的想象,而真正意义上的里弄却仍在等待拆除。再如,数年前作者在无锡清名桥历史文化街区考察时,听到一位游客笃定地告诉其朋友"这是徽派建筑"。很显然,无锡市民不会认同清名桥民居是徽派建筑的说法。问题的根源是该街区原住民自建的民居被改造成了设计师想象中的标准化"江南民居",被当成符号使用的"马头墙"使外地游客联想到了徽派建筑(图 11.4)。而改造"标准"源自设计师的团体记忆(专业学习与实践记忆)而非当地人关于街区的集体记忆。

团体记忆依托文本或团体之间的职业、信仰维持,一般不依赖物质客体,是四级集体记忆中最为稳定的。其中,专业团体的集体记忆不仅处于一种自组织的建构过程中,同时为其他记忆提供宣称文本。而历史文化街区的问题正是由于专业团体将团体内部的专业记忆与他地聚落景观的记忆混杂后提供了一种误差较大的文本。

不同于社区记忆,地方记忆强调地方成员对地方特征的整体性认知。地方记忆的建构不仅需要地方内部进行宣称,同时也需要地方成员以"我者/他者"的二元结构将本地文化与他地文化进行比较后实现自我认知。这三类记忆的主体一般为记忆亲历者,具有与记忆直接相关的社会交往、身体实践经验或稳定的社会框架。

国家记忆的形成是对某种景观具有整体认知能力的既有集体(通常是精英团体)以各级景观记忆为基础建构某种景观的整体印象,并将记忆受众拓展至全国的过程,是一种集体范畴的扩展过程,强调的是既有集体以外的记忆分享者在国家、民族身份的前提下对该种景观文化差异性、独特性的认同。

2) 外部认知促进文化差异性的显现　当某种景观蕴含的文化在独

特性与垄断性方面引起集体以外的认知主体关注,并作为自我认知的参照物时,这种景观便具有了旅游或商业开发的潜质。尽管专家对某种景观文化的独特性与垄断性的判断在学术层面具有权威性,但并不能代表"目标人群"对此具有相同的认知。同时,"目标人群"对某种景观的价值判断难以被测定。虽然旅游策划、规划文本结合规划主题对"目标人群"及其效益进行预测,但其过程与结果带有一定的主观性,存在文本操作与实际效益脱离的潜在风险。

集体记忆为文化差异性的测定与目标人群的设定提供了具有现实意义的依据。首先,源自记忆亲历者身体实践的集体记忆具有不可替代性。集体成员对集体记忆印象的清晰性对应了该集体所拥有的区别于其他集体的物质客体或象征符号的典型性,从外部视角说明了某类景观文化的特征客观存在。这种文化的独特性与垄断性无法依靠公权力主体与开发商的主观"打造"实现。在实际操作中也难以实现"打造"出来的文化差异性与"目标人群"的认知精准匹配,因为毕竟规划者的经历有限,其设想难以产生当地原生性主体实践所具有的社会选择与地理建构特性。第二,"目标人群"可按四类集体记忆分类设定,使不同层级集体记忆对应的物质客体与象征符号的外部均有相应的认知主体,从而使景观原有的文化差异性转化为多样化、多层次的资源价值。从外部视角以集体记忆认知文化的差异性,并寻求该文化的认知主体(目标人群),可使某种景观文化区别于他地的差异性得到真实显现。例如,在英国伦敦肯辛顿公园游览时,笔者(他者)发现其依然保留了近代公园的早期特征,强调自然风景的营造,并展示了伦敦市民真实的户外生活,使笔者(我者)明显感受到与中国当代那种强调设计感的城市公园之间的差异性(图 11.5)。

图 11.5　中英城市公园实景对比

11.2.3 设计:协作性设计

依据张庭伟教授的分析,西方的"规划的理论"[6]发展分为 3 个阶段(表 11.1):第一个阶段注重工具理性,认为规划工作必须建立在科学理性的基础上,规划师是城市规划的主角;第二阶段强调人民在规划中的参与及拥有权,规划师虽然仍然编制规划,但规划的内容是由居民决定而非规划师决定;第三个阶段"规划由人民来制定"(planning by people),而不是规划师来做规划,规划师的角色是交流的组织者、共识的协调者和沟通的推动者。这种分析十分具有启发性。"协作性设计"正是借用了"协作性规划"概念。对于地理学意义上的景观,创作主体是一般意义上的民众,并非当代的专业技术人员。"协作性设计"的核心是保护景观原生性主体的话语权,并引导后者的"自我的他化"行为,使其转化为景观延续的"内力",或在尽可能小的干预下激活现有的景观。具体可以从以下两个方面理解。

表 11.1　规划的理论的演变

分类	第一代理论:理性模型	第二代理论:倡导性规划,公众参与理论	第三代理论:协作性规划
时代	1940—1970 年代	1960—1980 年代	1990 年代至今
理论基础	工具理性	价值理性、程序理性	新的价值理性——集体理性
主要内容	规划工作的科学性,分析工具及方法	规划及其过程的公平性,弱势群体的问题	规划的调停功能,建立共识

1) 引导:自发性空间实践中景观语言的延续　即设计师不参与具体的设计,引导景观原生性主体的自我存在与延续。这一点具有实施的现实基础。

首先,以无锡清名桥历史文化街区为例来说明。清名桥历史街区位于无锡老城南门外古运河与伯渎港交汇处,是《无锡历史文化保护规划》(2004)确定的市区 5 处重点保护历史地段之一,总面积 45.54 hm²,沿古运河全长 1.6 km,现有 2.91 万住户,居民人数 7.9 万[7]。清名桥街区在《大运河(无锡段)遗产保护规划》(2010)中被遴选为重点遗产,现状存有大量古桥、古街、古建筑,为典型的古运河水乡传统风貌,市井氛围浓郁,并保存着明清以来各个历史时期的文化印记。2007 年以前,清名桥历史街区由 4 个不同历史时期的建筑"拼贴"而成:晚清—1938 年;1938—1950 年;1950—1980 年;1980 年以后。其中,大部分建筑为 1950—1980 年建造,晚清—1938 年的建筑所占比例近 20%。当地居民根据自己的经验习惯、需求进行的自发性空间实践,创造了 6 种民居建造模式(图 11.6)。这些模式往往被居民因地制宜地单独或混合使用。这种介于正规和非正规之间的空间实践最终促成了一种复杂多变、功能含混的低层高密度传统生活空间(图 11.7)。大运河当地居民的空间实践除了遵守地方的建造传统之外更多的是对生活需求的回应。当然,少数大户人家因文化、经济条件允许,按照较高规格标准进行传统建造,甚至融入近代的时代特征,形成"中西合璧"式的建筑(图 11.8)。大运河沿岸风貌的原真性、多样性正是源自"主体的自我存在与延续"[8],尽管多元化的经营主体拼凑的业态杂乱无章,但却映射了真实的生活,反映了"特定人群共同体的集体表述与记忆"[9]。但自 2007 年底无锡启动了清名桥历史文化街区保护性修复工程之后,在标准化的理念和技术干预下,传统聚落正在向一种标准化组织的商业空间转化[10],丰富多样的传统生活界面正在逐步消失。究其原因,主要是大运河沿岸居民数百年来的自发性空间实践被忽略,而公权力主体的干预力度过大。现存的民居依然显示了原住民的建造智慧与灵活的空间策略。管理部门与设计师若能有效地引导居民为适应新的生活进行民居改造,而不仅仅将该地区作为一种符号消费的载体,那么此处必将成为"中国大运河申遗的标志性节点"。为论证联络性设计的可行性,作者对 148 名当地居民进行过问卷访谈,结果显示:49%的受访者希望继续在老房子里居住,72%的受访者希望社区的发展在尊重居民意愿的前提下由政府主导[11],12%的受访者希望在政府提供帮助的前提下由居民主导社区发展。

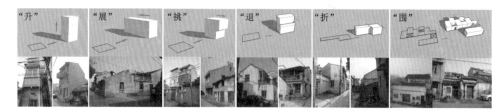

图 11.6 6 种民居建造模式

图 11.7 沿运河形成的低层高密度聚落景观

图 11.8 中西合璧式的民居

　　第二,以乡村景观为例。除去自然部分,乡村景观是村民按照农业生产规律、乡村生活需求与传统进行空间实践的结果。2005 年,党的十六届五中全会提出了建设社会主义新农村的重大历史任务。重视提高农业产业效益,改善农民生活条件与保护农村环境,依托"以城带乡,城乡统筹"的政策,将农村作为城市的旅游基地成为促进农村经济增长的有效方式。旅游型新农村逐渐成为一种通过发掘特色旅游资源带动当地旅游产业发展的新农村建设模式。但在实践中,"一村一品"与"千村一面"往往并行。"相似"或"相异"的千村一面似乎是旅游型农村建设难以突破的一种困境。从问题的表象观察,缺乏对地域特征的全面了解造成旅游型乡村设计上的失败[12]似乎是千村一面的主要根源。事实上,原本根植于农业生产与乡村生活的乡村景观被用于当代社会的"符号消费",即以水车、牌坊、农家乐、采摘大棚的典型农村图像与城市景观形成一种凝固的二元对立印象。从技术上说,刻意、盲目追求所谓的"乡村风格"替代了真实的乡村生活景象,最终形成了面貌雷同的千村一面[13]。

2) 嵌入与置换:地理景观语言局部的有机更新　以上的论述是期望地理意义上的景观能在某种自组织的秩序下完成适应性的更新,保持景观与记忆持有者之间的空间联系,是以集体他记忆为测度的一种地域景观特征认知与更新方法。但在当今的城乡建设语境下,景观实践毕竟在多数情况下是一种专业实践,专业人员的介入还是必要的,只是专业干预的力度和方式需要控制。所谓"嵌入",是指在景观中空余的或被破坏的部分嵌入新的部分;而所谓"置换",则是指将景观中无益于或有损于整体风貌及功能的部分以更为适宜的单元或模块替换。无论是"嵌入"还是"置换",均是为了激活原有景观的功能与活力,不会改变景观的总体结构与基本特性。例如,普利兹克奖获得者王澍教授在浙江富阳文村的实践便是一个极好的实例。王澍教授用灰、黄、白的三色基调,以夯土墙、抹泥墙、杭灰石墙、斩假石的外立面设计,通过 14 幢新式农居呈现他理想中的乡村图景(图 11.9),让一座名不见经传的小村庄焕发了前所未有的生机,引发了社会各界对普通村落保护的关注。更重要的是,王澍先生并不想包办文村的所有民居,而是希望"剩下未实施的半个村子,理想的状态不再是政府下派资源去做,而是农民自己能组织实施"[14]。这种思路在当前技术理性主导的时代语境中是极其难能可贵的,以专业性的实践引发当地居民自发性的空间实践,充分体现了设计师以谦逊的姿态表达了对一种地域文化、真实生活的尊重。可以说,这是协作性设计第二种实践的理想结果。

图 11.9　浙江文村的新民居

11.3 城市开放空间：城市设计意义上的景观语言

11.3.1 特性：空间开放性

城市开放空间是个舶来词，由 Open Space 翻译而来。"Open Space"一词最早出现于 1877 年英国伦敦制定的《大都市开放空间法》(Metropolitan Open Space Act)中。20 世纪 80 年代，国内引入了"Open Space"的概念[15]，形成了两种翻译：开放空间和开敞空间。现有的研究显示，绝大多数文献采用了"开放空间"一词。

由于"开放空间"在国内的空间规划体系中不属于法定词汇，学术界尚未形成对开放空间定义的统一认知。目前，国内大多数研究者将其理解为"室外"[16]、"未被建筑物覆盖"[17]；部分研究者则认为"开放"是指空间具有"免费"[18]、"公共"[19]、"可进入"[20]或"行为自由"[21]的特性。诸多定义所涵盖的空间类型差异较大。作者在《日常生活视野下的旧城开放空间重构研究》一书中结合已有的研究成果，从形态、属性和功能等三个方面定义开放空间：首先，开放空间在形态上是"开敞"的，无覆盖物遮蔽的；第二，开放空间在属性上是"公共"的，向公众开放的；第三，开放空间在功能上是"自由"的，可以是单一的，也可以是复合的。综合起来，开放空间的定义可表述为：存在于城市建、构筑物等实体之外，向公众开放，在系统层面上具有生态、文化、景观、控制、保护、游憩等多重功能和目标的开敞性空间[22]。

将开放空间的概念与具体的城市用地结合，如表 11.2 所示，涉及众多用地类型。但这些开放空间并不有同等程度的"开放性"，其中包括了一些准开放空间。例如，商业服务业设施用地(B)中的度假村和高尔夫球场在向公众开放时设置了经济门槛，从公共性的角度来说不完全符合开放空间的定义；再如，附属绿地具有半公共的性质，开放性取决于其所属单位、居住区(或小区、组团)的开放程度。在众多类型的开放空间中，绿地、广场和街区开放程度高，构成了开放空间的主要类型。其中，如从功能、面积、设施等指标进行考察，各类具有游憩功能的绿地构成了城市开放空间的主体(表 11.3)，包括公园绿地(GI)、广场用地(G3)、开放型附属绿地(RG、BG、UG)、游憩型区域绿地(EG)。广场也是一种重要的开放空间,包括交通枢纽用地(S3)中的交通广场、广场用地(G3)。需要指出的是,公共建筑红线后退会形成临路、临街的一些空地,经绿化、美化后也可形成具有简单游憩、停留功能的小型广场。尽管这种空间未被列于表11.2、表11.3之内,既不属于游园,也非真正意义上的广场,但其数量却相当客观。街区主要是指商业步行街、历史街区、老街及未封闭的社区。

表 11.2　城市用地分类与规划建设用地标准中的开放空间

类别			内容
大类	中类	小类	
居住用地(R)			历史街区、老街、开放式管理的居住区(小区或组团)
公共管理与公共服务设施用地(A)	文物古迹用地(A7)		具有保护价值的古遗址、古墓葬、古建筑、石窟寺、近代代表性建筑、革命纪念建筑的外部环境
	宗教用地(A9)		宗教活动场所中的外部空间,如商业街、度假村等
商业服务业设施用地(B)	商业用地(B1)		商业用地的外部空间
	娱乐康体用地(B3)	康体用地(B32)	高尔夫
道路与交通设施用地(S)	交通枢纽用地(S3)		交通广场
	其他道路用地(S9)		自行车专用道、具有游憩功能的风景道、林阴道
绿地与广场用地(G)	公园绿地(G1)	综合性公园(G11)	全市性公园、区域性公园
		社区公园(G12)	居住区公园
		专类公园(G13)	动物园、植物园、历史名园、风景名胜公园、游乐公园、其他专类公园
		带状公园(G14)	

续　表

类别			内容
大类	中类	小类	
绿地与广场用地(G)	广场用地(G3)		游憩、纪念、集会和避险等功能为主的城市公共活动场地
	附属绿地①		
非建设用地(E)	水域(E1)、农林用地(E2)或其他非建设用地(E9)		位于城市建设用地以外的风景名胜区、水源保护地、郊野公园、森林公园、自然保护区、湿地、野生动植物园、垃圾填埋场恢复绿地

表 11.3　城市绿地分类标准中的开放空间

大类	中类	小类	类别	大类	中类	小类	类别	大类	中类	小类	类别
G1			公园绿地	G2			防护绿地	EG			区域绿地
	G11		综合公园	G3			广场用地		EG1		风景游憩绿地
	G12		社区公园	XG			附属绿地			EG11	风景名胜区
			专类公园		RG		居住用地附属绿地			EG12	森林公园
		G131	动物园		AG		公共管理与公共服务设施用地附属绿地			EG13	湿地公园
		G132	植物园		BG		商业服务业设施用地附属绿地			EG14	郊野公园
	G13	G133	历史名园		MG		工业用地附属绿地			EG19	其他风景游憩绿地
		G134	遗址公园		WG		物流仓储用地附属绿地		EG2		生态保育绿地
		G135	游乐公园		SG		道路与交通设施用地附属绿地		EG3		区域设施防护绿地
		G139	其他专类公园		UG		公用设施用地附属绿地		EG4		生产绿地
	G14		游园								

① 《城市用地分类与规划建设用地标准》(GB50137—2011)与现行的《城市绿地分类标准》(CJJT85—2002)不统一,前者的统计指标中不含"附属绿地"的概念,将其融入各类除"绿化与广场用地"以外的建设用地中,而《城市绿地分类标准》中写入了"附属绿地"的概念,用地编号为G4。为了避免引起误解,表0.3中的"附属绿地"未注明编号。

11.3.2 意义:人居环境的优化

虽然在城市总体规划、城市设计中常会涉及开放空间规划,但长期以来开放空间一直未能像"城市绿地"一样成为一个法定或行政性的词汇。少数几个城市如深圳、杭州、温州进行了城市公共开放空间系统规划的尝试,将城市开放空间视作一个整体加以分析、规划。《城市用地分类与规划建设用地标准》(GB50137-2011)将上一版本标准中的"G"类用地由"绿地"改为"绿地与广场用地",从某种意义上说是认同了城市绿地与"游憩、纪念、集会和避险等为主的广场"具有近似之处:同属于开放空间。随着国家对城市人居环境的日益重视,城市开放空间的功能及其重要性必然得到更为准确的认知。

1) 城市开放空间是缓解高密度城市环境的有效工具　现在的城市寸土寸金,建设强度、密度越来越高,形成了两种高密度区建设形式:高层高密度和低层高密度。高层高密度的城市空间发展模式具有节约资源、提高土地经济效益的特征,往往为多数城市所选择,特别城市中心区基本采用这一模式。低层高密度区一般为旧城区或老旧居住区,通常面临着更新或改造的局面。但也有学者支持低层高密度建设,如王澍教授认为杭州"如果平均造八层楼,然后像传统城市一样,足够密集,高层建筑是不需要的"[23]。无论哪种形式,高密度城市环境终究具有一些负面的影响,如空气流通、环境压抑、阳光与自然环境要素不足等。开放空间是缓解这些负面问题的有效工具。大到公园,小到一块公共建筑前的空地,哪怕仅是简单地栽上树,配些坐椅,都可成为提升人居环境品质的公共物品,因为可以甚在高密度的环境下打开视域,引入阳光,营造自然的景观(图11.10、11.11)。在奥姆斯特德看来,人眼摄入过多的人工制造物的景象会影响人的心智和神经,甚至整个人体系统,而自然的景观可以把人从严酷、拘束不堪的城市生活中解脱出来,它能清洗和愉悦人的眼睛,由眼至脑,由脑至心[24]。从这一角度来说,以开放空间为工具应对某些城市环境问题的适应性与弹性更强。

2) 城市开放空间是实施公园城市理念的理想载体　自 2018 年 2 月习近平总书记在视察成都天府新区期间提出"公园城市"概念之后,风景园林学术界、行业乃至全国对此进行了广泛的热议。主要观点可归纳为:实现"城在园中"[25];为城市、人服务[26];以人居环境发展引领城市发展[27];"构建公园系统"[28]等。在此之前,国务院印发的《"十三五"生态

图 11.10　美国纽约泪珠公园的外部城市环境

图 11.11　美国纽约泪珠公园实景

环境保护规划》(国发〔2016〕65 号)已将 2020 年的城市人均公园绿地面积指标提至 14.6m²。园林城市、生态园林城市的实践均已尽可能提升城市建成区、建设用地范围内的人均公园绿地面积指标。显然,进一步实现增量的潜力有限。因此,如何在公园绿地增量有限的语境下挖掘更多的"园",合理布局"园"与城市的关系,提高"园"的服务效能,成为关键性的理论问题。城市开放空间是公园城市理念实施的理想载体。相比公园绿地而言,"城市开放空间"是一个综合性强且更贴近日常生活的概念,更适宜作为"园"的本体。首先,城市开放空间强调以"空地"控制环境容量,缓解高密度城市环境造成的压迫感;第二,强调可进入性、公共性与设施的配置以体现对人的服务;第三,既包含城市绿地,能发挥城市绿地的主体功能,又涵盖其他城市用地中的"空地",具有指标挖潜的可能性,即在城市绿地以外的城市用地中挖掘更多的、共享的"园"(配有一定服务设施的"空地")。

此外,"建设美丽中国""望山见水、记得住乡愁""两山理论",这些当今公共话语中的"热词"都与城市环境容量控制相关。《国家新型城镇化规划(2014—2020年)》的发布使"存量规划"极有可能成为"新常态"下法定主流规划的一部分,引发"城市规划的下一个三十年"的方向性转变[29],而存量规划存在着向垂直方向扩张以提高土地利用率的潜在可能,随之而来的是高层高密度的环境问题。综合以上分析,有理由相信:城市开放空间将成为风景园林领域的一个重要研究与实践对象。

11.3.3 设计:融合性设计

纯粹意义上的风景园林设计语言是较为独立的,这是由风景园林两个方面的特性所决定:首先,自然和城市两者本身存在一定的对立性,或者说有意强化两者的差异性以突出城市中"自然"的价值;其次,城市绿地由"绿线"限定,边界与功能均十分明确,因而相对独立、封闭。其中,第一个方面的特性在欧美保留下来的近代公园中体现得十分明显,如伦敦海德公园(Birkenhead Park,1847)、纽约中央公园(Central Park,1857)。特别是世界现代风景园林之父奥姆斯特德(Frederick Law Olmsted)在设计纽约中央公园时有意隔离公园与城市,使人们在公园中看不到外围的城市建筑,目的是在城市中向所有阶层的人们提供如乡村风景般优美的自然景致。他还写道:"中央公园是上帝提供给成百上千疲惫的产业工人的一件精美的手工艺品,他们没有经济条件在夏天去乡村度假,在怀特山消遣上一、两个月时间,但是在中央公园里却可以达到同样的效果而且容易做得到。"[26]此类风景园林的造景元素(语汇)以自然素材为主,构景的规则(句法)以模拟自然或乡村风景。奥姆斯特德规划的波士顿公园系统秉承了相同的理念(图11.12、图11.13)。这种风景园林语言影响了欧美许多类型的景观实践,比如大学校园(图11.14、图11.15)。正因为如此,传统意义上的风景园林无法由建筑设计、城市设计所替代。

若以开放空间的概念对城市绿地、街区、广场进行认知,必须把这些对象的共性抽取出来,并与城市结合起来进行整体考虑。相当长的一段时间内,学术界、教育界存在"风景园林"与"景观"的学科名称之争。相对

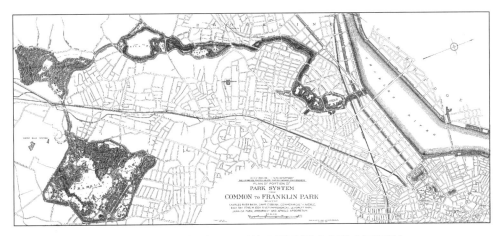

图 11.12 美国波士顿公园系统平面图(波士顿绿宝石项链)

图 11.13 美国波士顿公园系统实景

而言,"景观"的概念更为宽泛一些,在实践中更便于文本的操作,但又容易陷入概念与功能"泛化"的境地,显得景观规划设计无所不能。"景观"一词在生态学、地理学领域中的含义也较难理清学科界限。按照笔者的理解,"景观"除包含传统意义上的风景之外,主要对应的是城市开放空间,如此便可把城市中"软质"(绿地)和"软硬结合的部分"(场地)同时包含进来,同时也避免了与建筑设计、城市设计产生过多重叠。在实践中,相当数量的景观项目属于城市开放空间的规划设计。

　　基于以上分析,笔者认为城市开放空间的设计是一种将开敞的空间与城市进行融合的设计,可以从以下三个方面进行理解:

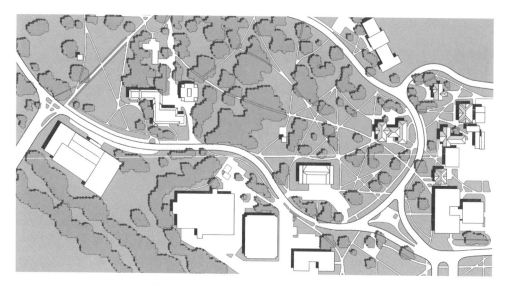

图 11.14　美国密西根州立大学局部平面

图 11.15　美国密西根州立大学实景

　　1) 以城市设计语言为语法规则　相比传统的风景园林,城市开放空间被视作城市中的一个元素,它与城市或周边地块的关系是研究的重点,而非其内部要素之间的相互关系。从设计语言角度来看,城市开放空间的设计更接近于城市设计:功能上,与城市发展适应;尺度上,与城市空间匹配;形态上,与城市要素对位。这在某种程度上也可解释我国早期的景观项目多由城市设计方向专业设计人员完成的现象。在城市设计的文本中,开放空间系统确实是一个重要的专项,某些语境下甚至可作为引领项

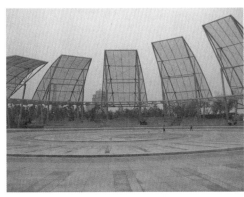

图 11.16 蚌埠龙子湖公园实景

目发展的关键性要素。苏州金鸡湖即是典型的实例,一个以城市开放空间为引领的城市设计项目,只是在当时被业内人士含混地称为"景观设计"。尽管有学者批评该项目属于西方城市美化运动理念的范畴,但这一项目的建成效果与规划设计文本确实给当时习惯于公园绿地设计思维的风景园林工作者一种耳目一新的感觉。这种以城市尺度为参照基准的设计手法至今仍影响着开放空间的规划设计实践。例如,蚌埠龙子湖公园尽管属于公园绿地,但其建成效果也显示了一种城市尺度的设计语言(图 11.16)。

2) 以城市空间秩序为句法依据 简单地说,即是城市开放空间处于由城市或周边地块道路、轴线、节点、标志物等要素构成的空间结构体系之中。在规划层面,城市开放空间以"区域"或"节点"的形态被置于城市空间结构体系中,成为城市整体意象中的一个要素;在设计层面,城市开放空间内部要素(道路、绿地、水体、标志物、边界等)的布局也优先以其与城市空间结构体系的关系为依据(图 11.17)。苏州金鸡湖项目在一定程度上加速了城市设计语言在景观设计实践领域的流行。从逻辑上说,这种城市开放空间的形态处理方式是可行的,也有利于提高城市空间利用的有效性与结构的紧凑性。但在操作层面,可能出现城市开放空间内部尺度失调及尺度细分不足的问题。尺度失调是指城市开放空间内部要素在参与城市空间构图时超出了人行尺度的极限,如过长的景观轴线或景观天桥等。尺度细分不足是指从游人的视角观察,空间尺度分级不足。解决的办法是对尺度进行分级控制:首先可保持城市开放空间设计语言句法的开放性,与外部城市空间融为一体;第二,从外部控制与城市结构

图例:
景观界面
视觉轴线（廊道）

图 11.17　城市设计框架下的开放空间规划举例

体系匹配的城市开放空间要素以保持城市开放空间与外部城市空间在"规划层面"的形态、功能联系,再从内部细分或消解失调的尺度。

　　3）以城市空间要素为词汇来源　　在城市尺度上以"单元"的形式采集设计词汇,比如道路、街区、绿地、山体、水体、建筑物、构筑物等。无论是尺度的取值范围还是抽象程度,开放空间设计语言的"单元"词汇比一般意义上风景园林设计语言的词汇高出一个层次。在合理操作"单元"词汇的基础上,再在"单元"内部对各词汇进一步拆解与细分,但操作的程度也需保持一致。对词汇进行分级操作的目的是始终保持开放空间与城市空间之间在功能、形态、视觉上的连通性。图 11.18 显示的是重庆市云阳县一处滨江开放空间的设计方案。沿路由改造建筑(红色)构成的艺术街区将城市与滨江绿地、长江连接起来,共同构成一处能够容纳公共生活、塑造滨江景观界面的城市开放空间。

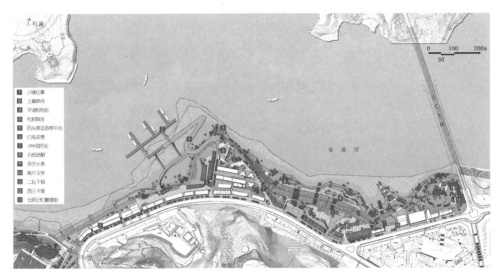

图 11.18　与城市空间融合的开放空间设计

11.4　本章小结

本章结合风景园林实践的发展趋势,从生态、地理(人文)、城市三个尺度上讨论了风景园林设计语言的拓展方向:生态系统保护、地方实践引导与渗透。生态景观的实践发展使风景园林师在大尺度的风景园林项目中必须真正地将规划设计对象融入"山水林田湖草"的生态系统之中,与景观生态学专家的合作成为必然的趋势。地理(人文)意义上的景观实践要求风景园林师转换角色,放下宏大叙事与自上而下的姿态,尊重地方原生性景观的创造者,引导其延续、传承地方实践的成果。城市开放空间实践要求风景园林师突破绿线的限制,以城市功能、尺度、形态为规划设计的依据。当然,国土空间规划体系、国家公园体制的构建仍在进行中,风景园林学科与行业发展的动态仍有待进一步观察。

参考文献

[1]　燕乃玲,虞孝感. 生态系统完整性研究进展[J]. 地理科学进展,2007,26(1):17-25.

[2] 邬建国. 景观生态学——概念与理论[J]. 生态学杂志,2000,19(1):42-52.

[3] Halbwachs M. 论集体记忆[M]. 上海:上海人民出版社,2002.

[4] 曹兴华,强飚. 基于集体记忆视角下的高校档案资源建设研究[J]. 兰台世界, 2015(2):116-117.

[5] 詹小美,康立芳. 集体记忆到政治认同的演进机制[J]. 哲学研究,2015(1): 114-118.

[6] 张庭伟. 梳理城市规划理论——城市规划作为一级学科的理论问题[J]. 城市 规划,2012,36(4):9-17,41.

[7] 清名桥街道政务服务网 http://lxqmq.jszwfw.gov.cn/

[8] 吴兴帜. 遗产属性与遗产反思[J]. 东南文化,2011(6):16-20.

[9] 李凡,朱竑,黄维. 从地理学视角看城市历史文化景观集体记忆的研究[J]. 人 文地理,2010,25(4):60-66.

[10] 张帆,邱冰. 自发性空间实践:大运河遗产保护研究的盲点——以无锡清名桥 历史文化街区为研究样本[J]. 中国园林,2014(2):22-27.

[11] 张帆,邱冰. 大运河物质文化遗产保护公众参与的主要问题剖析[J]. 建筑与文 化,2019,16(10):119-120.

[12] 霍海鹰,牛建永. 旅游型乡村优化设计研究[J]. 山西建筑,2017,43(3):9-11.

[13] 胡希晨,戴晓芳. 云南省安宁市旅游型乡村景观规划设计浅析[J]. 林业实用技 术,2011(3):49-52.

[14] 尹怡君. 对话建筑师王澍:乡村改造应该延续真实的生活状态 https://www. thepaper.cn/newsDetail_forward_2005270

[15] 苏伟忠,王发曾,杨英宝. 城市开放空间的空间结构与功能分析[J]. 地域研究 与开发,2004,23(5):24-27.

[16] 李云,杨晓春. 对公共开放空间量化评价体系的实证探索——基于深圳特区公 共开放空间系统的建立[J]. 现代城市研究,2007(2):15-22.

[17] 朱凯,汤辉,陈亮明. 试论城市绿色开敞空间的设计[J]. 湖南林业科技,2005, 32(3):53-54.

[18] 付国良. 城市公共开放空间设计探讨[J]. 规划师,2004,20(5):46-50.

[19] 刘德莹,戴世智,张宏伟. 大庆市东城区开放空间体系建构[J]. 低温建筑技术, 2001(2):22-23.

[20] 池玉雪,钟诚,朱创业. 浅析城市开放空间对城市旅游发展的影响[J]. 技术与 市场,2010(2):56-57.

[21] 董禹. 塑造适于步行的城市开放空间[J]. 华中建筑,2006,24(12):116-118.

[22] 张帆,邱冰. 日常生活视野下的旧城开放空间重构研究[M]. 南京:东南大学出 版社,2016.

[23] 朱晓佳. 他们最不听设计师的——建筑师王澍的困扰[N]. 南方周末(数字报

纸),2013-02-15[EB/OL]. http://www.infzm.com/content/88126

[24]　陈英瑾.人与自然的共存——纽约中央公园设计的第二自然主题[J].世界建筑,2003(4):86-89.

[25]　王香春,蔡文婷.公园城市,具象的美丽中国魅力家园[J].中国园林,2018,34(10):22-25.

[26]　李雄,张云路.新时代城市绿色发展的新命题——公园城市建设的战略与响应[J].中国园林,2018,34(5):38-43.

[27]　刘滨谊.公园城市研究与建设方法论[J].中国园林,2018,34(10):10-15.

[28]　李金路.新时代背景下"公园城市"探讨[J].中国园林,2018,34(10):26-29.

[29]　赵燕菁.存量规划:理论与实践[J].北京规划建设,2014(4):153-156.

[30]　Rybczynski W,陈伟新,Gallagher M.纽约中央公园150年演进历程[J].国外城市规划,2004(2):65-70.

12 结语与展望

12.1 研究结论

在全球化和快速城市化的背景下,中国当代风景园林设计存在着"失语"现象:缺少自己的设计语言,或者说没有属于自己的一套表达、沟通和解读的设计理论和方法。如何"古为今用""洋为中用",创造出属于这个时代,具有本土文化和设计特征的中国当代风景园林作品是一个亟待研究的课题。

本书在建立风景园林设计语言理论框架的基础上提出了风景园林作品的语言学分析模型,并以设计语言的规律、规则作为贯穿全书的研究基准。在梳理 1949—2009 年中国现代风景园林发展脉络、主导线索"语境"的前提下,图解各阶段代表性作品的设计语言特征,分析各阶段本土化实践的机制。结合当代风景园林本土实践的具体情境,从设计语言的角度提出具有可操作性、落地性的风景园林本土化策略。主要的研究成果与结论如下:

第一,以类比与演绎的思维,应用语言学原理,借鉴建筑语言的相关研究成果,建立了风景园林设计语言的理论框架,并发展出一套风景园林作品的设计语言分析模型。

第二,以外部研究的视角分析了中国现代风景园林的发展历程(1949—2009 年),认为中国现代园林(1949—2009 年)前三个阶段(除去损坏阶段),一直未停止过对传统园林继承方法的探索。即便在当时苏联模式成为绝对标准时,仍以"民族的形式"为目标,进行本土作品的创造,不仅吸收了外来园林体系的优点,积极运用传统园林的各种技法,创造出一大批深受人民欢迎的作品。

第三,以内部研究的视角,应用风景园林设计语言理论与设计模型,将中国现代风景园林设计语言予以图式化解析,使之直观化,从而理清其发展脉络,总结出本土化规律。尽管以今天的审美眼光看,部分本土实践成果的形式似乎有些过时、复古,但这些作品无不体现了本土实践的重要意义及"语言学"机制。

最后,以归纳的思维,基于代表性作品的分析,从设计意识和设计方法两个方面提出了中国当代风景园林设计语言本土化的策略。在设计意识方面,明确了传统园林和地域性园林要两者兼顾的认知:传统园林是中国现代园林的发展基础;地域性园林是节约型园林与生态园林的理想形态。设计方法层面的本土化策略包含传统园林设计语言的转译方法和地域性园林设计语言的构建方法。

12.2　创新点

本书研究的创新点可归结如下:

1) 学术思想与观点创新　借助于风景园林设计语言理论,利用设计语言的分析模型系统梳理了中国现代风景园林(1949—2009 年)设计语言的发展脉络、各阶段的特点、本土实践的内在规律及当代风景园林本土实践策略。其中,风景园林设计语言理论中的结构语言系统、意境语言系统是对设计语言研究的一种丰富与完善;传统园林设计语言的三种转译模式及地域性园林设计语言构建模式是对传统园林、地域性园林(景观)研究的一种理论创新;保护本土化作品的观点与方法是对风景园林遗产保护研究的一种观念突破。

2) 研究视角创新　从设计语言的角度切入,借鉴语言学的概念和研究方法,援用词汇和句法的图式化描述,使研究结果具有可操作性,属于方法论的研究。

12.3　研究前景

本书的研究仅仅是建立了一个初步的框架。限于篇幅,部分内容未能深入论述,部分案例也未能充分分析。以下几个方面可进一步深入挖掘:

一是关于风景园林设计语言理论及模型。本书仅建立了风景园林设计语言的理论框架,理论内容及设计语言分析模型还可进一步完善,特别是设计语言的传播机制。

二是关于传统园林设计语言的转译方法。书中提出的图像式、图解式与文本式三种转移形式,是从设计语言的角度对传统园林继承路径与操作方法的归纳。其中每一种方法均值得进一步深入研究,特别是文本式转译为最高层次的转译方法,目前还较少见到这类实例。

三是关于地域性语句、词汇的提取方法。关于地域性词汇的来源部分,本书仅提出了两种转化方法:印象式转化和精确式转化,但其中的细节性问题,限于篇幅未能详细展开。地域性风景园林设计语言的建构可作为一个独立的课题。

四是关于风景园林设计语言的图式表达。书中的研究手段限于图式法,但目前还有利用地理信息系统等先进软件进行分析场地句法的方法,这对于尺度大、地形复杂的对象有很好的运用前景。

在快速城市化和全球化的语境下,应当加强对风景园林设计语言及其应用方法的研究,关注如何使其重回"母语"的问题,并提出能供绝大多数设计师参考的具有可操作性的实践性理论,以留住千百年积淀而成的传统园林及地域景观等宝贵遗产。期待更多的人同行。

致　谢

首先,感谢第一作者的博士生导师,南京林业大学校长王浩教授,他对本书的写作给予了悉心指导,从选题、撰写到修改,每一个环节无不凝聚着王老师的汗水和心血。王老师严谨的治学风格、精深的学术造诣、前瞻性的思维、国际化的视野,深刻影响着我们的科研和教学工作。

其次,感谢张青萍教授、唐晓岚教授、赵兵教授在本书确定选题时所给予的指导和帮助。

还应该感谢成书过程中给我们帮助的风景园林学院的老师们,感谢他们从不同角度对本书提出了宝贵的建议。同时,这些师长、同事们为我们提供了良好的学术氛围与优美的学习环境。

在本书的研究、写作及完善的过程中,感谢孙新旺、谷康、李晓颖、申世广、费文君等同事兼同窗好友给予的支持、鼓励与帮助。

最后,对本书参考文献的作者们表示崇高的敬意。

作者

2018.06.21 于南京

本书蒙以下项目联合资助

江苏高校优势学科建设工程资助项目
江苏高校哲学社会科学研究一般项目(2016SJB760001)
南京林业大学高学历人才基金(163120670)

内容提要

本书从分析当代中国风景园林"失语"现象入手，以风景园林设计语言为贯穿研究过程的线索，首先应用语言学原理，参考建筑学相关研究成果，建立风景园林设计语言的理论框架及分析模型作为揭示本土化实践规律性内容的理论依托与研究工具；其次，以社会学、历史学视角与方法以"意识形态变迁"为考察中心，分析中国近现代风景园林发展主导线索（1840—2009年），即中国近现代风景园林设计语言变迁的"语境"、内在动力机制及本土化实践的发生机制；最后，结合当代"语境"，归纳出传统园林设计语言延续的操作规律、地域性景观设计语言的建构规律、西方现代园林设计语言在中国的本土化规律，并提出应用方法。

本书可供从事园林与景观规划设计、环境艺术设计、城市设计等相关专业研习者阅读参考。

图书在版编目(CIP)数据

中国现代风景园林设计语言的本土化研究：1949—2009 年 / 邱冰，张帆著. -- 南京：东南大学出版社，2018.12

ISBN 978-7-5641-8205-2

Ⅰ. ①中⋯ Ⅱ. ①邱⋯ ②张⋯ Ⅲ. ①园林设计－应用语言学－本土化－研究－中国－现代 Ⅳ. ①TU986.2 ②H08

中国版本图书馆 CIP 数据核字(2018)第 293235 号

中国现代风景园林设计语言的本土化研究(1949—2009 年)
Zhongguo Xiandai Fengjing Yuanlin Sheji Yuyan de Bentuhua Yanjiu (1949—2009Nian)

出版发行：东南大学出版社
社　　　址：南京市四牌楼 2 号　　邮编：210096
出 版 人：江建中
责任编辑：姜　来
网　　　址：http://www.seupress.com
电子邮箱：press@seupress.com
经　　　销：全国各地新华书店
印　　　刷：南京玉河印刷厂
开　　　本：700 mm×1 000 mm　1/16
印　　　张：18.5
字　　　数：302 千字
版　　　次：2018 年 12 月第 1 版
印　　　次：2018 年 12 月第 1 次印刷
书　　　号：ISBN 978-7-5641-8205-2
定　　　价：89.00 元

本社图书若有印装质量问题，请直接与营销部联系。电话：025-83791830